全国高职高专电气类精品规划教材

输配电线路设计

主　编　刘增良　杨泽江
副主编　林世治　李　燕　虞菊英　叶书明

中国水利水电出版社
www.waterpub.com.cn

内 容 提 要

本教材较全面地叙述了输配电线路设计的基本知识。全教材共分14章，包括输配电线路的基本知识，线路设计用气象条件，力学基本知识，导线和避雷线的机械物理特性和荷载，导线和避雷线的弧垂和应力，输电线路的挡距和线间距离，特殊情况导线弧垂应力的计算，导线和避雷线的不平衡张力，导线和避雷线的振动和防振，杆塔型式的选择，杆塔荷载计算，线路的路径选择和初步设计，杆塔定位和施工图设计，电力电缆线路设计。

本教材是高职高专学校电力工程类专业的专业教材，同时可作为电力系统输配电职工岗位培训用书，还可供从事输配电力工程设计、运行、管理等工作的工程技术人员参考。

图书在版编目（CIP）数据

输配电线路设计/刘增良，杨泽江主编. —北京：中国水利水电出版社，2004.8（2021.6重印）
全国高职高专电气类精品规划教材
ISBN 978-7-5084-2205-3

Ⅰ.输… Ⅱ.①刘…②杨… Ⅲ.输配电线路-设计-高等学校：技术学校-教材 Ⅳ.TM726

中国版本图书馆CIP数据核字（2004）第064244号

书　　名	全国高职高专电气类精品规划教材 **输配电线路设计**
作　　者	主编　刘增良　杨泽江
出版发行	中国水利水电出版社 （北京市海淀区玉渊潭南路1号D座　100038） 网址：www.waterpub.com.cn E-mail：sales@waterpub.com.cn 电话：（010）68367658（营销中心）
经　　售	北京科水图书销售中心（零售） 电话：（010）88383994、63202643、68545874 全国各地新华书店和相关出版物销售网点
排　　版	北京安锐思技贸有限公司
印　　刷	清淞永业（天津）印刷有限公司
规　　格	184mm×230mm　16开本　17.5印张　342千字
版　　次	2004年8月第1版　2021年6月第9次印刷
印　　数	27101—30100册
定　　价	**49.00**元

序

教育部在《2003－2007年教育振兴行动计划》中提出要实施“职业教育与创新工程”，大力发展职业教育，大量培养高素质的技能型特别是高技能人才，并强调要以就业为导向，转变办学模式，大力推动职业教育。因此，高职高专教育的人才培养模式应体现以培养技术应用能力为主线和全面推进素质教育的要求。教材是体现教学内容和教学方法的知识载体，进行教学活动的基本工具；是深化教育教学改革，保障和提高教学质量的重要支柱和基础。因此，教材建设是高职高专教育的一项基础性工程，必须适应高职高专教育改革与发展的需要。

为贯彻这一思想，2003年12月，在福建厦门，中国水利水电出版社组织全国14家高职高专学校共同研讨高职高专教学的目前状况、特色及发展趋势，并决定编写一批符合当前高职高专教学特色的教材，于是就有了《全国高职高专电气类精品规划教材》。

《全国高职高专电气类精品规划教材》是为适应高职高专教育改革与发展的需要，以培养技术应用为主线的技能型特别是高技能人才的系列教材。为了确保教材的编写质量，参与编写人员都是经过院校推荐、编委会答辩并聘任的，有着丰富的教学和实践经验，其中主编都有编写教材的经历。教材较好地反映了当前电气技术的先进水平和最新岗位资格要求，体现了培养学生的技术应用能力和推进素质教育的要求，具有创新特色。同时，结合教育部两年制高职教育的试点推行，编委会也对各门教材提出了满足这一发展需要的内容编写要求，可以说，这套教材既能适应三年制高职高专教育的要求，也适应两年制高职高专教育的要求。

《全国高职高专电气类精品规划教材》的出版，是对高职高专教材建设的一次有益探讨，因为时间仓促，教材可能存在一些不妥之处，敬请读者批评指正。

《全国高职高专电气类精品规划教材》编委会

2004年8月

前　言

本教材是高职高专学校输配电工程、供用电技术、电力系统及自动化等电力工程类专业的专业教材，是一门实践性很强的课程，涉及的公式较多、计算量较大。因此，本教材在编写过程中，坚持“针对性、实用性、适用性”的原则，即针对高等职业教育教学改革的方向以及电力工程类专业教学改革的要求，结合本课程实践性强的特点，在理论知识够用为度的前提下，充实实际应用知识的内容。在注重讲清基本概念、基本原理、基本方法的同时，尽可能避免烦琐的数学公式推导和大篇幅的理论分析。

与其他同类教材比较，本教材中增加了“力学基本知识”内容，这是考虑到随着高职高专学校教学改革的不断深入，专业总学时在减少，有些学校已不再单独开设工程力学课，同时也方便自学，尤其是工程技术人员参考。由于电力电缆线路在输配电工程中使用的越来越多，特别是在城市电网中，因此，本教材增加了“电力电缆线路设计”一章。

安徽铜陵学院刘增良编写第 2、14 章，四川水利职业技术学院杨泽江编写第 7、12、13 章，福建水利电力职业技术学院林世治编写第 9、10、11 章，河北工程技术高等专科学校李燕编写第 3、5 章，南昌工程学院虞菊英编写第 1、4 章，三峡大学职业技术学院叶书明编写第 6、8 章。全书由刘增良教授统稿，河北农业大学的霍利民教授主审。

本教材在编写过程中，得到了邢杰、张留岗、王克新、吕瑞明、宋玉红等工程师和徐明清、杨中瑞老师的帮助，并提供了部分资料，刘国亭副教授、李铁玲高级实验师为本教材绘制了部分插图，在此一并表示感谢。

由于编者水平有限，加之时间紧迫，书中难免存在错误之处，恳请读者批评指正。

编　者

2004 年 8 月

目录

第 1 章

输配电线路的基本知识

众所周知，电能在现代社会里已成为国民经济发展和提高人民生活水平必不可少的二次能源。电气化的水平标志着现代社会的现代化水平。

输配电线路是电力系统中进行电能传输和分配的环节，包括架空线路和电缆线路。其任务是输送和分配电能，是电力系统的动脉，其运行状态直接决定电力系统的安全和效益。

输电线路设计正确与否，将对电力系统运行的可靠性、经济性，以及线路本身建设的技术经济指标是否合理起着决定性作用。

输电线路工程设计的主要特点是：综合协作性强，业务牵涉面广，签订协议对象多，技术专业面广，往往需要勘测方面的测量、地质、水文、气象、物探等专业人员与设计方面的电气、结构、通信、施工组织等专业人员，会同施工、运行单位有关人员共同参加确定方案，还需要与受线路影响的军事、交通、航运、邮电、农林、水利、工矿企业、城市规划等部门取得协议。因此，输电线路设计人员不仅要精通本专业，而且还要了解其他各专业的知识、各部门特殊要求以及有关的国家方针政策。

1.1 输配电线路的作用和特点

1.1.1 输配电线路的分类及在电力系统中的作用

现代大型电厂大部分建在动力资源所在地，如水力发电厂建在水力资源点，即集中在江河流域水位落差大的地方，火力发电厂大都集中在煤炭、石油和其他能源的产地；而大电力负荷中心则多集中在工业区和大城市，因而发电厂和负荷中心往往相距很远，就出现了电能输送的问题，需要用输电线路进行电能的输送。因此，输电线路是电力系统的重要组成部分，它担负着输送和分配电能的任务。

1.1.1.1　输配电线路的分类

1. 按电压等级分类

(1) 输电线路。电力网中，从发电厂将电能输送到变电所的高压架空电力线叫做输电线。电压等级一般为 35kV 及以上。其中，又可分为高压输电线路和超高压输电线路。在我国，通常称 35～220kV 的线路为高压输电线路，330～500kV 的线路为超高压输电线路。

(2) 配电线路。担负分配电能任务的线路，称为配电线路。

我国配电线路的电压等级有 380/220、6、10kV，其中，又可分为高压配电线路和低压配电线路。

1) 高压配电线路。1～10kV 线路称为高压配电线路。从变电站将电能送至配电用变压器的架空(或电缆)电力线,叫做高压配电线;电压等级一般为 10kV 或 6kV。

2) 低压配电线路。把 1kV 以下的线路称为低压配电线路，担负着从配电变压器将电能送至各个用电点的任务。按我国标准，其电压等级一般为 0.38、0.22kV。

2. 按结构分类

(1) 架空线路。架空线路主要指架空明线。

(2) 电缆线路。电缆线路又可分为架空电缆线路和地下电缆线路。

3. 按电能性质分类

(1) 交流输电线路。

(2) 直流输电线路。

1.1.1.2　输配电线路在电力系统中的作用

1. 架空线路在电力系统中的作用

架空线路是电力系统中进行电能传输、交换、调节和分配的主要环节。通过架空线路，可实施远距离输电，有效节约资金，同时，还可以进行系统间联网。不仅可以实现系统间的电能交换和调节，而且还使系统可安装大型机组，建设大型电厂，错开高峰负荷，实现跨区域流域调节，减少系统备用容量，缩短电气距离，增强系统稳定性，提高系统抗冲击负荷的能力。

2. 电缆线路在电力系统中的作用

随着我国城市电网改造工作的不断推进及城市电网建设的迅猛发展，架空绝缘线路和地下电缆输电线路在城市电网中得到广泛的应用。

1.1.1.3　直流输电线路简介

目前，国内外都在逐步发展直流输电，一般认为直流与交流输电相比的优点是：架空线路或电缆线路的建设费用较低，没有稳定性问题，对长距离输电有利，可将非同期或异周波的电网联系起来，不增大电力系统的短路容量。

1882年法国建设了一条长为40km、电压为2kV、输送容量为15kW的直流线路。这以后，由于直流输电在经济上、技术上都不能与交流输电竞争，所以在世界上一直发展缓慢。直至20世纪60年代后期，出现了大功率晶闸管元件，高压直流输电方得以很快发展，20世纪80年代已建成21项直流输电工程，输送容量为1278×10^4kW，在建的有16项工程，输送容量为2576×10^4kW，还有很多项目在进行可行性研究。

直流输电的经济长度与两端换流设备的造价有关。随着可控硅换流技术的发展，使直流终端设备与线路造价之比不断降低。美国西屋公司最近声称，直流输电的经济距离是500～600km以上。

我国水利资源主要在西南部，但用电负荷较多的是东南沿海地区，输电距离都在1000km以上，特别是三峡的开发建设，更体现了远距离高压直流输电的明显优越性。我国目前建设的第一条葛洲坝—上海超高压直流输电线路的情况是：电压等级为500kV，导线为4×LGJQ－300型，输送容量为120×10^4kW，线路长度为1080km。

1.1.2 输电线路特点

1.1.2.1 架空输电线路的特点

与电缆线路相比，采用架空输电线路具有以下显著优点：

（1）结构简单，加工制造容易，施工简便，建设速度快，施工周期短。

（2）投资少，经济效益好。

（3）输送容量大。

（4）容易发现运行线路中的故障，并易于修复。

1.1.2.2 绝缘线路的特点

绝缘线路与架空明线相比具有许多优点：

（1）如发生断线事故时，仅在断线两断头处有电，中间线路对外无电，从而减轻了对外界的危险程度。

（2）架空明线因电动力易造成混线，在穿越树林时易引起短路或接地故障，而使用架空绝缘导线即可避免上述事故。

因此，采用架空绝缘导线有利于线路降低事故率，提高城市供电网的安全可靠性。但是，建设成本有所提高，且地下电缆输电线路不易检修。

1.2 输电线路的结构及各部件分类

1.2.1 输电线路的构成

架空输电线路的组成元件主要有导线、避雷线（或称架空地线，简称地线）、金具、绝缘子、杆塔、拉线和基础等。如图 1-1、图 1-2 所示。

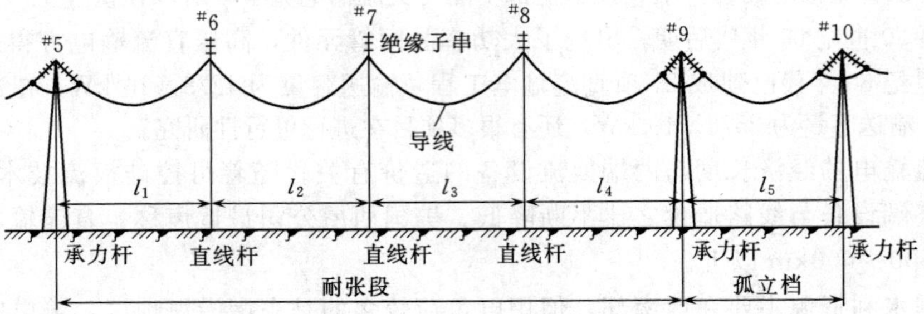

图 1-1　输电线路的组成

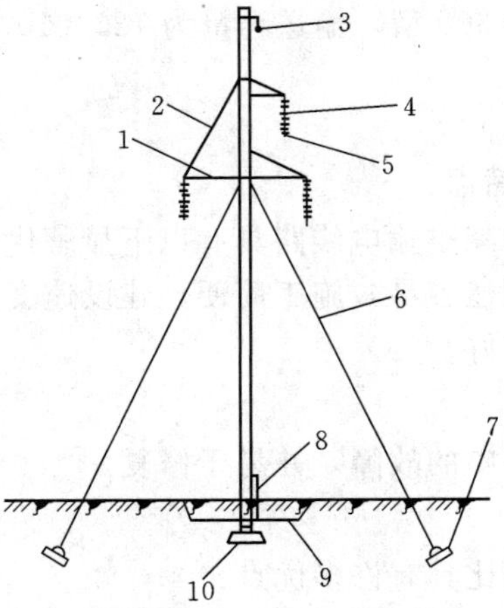

图 1-2　输电线路的组成元件

1—横担；2—吊杆；3—避雷线；4—绝缘子；5—导线；
6—拉线；7—拉线盘；8—引下线；9—接地装置；10—底盘

1.2.2　各部件作用及分类

1.2.2.1　导线

导线是用来传导电流、输送电能的元件。

一般的架空输电线采用裸金属线，又称裸导线。导线是固定在杆塔上输送电流用的金属线，由于导线常年在大气中运行，经常承受拉力，并受风、冰、雨、雪和温度变化的影响，以及空气中所含化学杂质的侵蚀，因此，导线的材料除了应有良好的导电率外，还须具有足够的机械强度和防腐性能。

架空导线和避雷线通常用铝、铝合金、铜和钢材料做成，它们具有导电率高，耐热性能好，机械强度高，耐振、耐腐蚀性能强，重量轻等特点，常见的导线种类、用途以及选用原则见表1-1所示。

表1-1　　　　导线的种类、用途及选用原则

导线类型	品　种	型　号	用途及选用原则
硬铝线	铝绞线	LJ	对35kV架空线路铝绞线截面不得小于35mm^2，对35kV以下线路不小于25mm^2
钢芯铝绞线	钢芯铝绞线	LGJ	Al/Ag>4.5钢芯铝绞线用于一般地区 Al/Ag≤4.5钢芯铝绞线用于重冰区或大跨越地段
铝合金绞线	铝合金单线 铝合金绞线	LH LHAJ LHBJ	抗拉强度高，可减少弧垂，降低线路造价，单股线在线路上不许使用
钢芯铝合金绞线	钢芯铝合金绞线	LHAGJ LHBGJ	抗拉强度高，用于超高压线路及大跨越地段
防腐型钢芯铝绞线和钢芯铝合金绞线	轻防腐 中防腐	LGJF LHAGJF1 LHBGJF1 LHAGJF2 LHBGJF2	用于沿海及有腐蚀性气体的地区
铝包钢绞线	铝包钢绞线	GLJ	线路的大跨越及地线通信使用
压缩型（光体）钢芯铝绞线	压缩型	LGJY	Al/Ag>4.5适用于农村、山区小挡距及具有一定拉力强度的线路 Al/Ag≤4.5适用于农村、山区大挡距拉力强度较大的线路 与普通钢芯铝绞线比较，同截面时强度高，同强度时外径小，空气动力系数低，故承受风压荷载、冰雪荷载较小
硬铜线	硬圆铜单线 硬铜绞线	TY TJ	铜导线在一般情况下不推荐使用。必须使用铜线时，导线最小截面规定如下：35kV以上线路不许使用单股线；绞线截面不小于25mm^2；10kV及以下线路单股线不小于16mm^2，绞线不小于16mm^2
镀锌钢线	镀锌铁单线	GY	一般均作架空避雷线使用。用作导线时，35kV以上架空线路不许使用单股线，绞线截面不小于16mm^2
	镀锌钢绞线	GJ	10kV以下线路单线直径不小于3.5mm，绞线截面不小于10mm^2，大跨越段可采用高强度镀锌钢绞线做芯线或导线，但做导线时应具有较高的导电率

一般输电线路每相采用单根导线，对于超高压大容量输电线路，为了减小电晕以降低电能损耗，并减小对无线电、电视等的干扰，多采用相分裂导线，即每相采用两根、三根、四根或更多根导线。

架空输电线用的电线，一般采用以单根金属线为中心，将数根乃至数十根导线绕制而成的绞线。最近采用的电线多为两种以上不同金属材料制成的绞线。

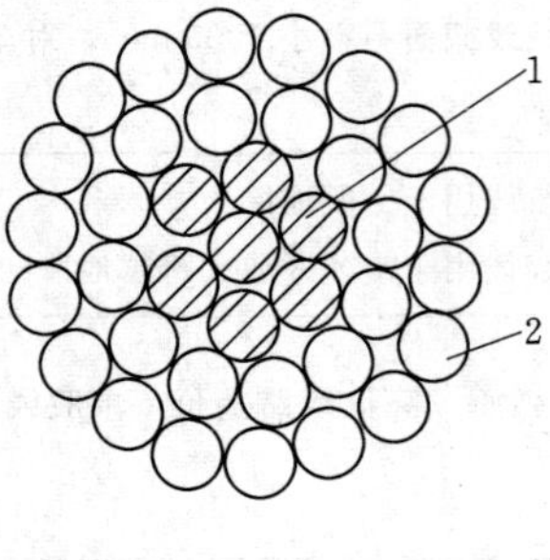

图 1-3　钢芯铝绞线截面示意图
1—钢芯；2—铝线

现在的输电线路多采用中心为机械强度高的钢线，周围是电导率较高的硬铝绞线的钢芯铝绞线，如图 1-3 所示。钢芯铝绞线比铜线电导率略小，但是具有机械强度高、重量轻、价格便宜等特点，特别适用于高压输电线。钢芯铝绞线由于其抗拉强度大、弧垂小，所以可以使挡距放大。

钢芯铝绞线按其铝、钢截面比的不同，分为正常型、加强型、轻型三种。在高压输电线路中，采用正常型较多。在超高压线路中采用轻型较多。在机械强度高的地区，如大跨越、重冰区等，采用加强型的较多。至于应采用哪种类型导线，应通过技术经济论证后确定。

国标中，钢芯铝绞线的标号是由汉语拼音字母和阿拉伯数字组成。

例如：LGJ 型，表示正常型钢芯铝绞线；LGJJ 型，表示加强型钢芯铝绞线；LGJQ 型，表示轻型钢芯铝绞线。欧美国家是用 ACSR 表示钢芯铝绞线。

铝合金线比纯铝线有更高的机械强度，大致与钢芯铝绞线强度相当，但重量比钢芯铝绞线轻，因而弧垂减小，挡距可放大，可使杆塔基数减少或降低高度，但导电性能比铝线稍差。因此，铝合金线有一定的优越性，但目前在生产上尚有一定困难，故我国只在个别线路上使用。

国外生产的铝合金线，机电性能良好。如日本生产的 $^{\#}1$ 铝合金线抗拉强度为 308.7MPa（N/mm^2）；美国生产的 6201 铝合金线抗拉强度为 313.6～333.2MPa（N/mm^2），均大于我国生产的钢芯铝绞线的抗拉强度。

此外，还有以下几种特殊用途的导线：

（1）大挡距导线。国外大跨越中，要求导线具有特高抗拉强度，采用过硅铜线、镀锌钢线、铝包钢线等。

（2）防腐蚀导线。线路经过海边及污秽地区，为提高导线的抗腐蚀能力，延长使用寿命，制造了各种防腐蚀导线，如镀铝钢线、钢芯涂防腐油等。北欧一些国家生产钢芯铝绞线时，钢芯就涂以凡士林进行防腐蚀保护。意大利跨越麦西拿海峡的导线涂有防腐剂。美国用镀铝钢线作钢芯。

（3）自阻尼导线。这种导线又称防振导线，加拿大、挪威等国已使用，认为使用它可以提高运行应力而不必加防振措施，已引起各国的重视。

（4）光滑导线。光滑导线由于外径较普通导线略小，可减少导线承受的风和冰荷载，由于表面光滑可减少导线舞动现象。在欧洲、美国、日本都已得到应用。

（5）分裂导线。一般每相 2 根为水平排列，3 根为正三角形或两上一下倒三角形排列，4 根为正方形排列，如图 1-4 所示。分裂导线在超高压线路得到广泛使用。它除具有表面电位梯度小，临界电晕电压高的特性外，还有以下优点：①单位电抗小，其电气效果与缩短线路长度相同；②单位导纳大，等于增加了无功补偿；③用普通标号导线组成，制造较方便；④分裂导线装间隔棒可减少导线振动，实测表明双分裂导线比单根导线减小振幅 50%，减少震动次数 20%，四分裂减少更大。

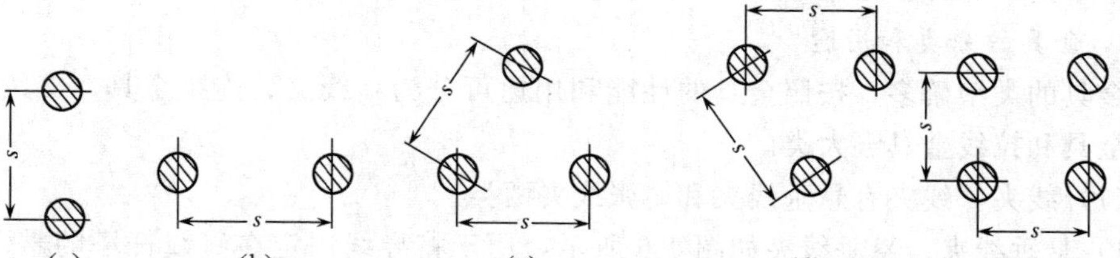

图 1-4　分裂导线示意图

（a）双分裂垂直排列；（b）双分裂水平排列；（c）三分裂正三角形排列；
（d）三分裂倒三角形排列；（e）四分裂正方形排列

（6）扩径导线。为了减少电晕损耗，可增大导线直径，如图 1-5 所示。我国 330kV 线路曾采用过 K－272－2 型钢芯铝绞线扩径导线，铝截面为 300.8mm^2，作用相当于 LGJ－300 型导线，但直径扩大了 2.2mm。

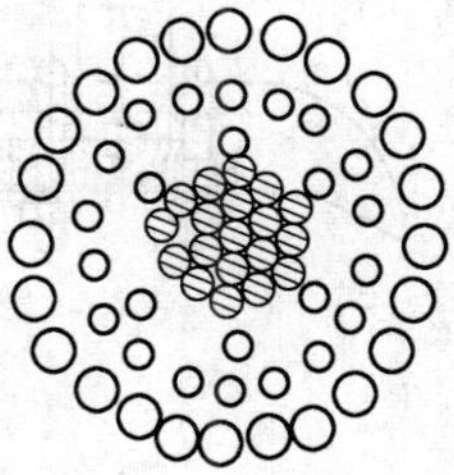

图 1-5　扩径导线

1.2.2.2　避雷线（架空地线）

输电线中，除了输送电力的电线之外，还有防止雷击输电线而在杆塔最高处架设的架空地线，雷击杆塔时起到分流作用及对导线的耦合和屏蔽作用，降低导线上的感应过电压。

最近在架空地线中通以通信用的光纤，这种架空地线称为光纤复合架空地线。

避雷线悬挂于杆塔顶部，并在每基杆塔上均通过接地线与接地体相连接，当雷云放电雷击线路时，因避雷线位于导线的上方，雷首先击中避雷线，并藉以将雷电流通过接地体泄入大地，从而减少雷击导线的几率，保护线路绝缘免遭雷电过电压的破坏，起到防雷保护作用。总结起来，避雷线大致有以下几种作用：

（1）防止雷直击导线。

（2）雷击塔顶时对雷电流有分流作用，减少流入杆塔的雷电流，使塔顶电位降低。

（3）对导线有耦合作用，降低雷击塔顶时塔头绝缘（绝缘子串和空气间隙）上的电压。

（4）对导线有屏蔽作用，降低导线上的感应过电压。

1.2.2.3　线路金具

通常把输电线路使用的金属部件总称为金具。金具在架空线路中主要用于支持、固定、连接导线及绝缘子连接成串，也用于保护导线和绝缘体。它可以把导线连接在绝缘子串上，也可以把绝缘子串固定在杆塔横担上，还可以防止导线的振动。

1. 金具的分类和用途

金具的类型繁多，按照金具的性能和用途可分为：线夹、连接金具、接续金具、保护金具和拉线金具五大类。

（1）线夹。线夹有悬垂线夹和耐张线夹两类。

1）悬垂线夹。悬垂线夹如图 1-6 所示，用于将导线固定在直线杆塔的悬垂绝缘子串上，或将避雷线悬挂在直线杆塔上，也可用于换位杆塔上支持换位导线以及非直线杆塔上跳线的固定。悬垂线夹承受导线（或避雷线）垂直方向和顺线方向的荷载。要求悬垂线夹对导线（或避雷线）应有一定的握力。

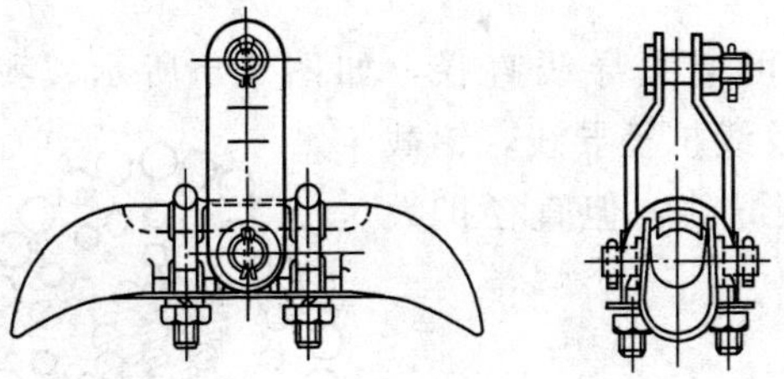

(a)

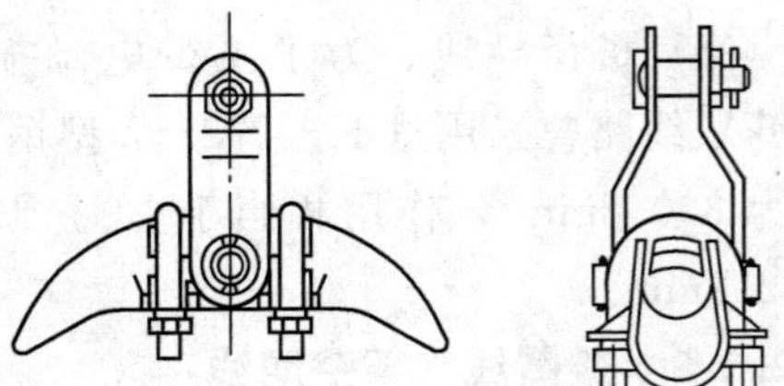

(b)

图 1-6　悬垂线夹

图 1-7 所示为防晕悬垂线夹。

导线固定方式：导线（或避雷线）放在线夹本体槽内，用压板和 U 型螺丝固定并压紧导线。

2）耐张线夹。耐张线夹用于将导线固定在承力杆塔的耐张绝缘子串上，以及将避雷线固定在承力杆塔上。耐张线夹根据使用和安装条件的不同，分为螺栓型和压缩

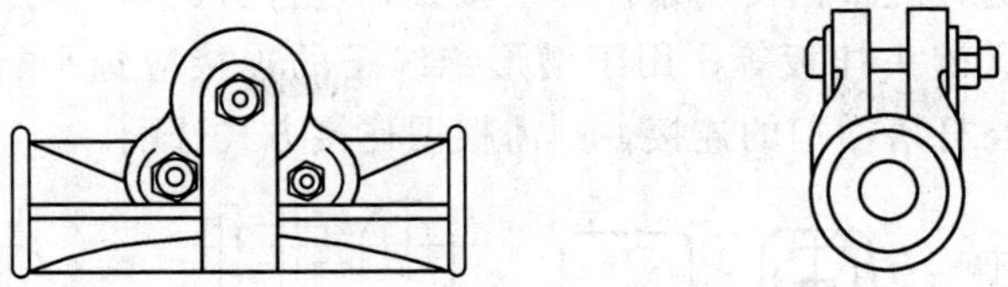

图 1-7 防晕悬垂线夹

型两大类：①螺栓型耐张线夹，用于导线截面小于或等于 240mm² 的情况，其破坏荷载为 20～80kN，如图 1-8（a）所示；②压缩型耐张线夹，用于导线截面大于或等于 300mm² 的情况，如图 1-8（b）所示。

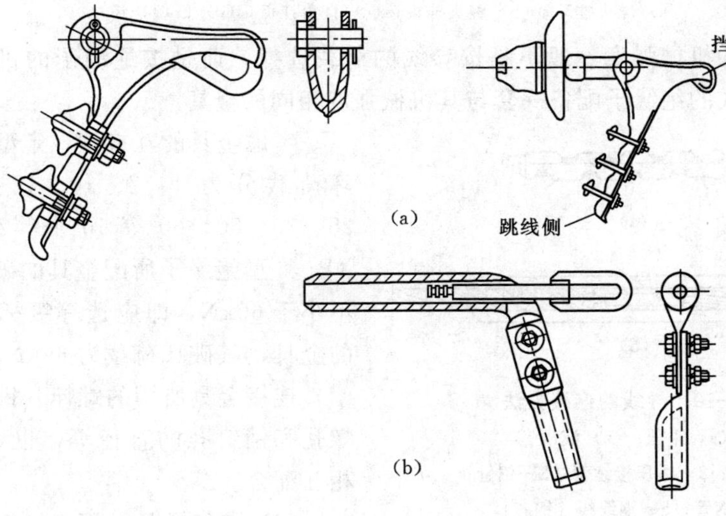

图 1-8 耐张线夹

（a）螺栓型耐张线夹及安装形式；（b）压缩型耐张线夹

避雷线耐张线夹一般采用楔型线夹。当钢绞线作为避雷线其截面超过 70mm² 时，则采用压缩型耐张线夹。

线夹必须有足够的机械强度。各类耐张线夹的破坏荷载应不小于安装导线或避雷线的计算拉断力。压缩型耐张线夹的握力应不小于导线或避雷线计算拉断力的 95%。螺栓型耐张线夹的握力应不小于导线计算拉断力的 90%。

（2）连接金具。连接金具主要用于绝缘子串与杆塔和导线线夹的连接，可将悬式绝缘子连接成串，并将一串或数串绝缘子串连接或悬挂在杆塔横担上。

连接金具可分为：U 型挂环、球头挂环、碗头挂板、直角挂板等，如图 1-9 所示。

连接金具类型选择应根据使用条件和连接方式进行。例如：用于球窝形绝缘子的连接应选球头挂环、碗头挂板等；用于槽形绝缘子的连接应选平行挂板、直角挂板等；用于绝缘子串与杆塔横担的连接，则需根据连接方式选配。

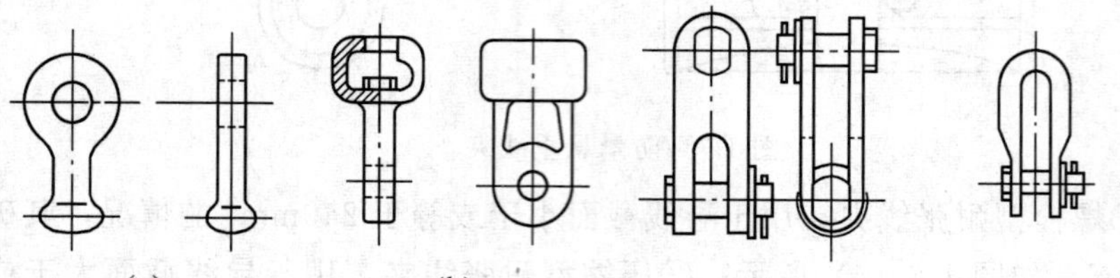

图 1-9　常用的连接金具

(a) 球头挂环；(b) 碗头挂板；(c) 直角挂板；(d) U 型挂环

连接金具的机械强度一般不是按导线的荷载选择，而是按绝缘子的机械强度确定，每一种型式的绝缘子配备一套与其机械强度相同的金具。

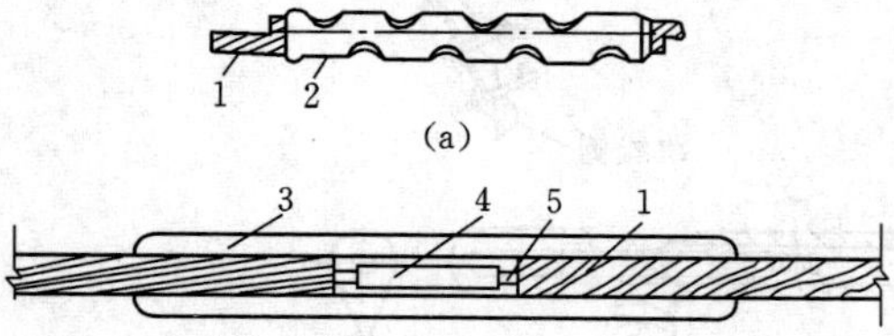

图 1-10　导线的连接方法

(a) 钳压；(b) 液压

1—导线；2—钳压接续管；3—铝管；4—钢管；5—钢绞线（钢芯）

考虑金具的互换性，定型金具按破坏荷载分为 4、7、10、12、16、20、25、30、50、60 等 10 个等级。例如：XP—6 型绝缘子所配金具的破坏荷载应不小于 60kN，即应选等级标记为“7”的金具，其破坏荷载为 69kN。

连接金具所用的螺栓、销钉直径及螺孔和销钉孔的直径等，也力求统一、相互配合。

(3) 接续金具。用于架空输电线路的导线及避雷线终端的接续、承力杆塔跳线的接续及导线修补等。

接续金具主要为导线各种压接方式（钳压、液压、爆压等）所用的接续管及补修管、并沟线夹、预绞丝等。

导线的连接方法主要有钳接和压接，如图 1-10 所示。当导线截面≤240mm^2 时，采用钳接管连接；当导线截面≥300mm^2 时，采用压接管连接，例如用液压或爆压方法连接。避雷线均采用压接法连接。

(4) 保护金具。它包括导线及避雷线的防振金具和绝缘金具。防振金具有：防振锤、护线条、阻尼线、补修条、铝包带等。绝缘金具

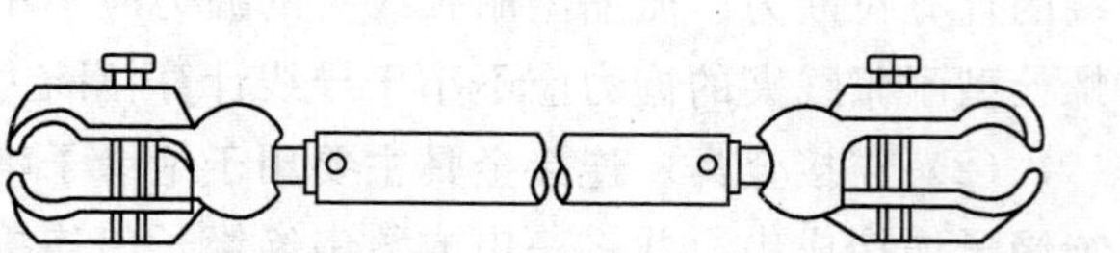

图 1-11　双分裂导线间隔棒

有：间隔棒、均压环、屏蔽环、重锤等。

1）间隔棒。使用在分裂导线上，作用是防止导线之间的鞭击，抑止微风振动，抑止次挡距振荡，如图 1-11、图 1-12 所示。

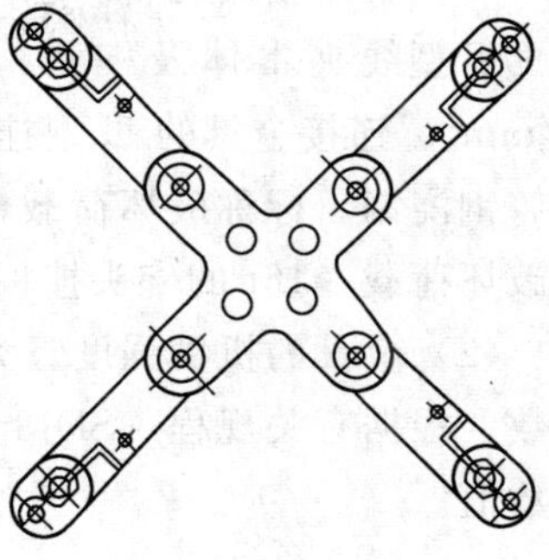

图 1-12　500kV 四分裂导线的间隔棒

2）均压环。用来均匀绝缘子上电压分布的环称为均压环。

3）屏蔽环。用来降低金具上电晕强度的环称为屏蔽环。

4）重锤。可以抑制悬垂绝缘子串或跳线绝缘子串摇摆过大、直线杆塔上导线和避雷线被上拔。

5）防振锤。可以减少振动的振幅，从而减少导线的振动，如图 1-13 所示。

（5）拉线金具。主要用于拉线杆塔拉线的紧固、调整和连接，可分为紧线、调节及连接三类。图 1-14 为可调式 UT 型线夹，利用该线夹可调节拉线的松紧；可调式 U 型螺丝，可以调节拉线的松紧；楔子可以与线夹本体固定拉线。

图 1-15 所示为常用拉线的组合方法。

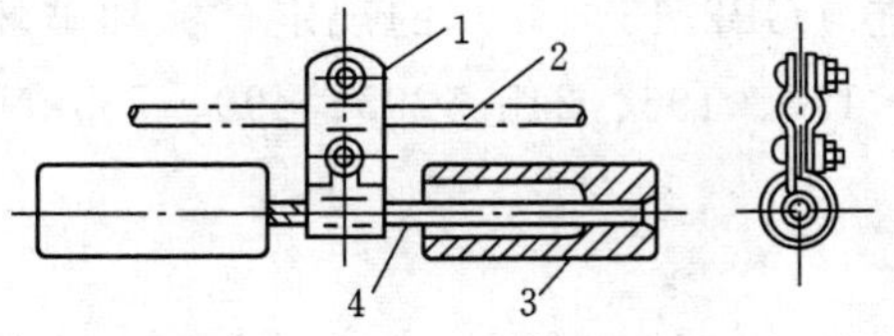

图 1-13　防振锤

1—压板；2—导线；3—锤头；4—钢绞线

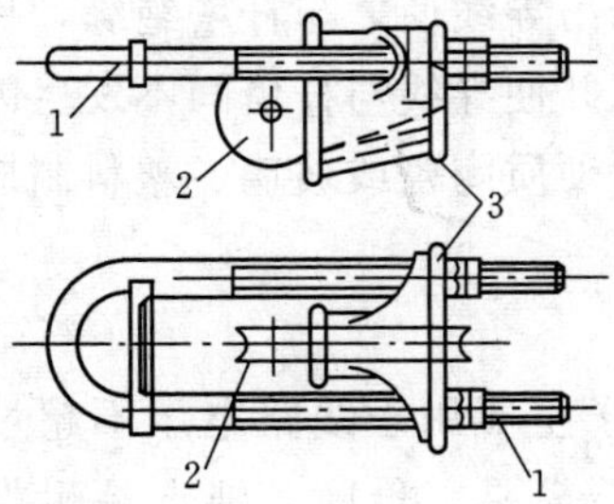

图 1-14　可调式 UT 型线夹

1—可调的 U 型螺栓；2—楔子；3—线夹本体

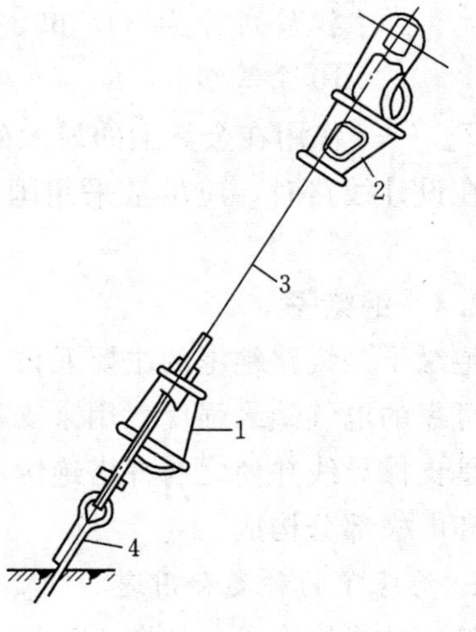

图 1-15　常用拉线组合方法

1—可调式 UT 型线夹；2—楔型线夹；3—拉线；4—拉线棒

2. 金具材料及机械强度的计算

(1) 线路金具材料。悬垂线夹的线夹本体及压板、楔型线夹本体及楔子以及可调式UT型线夹本体及楔子，均采用KT33－8可锻铸铁，其极限强度不低于370 N/mm²。连接金具的U型挂环、挂板、球头挂环，采用极限强度不低于370N/mm²的铸钢浇制。标称破坏荷载≤12t的碗头挂板，采用KT33－8牌号的可锻铸铁。标称破坏荷载≥16t的碗头挂板，采用QT50－5牌号的球墨铸铁。

(2) 金具的机械强度。为了保证线路安全运行，金具的机械强度要有一定的安全系数。根据有关规程（SDJ3－79）规定，金具的强度设计安全系数不应小于表1-2所列数值。

表1-2　　金具安全系数

线路工作情况	安全系数	线路工作情况	安全系数
运行情况	2.5	断线情况	1.5

金具承受拉荷载时，安全系数为

$$K=\frac{T_{p}}{T_{max}} \tag{1-1}$$

式中 K——金具的安全系数；

T_p——金具的破坏荷载，根据国家标准（GB2315－85）的规定，标称破坏荷载系列分为39、69、98、118、157、196、245、295、490、585kN等10个等级；

T_{max}——作用在金具上的最大荷载，kN。

在设计线路时，应尽量采用国家标准金具；特殊情况下，可根据使用情况另行加工。

1.2.2.4 绝缘子

绝缘子是线路绝缘的主要元件，用来支撑或悬吊导线使之与杆塔绝缘，保证线路具有可靠的电气绝缘强度，用来支持或悬挂导线，并使导线与杆塔间不发生闪络的元件。是支撑导线并使之与杆塔绝缘的物体。它是由硬质陶瓷或玻璃、塑料制成的绝缘部分和电极部分构成。

1. 绝缘子的种类和用途

(1) 针式绝缘子，如图1-16所示。针式绝缘子主要用于线路电压不超过35kV，导线张力不大的直线杆或小转角杆塔。优点是制造简易、价廉，缺点是耐雷水平不高，容易闪络。

(2) 瓷横担绝缘子，如图1-17所示。这种绝缘子已广泛用于110kV及以下线

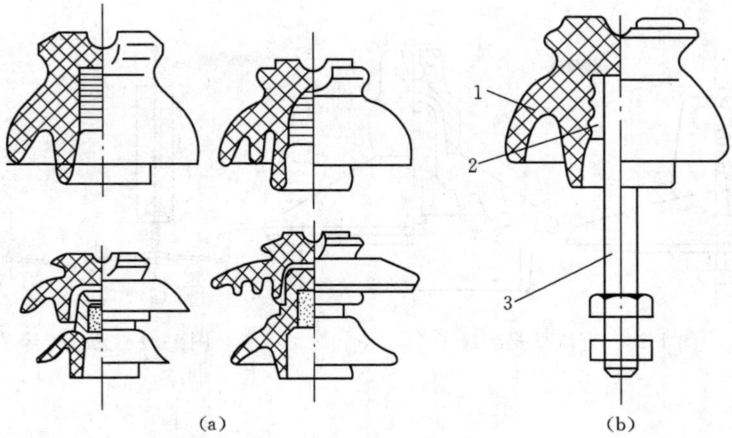

图 1-16 针式绝缘子
1—瓷体；2—水泥；3—铁脚

路。它具有许多显著的优点，如：绝缘水平高；同时起到横担和绝缘子的作用，能节约大量钢材，并能提高杆塔悬点高度，可节约线路投资 25%～30%；运行中便于雨水冲洗；这种绝缘子在断线时转动，可避免事故扩大。

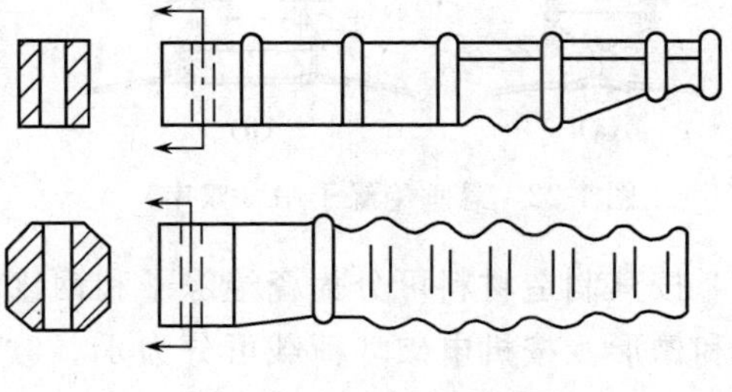

图 1-17 瓷横担绝缘子

（3）悬式绝缘子，如图 1-18～图 1-23 所示。在 35kV 及以上架空线路采用。通常都把它们组装成绝缘子串使用。每串绝缘子的数目与额定电压有关。

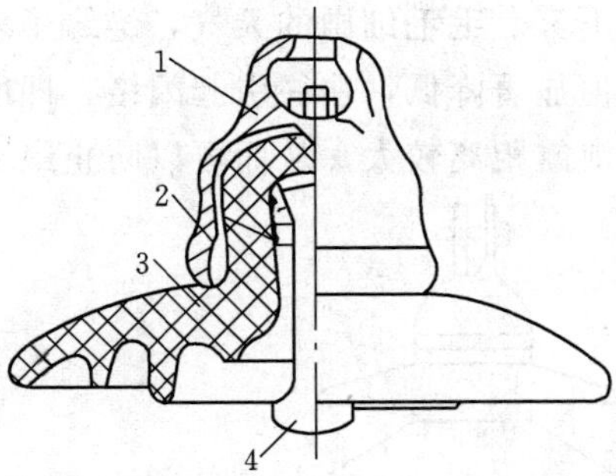

图 1-18 单个悬式绝缘子
1—钢帽；2—水泥；3—瓷体；4—铁脚

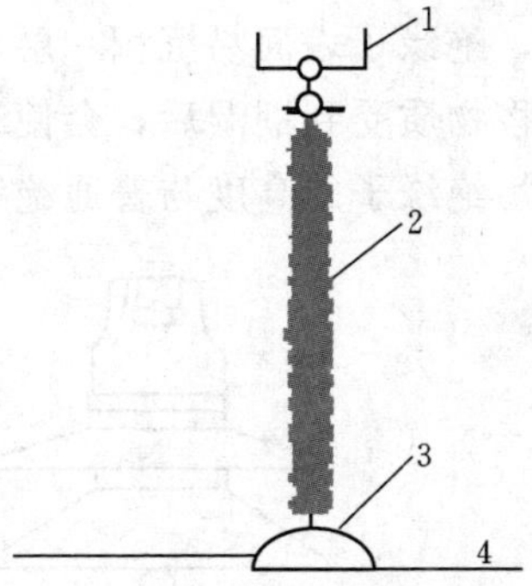

图 1-19 悬式绝缘子串
1—横担；2—绝缘子串；3—线夹；4—导线

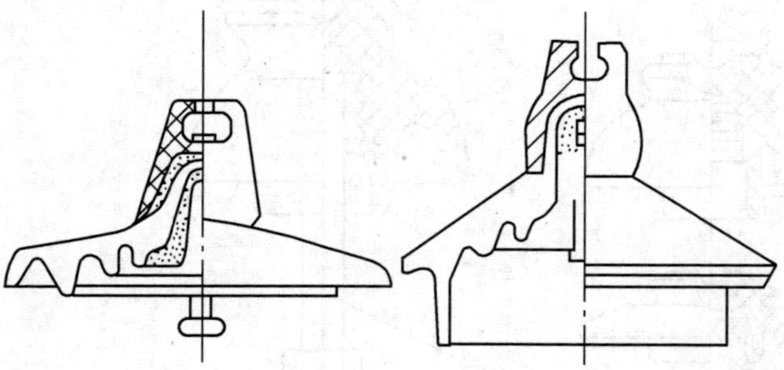

图 1-20 直流悬式绝缘子

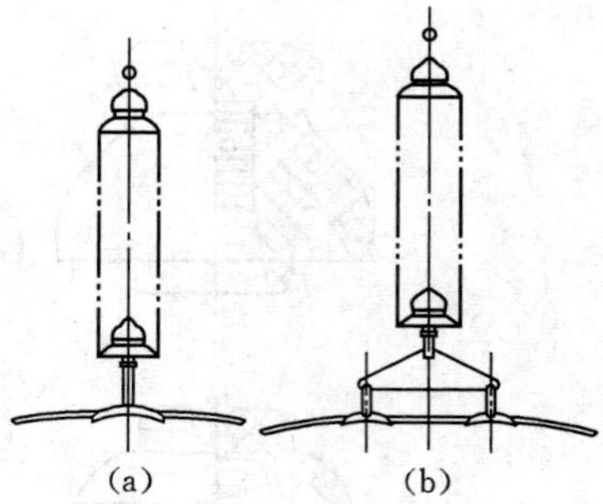

图 1-21 悬垂绝缘子串（单串）

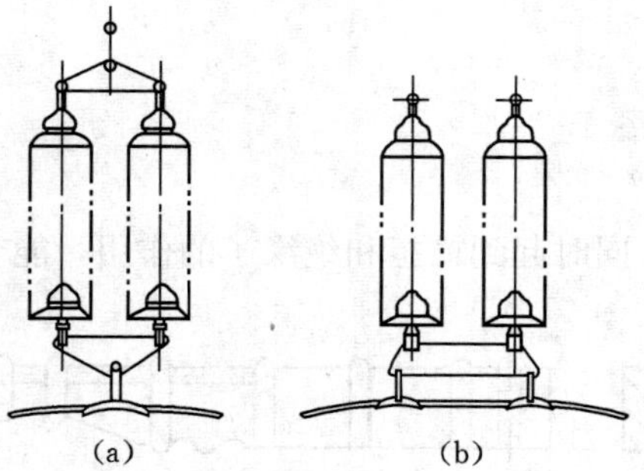

图 1-22 悬垂绝缘子串（双串）

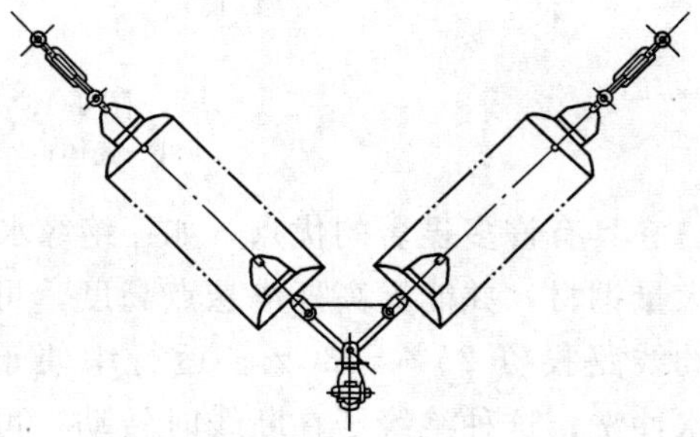

图 1-23 悬垂绝缘子串（V 形）

按其制造材料可分为瓷绝缘子和钢化玻璃绝缘子；按其金属附件连接方式分为球形和槽形。按机电破坏荷载可分为 4t、6t、7t、10t、16t、21t、30t 等 7 个级别。

（4）其他类型绝缘子，如图 1-24～图 1-27 所示。防污绝缘子用于通过污秽地区（如工业、化工区或接近沿海、盐场、盐碱地区等）的线路区段上。因为线路通过这些地区时，绝缘子表面易沉积一层污秽物质，在下雾、毛毛细雨的天气，绝缘子表面沉积的污秽物质受到潮湿后，会使绝缘子的耐压值显著降低，往往引起闪络，即所谓污闪。防污绝缘子的高度与普通绝缘子相同，但泄露距离较大，从而可以防止绝缘子

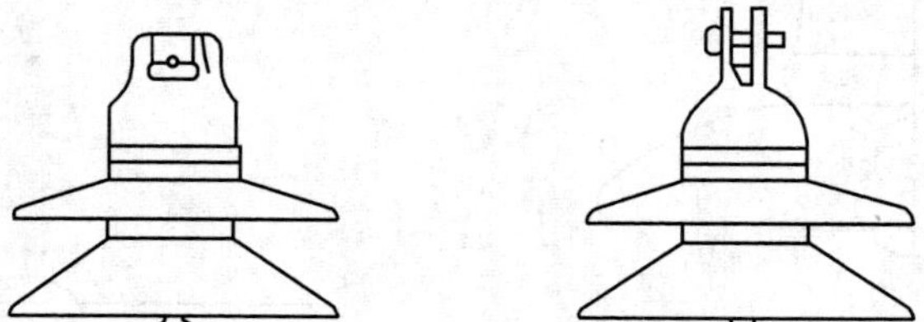

图 1-24 防污式悬式绝缘子

的污闪。

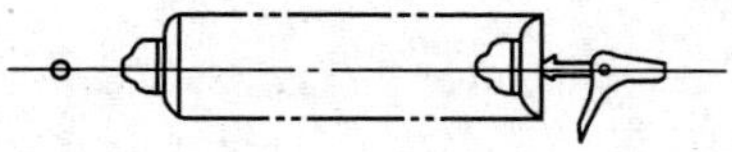

图 1-25　耐张绝缘子串（单串）

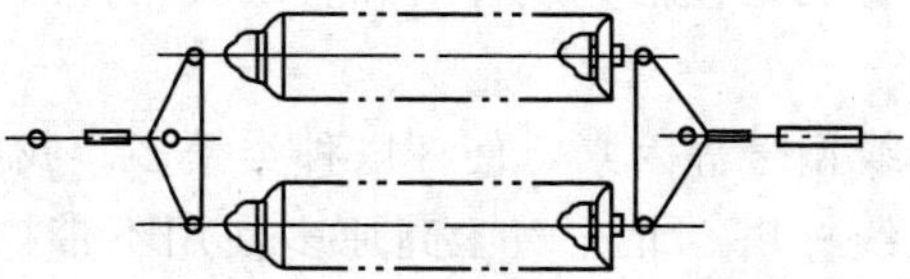

图 1-26　耐张绝缘子串（双串）

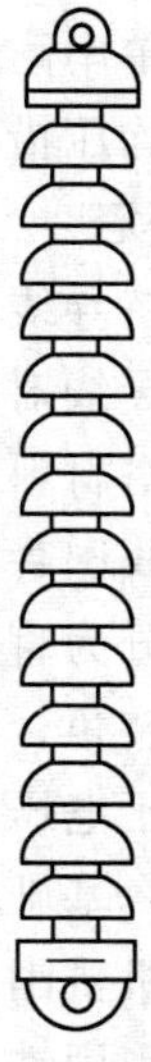

图 1-27　棒式绝缘子

2. 绝缘子的机械强度

$$K = \frac{T_p}{T_{max}} \tag{1-2}$$

式中　K——绝缘子机械强度的安全系数；

T_p——瓷横担的受弯破坏荷载或悬式绝缘子 1h 机电试验的试验荷载，N；

T_{max}——绝缘子最大使用荷载，N。

3. 绝缘子串片数的选择和组装形式

(1) 绝缘子串的片数决定原则。按工作电压所要求的泄露距离来决定的。一般地区单位泄露距离不小于 1.6cm/kV，并按内外过电压要求进行验算。

在海拔 1000m 以下非污秽地区，按 XP－6 型组合悬垂绝缘子串的片数，不同电压等级要求的数值如表 1-3 所示。

表 1-3　　直线杆一串悬垂绝缘子的片数

电压（kV）	35	60	110	154	220	330	500
XP－6 型绝缘子数量（片）	3	5	7	10	13	19	28

注　海拔超过 1000m 的地区，一般每升高 100m，内外绝缘增大 1%。

(2) 悬垂绝缘子串的组装原则。悬垂绝缘子串的组装有以下三种原则：

1) 一般直线杆塔多采用单串绝缘子。

2）为了控制风偏角，有时采用 V 形绝缘子串。

3）耐张、转角和终端杆塔均采用耐张绝缘子串，它承受着导线全部张力。小型号导线采用单串耐张绝缘子串；大型号导线采用双串耐张绝缘子串；330～500kV 线路还常采用均压措施。

1.2.2.5　杆塔

用来支持导线、避雷线及其他附件，使导线、避雷线、杆塔彼此保持一定的安全距离，并使导线对地面、交叉跨越物或其他建筑物等设施保持允许的安全距离。

按照杆塔材料的不同，一般分为木杆、钢筋混凝土杆、铁塔三种，国外还采用了铝合金塔。我国森林资源缺乏，故木杆已不再使用。

杆塔可分为直线型和耐张型两类。直线型包括直线杆塔和直线转角杆塔；耐张型包括耐张、转角、终端杆塔。

杆塔由于电压等级、地理条件、导线型号等因素，使杆塔种类繁多。我国南方由于水稻田多，基础施工困难，多使用拉线杆塔。北方黄土高原多使用不带拉线杆塔，以减少农田机耕困难。在城市附近、丘陵、山区，为了解决不易打拉线和便于运输、施工，又多采用铁塔。在线路通道拥挤和人口稠密的居民区，以及土地购置费用较贵的地区，多采用双回路和多回路高层铁塔。为了节省钢材，节约投资多采用拉线杆塔和水泥杆。因此，杆塔设计应考虑多种因素，做到经济、安全、美观的要求。

1.2.2.6　拉线和基础

1. 拉线

拉线用来平衡作用于杆塔的横向荷载和导线张力，可减少杆塔材料的消耗量，降低线路造价。

拉线的作用：一方面提高杆塔的强度，承担外部荷载对杆塔的作用力，以减少杆塔的材料消耗量，降低线路造价；另一方面，连同拉线棒和拉线盘，一起将杆塔固定在地面上，以保证杆塔不发生倾斜和倒塌。

拉线材料一般用镀锌钢绞线。拉线上端是通过拉线抱箍和拉线相连接，下部是通过可调节的拉线金具与埋入地下的拉线棒、拉线盘相连接。

拉线在杆塔上的布置视杆塔型式和它受力情况而定。直线单杆拉线，对地夹角为 60°，对横担夹角为 45°。拉线在正常大风情况下承受导线风压、杆身风压和导线垂直荷载，在事故断线情况下，拉线承受导线的断线张力。直线双杆用的 V 形拉线，不能承受导线、避雷线及杆身的风压荷载，而只能承受事故断导线时的断线张力。

2. 基础

杆塔基础是用来支承杆塔，并将杆塔固定在地面上，以保证杆塔不发生上拔、倾斜、倒塌、下沉等的设施，如图 1-28 所示。

其型式的选择应结合输电线路沿线地质物理特性、施工条件和杆塔型式等综合因素确定。一般采用装配式预制基础；在粘性和砂性土中，宜采用灌注桩基础；有条件的地区宜采用岩石基础；交通困难的山区可采用金属基础。杆塔基础应根据线路的地质资料和杆塔荷载情况进行设计，其中设计跨越河流的基础时，还应有水文、地质方面的资料。

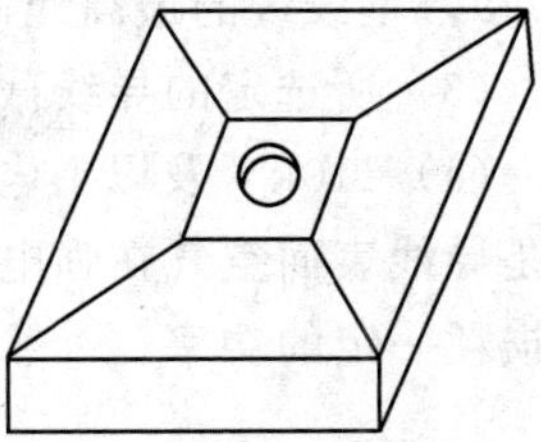
图 1-28　电杆底盘

钢筋混凝土杆若直接埋入土中，由于电杆横截面积很小，则在一般土壤中电杆都会下沉，此时为防止电杆下沉，往往在电杆底部垫一块面积较大的钢筋混凝土预制板——底盘，底盘是防止电杆下沉的基础。

1.2.2.7　防雷接地装置

埋设在基础土壤中的圆钢、扁钢、角钢、钢管或其组合式结构均称接地装置。它与避雷线或杆塔直接相连，当雷击杆塔或避雷线时，能将雷电流引入大地，可防止雷电流击穿绝缘子串的事故发生，提高了线路的耐雷水平，减少了线路雷击跳闸率。

接地装置主要根据土壤电阻率的大小进行设计，必须满足规程规定的接地电阻值的要求。

1.3　导线截面的选择方法

1.3.1　导线截面选择的要求

导线是用以传输电能的载体，导线截面的大小直接影响到线路运行的经济性，因此，输电线路导线截面选择必须满足如下条件：

(1) 线路年运行费低，符合总的经济利益。线路年运行费是指为维持线路正常运行而每年支出的费用，它包括电能损失费、折旧费、修理费、维护费等。其中电能损失费、折旧费及修理费是与导线截面有关的。例如：导线截面越大，导线中的电能损耗就越小，但线路的初建投资会增加，且线路的折旧费和修理费也随之增加；反之，导线截面越小，线路初建投资减小，线路的折旧费、修理费也随之减小，但线路中的电能损耗则必将增加。

因此，必须综合考虑各方面的因素，进行必要的经济技术比较，进行合理选择。

(2) 导线在运行中的温度不应超过其最高允许温度。导线中通以电流，由于导线电阻的存在，必定要消耗一部分电能，使导线温度升高。

我国规程规定，钢芯铝绞线的最高允许温度一般采用+70℃（大跨越可采用

90℃），钢绞线的最高允许温度一般采用 125℃。

（3）所选定的导线截面必须大于按机械强度所要求的最小截面。

（4）110kV 及以上电压等级的输电线路，导线截面应按电晕条件进行验算。电晕是导线表面空气在强电场作用下被电离而发生淡蓝光辉的一种现象，导线发生电晕将损耗一定的功率。

1.3.2　导线截面选择与校验的方法

一般对于区域性架空线路，首先是按经济电流密度选择导线截面，再校验导线热稳定条件，电压损耗、电晕条件、机械强度条件。而对于地方性架空线路，首先按电压损耗来选择导线截面，然后再校验其他条件。

1. 导线截面的选择

采用经济电流密度选择导线截面，可以使线路运行有最好的经济效果。对于各种电压等级的电力线路一般都可按经济电流密度选择其导线的截面，根据给定的线路在正常运行方式下的最大负荷电流 I_{max} 和最大负荷利用小时数，即可按经济电流密度 J 计算出导线的经济截面 S 为

$$S=\frac{I_{max}}{J}(\text{mm}^2) \tag{1-3}$$

从相关手册中选取一种与 S 最接近的标准截面的导线，然后再按其他的技术条件校验截面是否满足要求。我国现行的经济电流密度见表 1-4。

表 1-4　　经济电流密度（A/mm²）

导线材料	最大负荷利用小时数 T_{max}		
	3000 以下	3000～5000	5000 以上
铝	1.65	1.15	0.90
铜	3.00	2.25	1.75

另外，一般地区选用铝钢截面比为 5.3～8.3 的钢芯铝绞线，重冰区或大跨越地段可选用铝钢截面比小于 4.5 的钢芯铝绞线，以提高机械强度。

2. 导线截面的校验

（1）电晕校验。电晕现象的发生和大气环境及导线截面有关，为了降低能量损耗，防止产生电晕干扰，按规程规定，海拔不超过 1000m 的地区，对于 110kV 及以上电压等级的线路，应按电晕条件校验导线截面，所选导线的直径应不小于表 1-5 所列数值。

表 1-5　　不必验算电晕的导线（适用于海拔小于 1000m 的地区）

额定电压（kV）	110	220	330	500
导线外径	9.6	21.3	2×21.3	3×27.4～4×23.7
相应导线型号	LGJ－50	LGJ－240	LGJ－240×2	LGJQ－400×3～300×4

（2）机械强度校验。为了保证电力运行安全可靠，一切电压等级的电力线路都要具有必要的机械强度。对于跨越铁路，通航河流和运河、公路、通信线路和居民区的线路，其导线截面应不小于 $35mm^2$。通过其他地区的线路最小允许截面：35kV 以上线路为 $25mm^2$，35kV 及以下线路为 $16mm^2$。任何线路都不许使用单股导线。架空线路按其主要程度可分为 3 个等级，如表 1-6 所示。对不同等级的线路，按其机械强度条件规定了允许的导线最小截面积或直径，见表 1-7 所示。

表 1-6　　架空线路的等级

架空电力线路等级	架空电力线路规格	
	额定电压（kV）	电力用户的类别
Ⅰ	超过 110	所有用户
	35～110	一类和二类
Ⅱ	35～110	三类
	1～20	所有类别
Ⅲ	1 及以下	所有类别

表 1-7　　允许的导线最小截面积（mm^2）或直径（mm）

导线结构	导线材料	线路等级		
		Ⅰ	Ⅱ	Ⅲ
单股线	铜	不允许	10	6
	青铜		ϕ3.5	ϕ2.5
	钢		ϕ3.5	ϕ2.75
	铝及其合金		不允许	10
多股线	铜	16	10	6
	青铜	16	10	6
	钢	16	10	10
	铝及其合金	25	16	16

（3）热稳定校验。一切电压等级的电力线路都要按发热条件校验导线截面。所选导线的最大容许持续电流应大于该线路在正常或故障后运行方式下可能通过的最大持

续电流。

(4) 电压损耗校验。对于10kV及以下电压等级的线路，如果电压调整问题不能或不宜（经济上不合算）由别的措施解决时，可按允许电压损耗选择导线截面。但要注意，如果导线截面已大于95mm²，继续增大导线截面对降低电压损耗的作用就不大了。对于35kV及以上电压等级的线路，一般都不采用增大导线截面的办法来减少电压损耗。

在校验过程中，若不满足上述技术条件中的某一条，则应按该技术条件决定导线截面。

1.3.3 避雷线的选择

(1) 对于各级电压线路架设避雷线的要求有如下规定：

1) 330kV及500kV线路应沿全线架设双避雷线。

2) 220kV线路应沿全线架设避雷线。在山区，宜架设双避雷线，但少雷区除外。

3) 10kV线路一般沿全线架设避雷线。在雷电活动特殊强烈地区，宜架设双避雷线。在少雷区或运行经验证明雷电活动轻微地区，可不沿全线架设避雷线，但应装设自动重合闸装置。

4) 60kV线路，负荷重要且所经地区年平均雷暴日数为30以上地区，宜沿全线架设避雷线。

5) 35kV及以上线路，一般不沿全线架设避雷线。

(2) 按规程规定，避雷线与导线配合，应符合表1-8的要求。

表1-8　常用导线和避雷线配合表

导线型号	LGJ－35 LGJ－50 LGJ－70	LGJ－95 LGJ－120 LGJ－150 LGJ－185 LGJQ－150 LGJQ－185	LGJ－240 LGJ－300 LGJQ－240 LGJQ－300 LGJQ－400	LGJ－400 LGJQ－500及以上
避雷线型号	GJ－25	GJ－35	GJ－50	GJ－70

1.3.4 线路换位

1. 线路换位的作用

高压架空线路的换位，主要是为了减小电力系统正常运行时电流和电压的不对称，并限制电力线路对通信线路的影响。因为不换位的线路每相电抗和电纳是不相等的，会引起负序和零序电流。

2. 换位原则

(1) 按照有关规程（SDJ3－79）规定：在中性点直接接地的电力网中，长度超过100km的线路均应换位。

(2) 循环长度不宜大于200km。

(3) 中性点不直接接地的电力网，可用换位或变换线路相序排列的方法来平衡不对称电容电流。

3. 换位方式分类

常用的线路换位方式有：滚式换位、耐张换位和悬空换位；线路循环换位方式有：单循环换位（也称全换位）和双循环换位（即两个全换位）。

复习思考题

1-1　架空线路的主要组成部分有哪些？各部分的作用是什么？

1-2　架空线路一般采用哪几种导线？

1-3　绝缘子的主要作用是什么？

1-4　连接金具的主要作用是什么？架空线路常用哪些连接金具？

1-5　杆塔的作用是什么？架空线路的杆塔有哪些类型？

1-6　导线截面选择有哪几种方法？各适用于什么情况？

1-7　为什么要进行线路换位？

第2章

线路设计用气象条件

2.1 气 象 资 料

高压输配电架空线路常年暴露在大气中，作用在它们上面的机械荷载是随气象条件的变化而变化的。架空线路所承受的机械荷载既影响其本身的长度、弧垂和张拉应力，又决定杆塔和杆塔基础的受力及带电部分与各方面的安全距离等。所以，输配电线路设计用气象条件的选取是否合理，对保证线路建设和运行的安全性和经济性都具有决定性意义。

线路的设计用气象条件，广义的说是指那些与架空线路的电气强度和机械强度有关的气象参数，如风速、覆冰情况、气温、湿度、雷电参数等。但机械计算的气象参数主要指风速、覆冰厚度和气温，称为设计用气象条件的三要素。

2.1.1 温度

架空线路的张力和弧垂随着线路周围空气温度的变化而变化。当温度最低时，导线长度变得最短，拉得很紧，导线张力有可能达到最大值；当温度最高时，导线长度有可能最长，挡距中的弧垂可能达到最大值。

2.1.2 风

当风力作用在导线和杆塔上时，在垂直线路平面上将产生一个附加的机械荷载，并使导线张力增大，杆塔产生弯矩。另外还会在垂直平面内使导线产生振动和舞动。作用在导线和杆塔上的风压与风速的平方成正比。我国大部分地区的风速一般不超过20～30m/s。

2.1.3 覆冰

在一定气象条件下，架空线路的导线、避雷线以及绝缘子串上出现的冰层、霜、积雪等称为覆冰。导线表面上形成覆冰的气象条件是：空气温度和导线温度低于零度，一般在－3～－5℃。形成覆冰的严重程度和它出现的频率决定于线路经过地区的气象条件、海拔高度、湖泊、河流等情况。一般海拔越高，形成覆冰程度越严重，出现的频率也越高。在大水面附近通过的线路，由于空气湿度大，使导线上容易形成覆冰。覆冰不但使导线垂直方向的机械荷载增加，也增大了导线水平方向的风荷载。有时这些荷载可能超过设计所预计的数值，造成断线事故。覆冰对弧垂也有影响，覆冰厚度越大，弧垂也就越大，可能造成对地安全距离不够的情况。

综上所述，进行输配电线路的机械荷载和应力计算时，主要的气象条件是：空气的最高温度、最低温度、覆冰厚度、最大风速等。

2.2 气象资料搜集内容

为使架空输配电线路的结构强度和电气性能能够很好地适应自然界的气象变化，以保证送电线路的安全运行，在设计过程中，必须对沿线的气象情况进行全面的了解，详细搜集设计所需要的气象资料。搜集的主要气象要素如下。

2.2.1 最高气温

最高气温用于计算导线的最大弧垂（因最大弧垂可能发生在最高气温），安排杆塔位置，确定挡距，使导线距地面或其他构筑物保持规程规定的安全距离。

2.2.2 最低气温

在最低气温时，由于导线弧垂减小，导线可能产生最大应力，用最低气温来检验导线悬挂点应力、耐张杆塔的上拔力、绝缘子串上扬及线路防振计算等。

2.2.3 年平均气温

年平均气温是导线应力计算中的控制条件之一，用来计算衡量导线的防振标准，也用来校验耐张绝缘子串的倒挂等问题。

2.2.4 历年最低气温月的平均气温

计算电线或杆塔安装检修时的初始条件。

2.2.5 最大风速

架空输配电线路的最大设计风速，应采用离地面15m高，15年一遇10min平均最大值（只适用于 35～330kV 线路）。因此，应将气象站的历年最大风速换算成架空输电线路的最大设计风速，并用于计算风荷载，以计算杆塔强度、刚度、稳定性和导线机械强度。还用于计算风偏，做为决定杆塔头部尺寸的基本条件之一，也用于确定导线对附近凸出物或建筑物间的安全距离。

2.2.6　地区最多风向及其出现的频率

搜集地区最多风向及其出现的频率用于防振，杆塔的防腐及绝缘的防污设计。风向也影响杆塔的受力，例如为了减少风荷载对杆塔引起的弯矩，对上字形或不对称导线排列的杆塔，双导线侧放在迎风侧、风向频率高、风速大处有利。

2.2.7　导线的覆冰厚度

搜集导线覆冰时的最大直径，用来确定冰层厚度，覆冰重力，覆冰的类别是雨凇还是雾凇，覆冰时相应的气温及风速。在导线覆冰时垂直荷载最大，因此，它也是计算导线强度和杆塔强度、刚度、稳定性的依据之一。特别对导线不对称排列的杆塔更应引起注意。

2.2.8　年平均雷电日数（或小时数）

作为输电线路防雷设计依据，应结合当地已有线路运行经验，地区雷电活动的强弱，地形、地貌特点和土壤电阻率高低等情况，采用合理的防雷保护方式，其与历年平均雷电日数有关。

2.2.9　土壤的冻结深度

主要用于杆塔的基础设计，要求基础埋深应大于土壤的冻结深度。这是因为土壤中含有一定的水分，当温度低于 0℃时，土壤中的水分会被冻结，若基础埋深在冻结深度以上，则土壤体积的膨胀或收缩，均能使基础发生移动，造成事故。因此，要求基础最小埋深在土壤冻结深度以下。

2.2.10　地震烈度

地震基本烈度在 9 度以上的地区，所设计的杆塔要进行抗震验算。其验算条件：风速取最大风速的 50%、无冰、未断线。

2.2.11　年平均气温、无冰、风速为 5m/s 的气象情况

在长期荷载（无冰、风速 5m/s）、年平均气温作用下杆塔的计算挠度（不包括基

础倾斜和拉线点位移）不应大于下列数值。

无拉线直线单杆：杆高的5/1000。

无拉线直线铁塔：塔高的3/1000。

直线型拉线杆塔的杆（塔）顶：塔高的4/1000。

直线型拉线杆塔，拉线点以下的杆（塔）身：拉线点高度的2/1000。

转角及终端塔：塔高的7/1000。

设计中应根据杆塔特点提出施工预偏要求，预偏数值应保证单柱杆塔不向双线侧倾斜，转角杆塔不向转角内侧倾斜。

2.3 设计用气象条件的选取

2.3.1 最大设计风速值的选择

在选择最大风速之前，首先将收集到的不同高度、不同时距、不同观测次数的历年最大风速资料，统一换算为高度为15m的连续自记10min平均值。再根据保证率的要求（如15年一遇））经过概率计算求出的最大风速即为最大基本风速。

2.3.1.1 风速次时换算

我国许多气象台（站）以往多采用一天定时观测4次的2min平均风速，显然会漏掉不少大风风速。因此，对于定时观测风速，必须经过观测时距和次数的两重订正，即次时换算，才能将定时2min平均风速换算为连续自记10min平均风速。这种换算是根据具有定时和连续自记的平行观测资料，通过建立回归方程式（2-1）进行的，有

$$v_{10} = Av_2 + B \tag{2-1}$$

式中 v_{10}——连续自记10min的平均风速，m/s；

v_2——一天四次2min的平均风速，m/s；

A、B——次时换算系数，表2-1列出了全国各地区的实验数据。

表2-1 风速的次时换算系数

地区	A	B	应用范围
华北	0.882	7.82	北京、天津、河北、山西、河南、内蒙古、关中、汉中
东北	1.04	3.20	辽宁、吉林、黑龙江
西北	1.004	2.57	陕北、甘肃、宁夏、青海、新疆、西藏
西南	0.576	11.57	用于贵州

续表

地 区	A	B	应 用 范 围
云 南	0.625	8.04	
四 川	1.25	0	四川
湖 北	0.732	7.0	湖北、江西
湖 南	0.63	9.54	
广 东	1.03	4.15	广东、广西、福建、台湾、海南
江 苏	0.78	8.41	江苏、上海
山 东	1.03	3.76	山东、安徽
浙 江	1.262	0.53	

2.3.1.2　风速的高度换算

由于气流和地面的摩擦作用，使离地不等高度上风速的分布不均匀，离地越高，风速越大。将经过次时换算后的 v_{10} 由风仪高度换算到架空线路实际设计高度（规程规定可取 15m 高度）下的风速 v_h。对于观测高度在 100m 以下低空者，均可采用下列对数公式换算

$$v_h = v_{10}\frac{\lg h - \lg Z_0}{\lg h_0 - \lg Z_0} = K_0 v_{10} \tag{2-2}$$

式中　v_h、v_{10}——实际设计高度下的风速和经过次时换算后的风仪高度下的风速，m/s；

h_0、h——实际设计高度和风仪（观测）高度，m；

Z_0——地面粗糙系数，m，一般在 0.01～0.2 范围内，对空旷平地可取 0.03；

K_0——设计高度的换算系数，表 2-2 为实际设计高度 15m 时的风速换算系数。

表 2-2　实际设计高度 15m 时的风速换算系数 K_0

风仪高度 h（m）	8	10	12	14	15	16	18	20
K_0	1.113	1.070	1.037	1.011	1.000	0.990	0.972	0.956
风仪高度 h（m）	22	24	26	28	30	32	34	36
K_0	0.942	0.930	0.919	0.909	0.900	0.891	0.884	0.877

2.3.1.3 最大设计风速的选取

规程规定，线路应按其重要程度的不同，分别考虑最大风速的重现期，根据最新规定：对 35～110kV 线路，应采用 15 年一遇；对 220～330kV 线路，应采用 30 年一遇；对 500kV 线路，应采用 50 年一遇。重现期越长，说明该风速越稀少，即风速越大。“几年一遇的最大风速”一词，一般应从或然率的概念上来理解它，即求出一定保证出现频率（或然率）下的最大风速，如 20 年一遇相当于 5%的出现频率，即 $p=0.05$。

根据搜集到的历年最大风速值（经过时距、高度统一换算），以气象方面有关概率统计的方法求出最大风分布的频率。例如用极值分布理论，皮尔逊Ⅲ型曲线等，但这些计算方法较麻烦，线路设计中可以采用较为粗略但较简便的“经验频率法”，其频率的计算公式为

$$p=\frac{m}{n+1} \tag{2-3}$$

式中 p——风速出现频率；

m——将统计年份内出现的全部风速值由大到小按递减顺序列表编号（每个风速不论数值是否相同皆须占一个编号），则序号即为该风速的 m 值；

n——统计风速的总次数。

要计算保证频率 p（如 $p=0.05$ 即 20 年一遇；$p=0.1$ 即 10 年一遇）时的最大风速，可将 p 和总次数 n 代入式（2-3），求出风速递减序号 m，序号 m 所对应的风速即为在保证频率下的选用值。若求出的 m 不是整数，相邻两序号中的风速可用插入法求之。

【例 2-1】 某地区 10m 高度自记 10min 平均最大风速见表 2-3。试求该地区 10、20 年一遇的最大风速值。

表 2-3　某地区 10m 高度自记 10min 平均最大风速

年份	1951	1952	1953	1954	1955	1956	1957	1958	1959	1960
v_{10} (m/s)	21.8	21.2	29.2	26.7	23.2	25.0	29.0	27.7	30.3	22.0
年份	1961	1962	1963	1964	1965	1966	1967	1968	1969	1970
v_{10} (m/s)	21.0	27.1	24.0	30.3	27.1	24.0	18.6	23.2	27.1	34.2

解 将表 2-3 中的最大风速按递减顺序排列，并求出相应的频率分布列出表 2-4。其中 $p=m/(n+1)=m/21$。

表 2-4 序号、风速、频率

年份	1	2	3	4	5	6	7	8	9	10
v_m (m/s)	34.2	30.3	30.3	29.2	29.0	27.7	27.1	27.1	27.1	26.7
p	0.048	0.095	0.143	0.191	0.238	0.286	0.333	0.381	0.429	0.476
年份	11	12	13	14	15	16	17	18	19	20
v_m (m/s)	25.0	24.0	24.0	23.2	23.2	22.0	21.8	21.2	21.0	18.6
p	0.524	0.571	0.619	0.667	0.714	0.762	0.810	0.857	0.905	0.952

10 年一遇的最大风速：$p=0.1$，$m=21\times0.1=2.1$，$v_m=30.3$m/s，因风仪高度为 10m，查表 2-2 得 $K_0=1.070$，故

$$v_{max}=1.070\times30.3=32.42\ (m/s)$$

20 年一遇的最大风速：$p=0.05$，$m=21\times0.05=1.05$，$v_m=34.2$m/s，故

$$v_{max}=1.070\times34.2=36.6\ (m/s)$$

2.3.1.4 微地形条件下风速的选取

大跨越挡距的最大设计风速应比附近平地线路增加 10%，跨越处的水面风速应再增加 10%。大跨越挡距还应按稀有气象条件验算。

线路通过城市或森林等地区，如两侧屏蔽物的平均高度大于杆塔高度的 2/3，其最大设计风速宜较一般地区减小 20%。线路位于河岸、湖岸、高峰以及山谷口等容易产生强风的地带，设计风速应较附近一般地区适当增大。

2.3.1.5 高空风速的选取

当杆塔高度很高时，其最大设计风速可由上面选出的一般高度的最大设计风速进行换算，换算方法见第 11 章杆塔的荷载计算。

2.3.2 架空线覆冰厚度的选择

当天空中的“过冷却”水滴及湿雪下降碰到地面上低于 0℃的架空线后，便会在导线表面冻结成冰。由于线路所经地区的气候条件和地理条件不同，覆冰种类大致可分雾凇和雨凇两类。雾凇比重较轻（约 0.1～0.4g/cm³），形成针状或羽毛状结晶，冻结不密实。雨凇比重则较大（约 0.5～0.9g/cm³），冻结成浑然一体的透明状冰壳，附着力很强，电线覆冰常指这类雨凇而言。

形成雨凇的气象条件多在 0～－10℃，风速 5～15m/s，湿度约 80%以上。覆冰和地理条件也很有关系，地形条件能促使“过冷却”雨下降外，其他如平原中的突出高地，暴露的丘陵顶峰及高海拔地区、迎风山坡等覆冰相对比较严重。

由于目前电线覆冰方面的气象观测资料积累不多，因此设计输配电线路时，要特

别注意调查线路通过地区附近的已有电力线、通信线及自然物上的覆冰情况并结合新建线路经过地区的具体特点进行分析，确定设计覆冰厚度（部分严重覆冰地段，可分段单独考虑不同的冰厚）。当无可靠的覆冰记录时，在常年最低气温零度以下者，应考虑电力线覆冰，其冰厚度不小于5mm，比重按0.9计算。在实际工程设计中，可套用典型气象区覆冰厚度。

2.3.3 气温的选取

（1）最高气温一般取＋40℃，不考虑个别高于或低于＋40℃的记录。

（2）最低气温偏低时取5的倍数。

（3）年平均气温，取逐年的年平均气温的平均值，在3～17℃范围内时取与此数邻近5的倍数值，如地区年平均气温小于3℃或大于17℃时，应将年平均气温减少3～5℃后，选用与此数邻近的5的倍数值。

（4）最大风速时的气温，取出现最大风速年的大风季节最冷月的平均气温，偏低地取5的倍数。

2.4 设计用气象条件的组合及典型气象区

风速、覆冰厚度、大气温度是输电线路设计中的主要因素。它们各取什么值，称为气象条件组合。气象条件组合要反映一定程度的自然规律，以及它们同时出现的可能性，既要反映客观现实，又要考虑技术上的合理及计算上方便。因此，必须根据以往设计经验结合实际情况，慎重地分析原始气象资料，合理地概括出“组合气象条件”。在进行气象条件的组合时，一般应满足下列要求：

（1）线路在大风、覆冰及最低气温时，仍能正常运行。

（2）线路在断线事故情况下，不应使事故范围扩大，即杆塔不致倾覆。

（3）线路在安装过程中，不致发生人身或设备损坏事故。

（4）线路在正常运行情况下，在任何季节里，导线对地面或与其他被跨越物保持足够的安全距离。

（5）线路在长期运行中，应保证导线或避雷线有足够的耐振性能。

2.4.1 设计用气象条件的组合情况

2.4.1.1 正常运行情况下的气象条件组合

线路在正常运行中使导线及杆塔受力最严重的气象条件有大风、覆冰及最低气温三种情况。这三种最严重的气象条件不应组合在一起，因为最大风速一般多在夏秋季节出现，而最低气温则在冬季无风时出现，又因最大风速或最低气温时，大气中均无“过冷却”水滴存在，因而，架空线不可能覆冰。所以，线路在正常运行情况下的气象条件组合为：

（1）最大风速、无冰、气温为该地区大风季节最冷月的平均气温。

（2）最低气温时、无冰、无风。

（3）覆冰，一般取相应风速为10m/s，若地区最大风速大（如35m/s以上），可取相应风速为15m/s，覆冰时气温取－5℃。

由于最大风速或覆冰时导线机械荷载大，最低气温时，虽然没有外荷载，但因温度低使得导线收缩，导致导线应力增大。所以在这三组气象情况下，导线应力可能为最大值。设计时，要求在这三组气象情况下，导线应力不得超过允许应力，即最大使用应力 σ_{max}。

（4）年平均气温、无风、无冰。年平均气温、无风、无冰的组合是从导线防振的要求提出来的。

2.4.1.2 安装和检修时气象条件组合

对于线路安装和检修工作（指机械性作业），规程规定：“遇有六级以上大风，禁止高空作业”（六级风为强风，其陆地地物特征是大树枝摇动，电线呼呼有声，举伞困难）。因此，安装和检修情况下的气象条件按风速为10m/s、无冰、气温为最低气温月的平均气温，这一气象组合基本上能概括全年的安装检修时的气象情况。当遇到特殊情况，如冰、风事故中的抢修或安装中途出现大风等，只有靠安装时用辅助加强措施来解决。

2.4.1.3 大气过电压时气象条件组合

大气过电压组合有两种情况要考虑：

（1）温度15℃、相应风速。温度15℃是雷电活动日，相应风速除我国典型Ⅰ级气象区取15m/s外，其余气象区风速均选取10m/s，是设计塔头尺寸、导线风偏时安全距离的条件。

（2）温度15℃、无风。用于挡距中央，导线与避雷线间的距离 S 应满足 $S>0.012l+1$（l 为挡距）的要求。

2.4.1.4 事故情况下的气象条件组合

线路事故情况仅指断线情况，不包括杆塔倾覆或其他停电等事故。断线多系外力引起，与气象条件的关系无明显规律。计算断线的目的在一定意义上说，只是为了计算杆塔强度，其气象条件是根据以往运行经验逐渐演变而来的，规程规定的断线情况气象条件组合为：

（1）覆冰厚度为10mm及以下地区——无冰、无风，历年最低气温月的最低平均气温值（每年该月中每日最低温平均后，再取历年平均值）。

（2）覆冰厚度为10mm以上地区——有冰、无风，气温为-5℃。

2.4.2 典型气象区

为了使线路设计标准化和统一化，简化设计，根据我国各地区的气象条件影响输电线路设计的三个气象要素温度、风速、覆冰厚度进行了归纳，合并成为我国九个典型气象区，见表2-5。

表2-5　　我国典型气象区

<table>
<tr><th colspan="2">气象区</th><th>Ⅰ</th><th>Ⅱ</th><th>Ⅲ</th><th>Ⅳ</th><th>Ⅴ</th><th>Ⅵ</th><th>Ⅶ</th><th>Ⅷ</th><th>Ⅸ</th></tr>
<tr><td rowspan="7">大气温度（℃）</td><td>最高</td><td colspan="9">+40</td></tr>
<tr><td>最低</td><td>−5</td><td>−10</td><td>−10</td><td>−20</td><td>−10</td><td>−20</td><td>−40</td><td>−20</td><td>−20</td></tr>
<tr><td>覆冰</td><td>—</td><td colspan="8">−5</td></tr>
<tr><td>最大风速</td><td>+10</td><td>+10</td><td>−5</td><td>−5</td><td>+10</td><td>−5</td><td>−5</td><td>−5</td><td>−5</td></tr>
<tr><td>安装</td><td>0</td><td>0</td><td>−5</td><td>−10</td><td>−5</td><td>−10</td><td>−15</td><td>−10</td><td>−10</td></tr>
<tr><td>外过电压</td><td colspan="9">+15</td></tr>
<tr><td>内过电压、年平均气温</td><td>+20</td><td>+15</td><td>+15</td><td>+10</td><td>+15</td><td>+10</td><td>−5</td><td>+10</td><td>+10</td></tr>
<tr><td rowspan="5">风速（m/s）</td><td>最大风速</td><td>35</td><td>30</td><td>25</td><td>25</td><td>30</td><td>25</td><td>30</td><td>30</td><td>30</td></tr>
<tr><td>覆冰</td><td colspan="6">10</td><td colspan="3">15</td></tr>
<tr><td>安装</td><td colspan="9">10</td></tr>
<tr><td>外过电压</td><td>15</td><td colspan="8">10</td></tr>
<tr><td>内过电压</td><td colspan="9">0.5×最大风速（不低于15m/s）</td></tr>
<tr><td colspan="2">覆冰厚度（mm）</td><td>0</td><td>5</td><td>5</td><td>5</td><td>10</td><td>10</td><td>10</td><td>15</td><td>20</td></tr>
<tr><td colspan="2">冰的比重</td><td colspan="9">0.9</td></tr>
</table>

典型气象区就是作为一种计算气象条件。它的重要作用就在于简化一个地区的设计工作。因此，不能要求它与当地情况完全一致，特别是一些对设计条件影响不大的数据，更允许有些差异。如所设计线路气象与典型气象区接近，一般采用典型气象区所列数值，这样就可以套用标准化设计，减少设计工作量。

我国典型气象区基本上考虑了全国各地的气象条件，适用范围如下（v_{max}代表最大风速，b代表覆冰厚度，t_{min}代表最低温度）：

Ⅰ　$v_{max}=35$m/s，$b=0$，$t_{min}=-5$℃

主要适用于南方沿海受台风侵袭地区，如浙江、福建东部、广东、广西沿海地区。

Ⅱ　$v_{max}=30m/s$，$b=5mm$，$t_{min}=-10℃$

主要适用于华东地区。

Ⅲ　$v_{max}=25m/s$，$b=5mm$，$t_{min}=-10℃$

主要用于西南非重冰地区、福建、广东等受台风影响较弱地区。

Ⅳ　$v_{max}=25m/s$，$b=5mm$，$t_{min}=-20℃$

主要适用于西北大部地区、华北京、津、唐地区。

Ⅴ　$v_{max}=30m/s$，$b=10mm$，$t_{min}=-10℃$

主要适用于华北平原、湖北、湖南、河南等地。

Ⅵ　$v_{max}=25m/s$，$b=10mm$，$t_{min}=-20℃$

主要适用于北方某些地区。

Ⅶ　$v_{max}=30m/s$，$b=10mm$，$t_{min}=-40℃$

主要适用于寒潮比较强烈的地带，如东北大部地区、河北承德、张家口一带。

Ⅷ　$v_{max}=30m/s$，$b=15mm$，$t_{min}=-20℃$

适用于覆冰较严重地区，如山东、河南部分地区、湘中、粤北重冰地带。

Ⅸ　$v_{max}=30m/s$，$b=20mm$，$t_{min}=-20℃$

主要适用于云、贵高原覆冰地区。

此外，各地区又根据自己地区的具体情况，较详细地划分了本地区的典型气象区。

复习思考题

2-1　设计输配电线路时，主要搜集哪些气象资料？

2-2　怎样计算最大设计风速？

2-3　线路在正常情况下的气象条件组合有哪些？

2-4　我国典型Ⅳ级气象区的最低温度，最大风速，年平均气温，覆冰时温度、风速、覆冰厚度各是多少？

2-5　某气象台的观测基本高度是30m，最大风速25m/s，求高度为15m时的最大风速是多少？（已知 $Z_0=0.03$）

第3章

力学基本知识

3.1 弹性变形体静力学分析基础

3.1.1 变形固体的基本假设

自然界中的任何固体在外力作用下，其形状和尺寸的改变称为固体变形。实践表明，固体之所以发生变形，是由于它在外力作用下，组成固体的各微粒间的相对位置发生了变化。

工程上使用的固体材料是多种多样的，而且其微观结构和力学性能也各不相同，为了使问题得到简化，通常对变形固体作如下基本假设：①连续性假设，即认为组成固体的物质毫无间隙的充满物体的几何容积；②均匀性假设，即认为固体各部分的力学性能是完全相同的；③各向同性假设，即认为固体沿各个方向的力学性能都一样。试验结果表明，根据这些假设得到的理论，基本符合工程实际。

一般变形固体都具有抵抗外力作用和一定变形的能力，在固体承受的外力消除后，它能立即恢复其原有的外形和尺寸，变形固体的这种性质称为弹性。如果物体在外力除去后能够完全恢复原状，这种物体就认为是完全弹性体；如果不能完全恢复原状的，则认为是部分弹性体。部分弹性体的变形有两部分：一部分是随着除去外力而消失的变形，称为弹性变形；另一部分是外力除去后仍不能消失的变形，称为塑性变形，也叫残余变形或永久变形。

在自然界中并没有绝对的完全弹性体，一般的变形固体既具有弹性，也具有塑性。试验指出，像金属、木材和玻璃钢类复合材料等工程材料，当作用的外力不超过某一限度时，可以看成是完全弹性的；若作用的外力超过了这一限度，就要发生显著的塑性变形而成为部分弹性的。因此，物体在外力作用下，能够发生较大塑性变形的这种性质，称为塑性。变形固体的弹性和塑性往往是有条件性的，例如在同样受力情况下，金属在常温下可以是弹性的，而在高温下却是塑性的。在材料力学中，我们着重研究固体在常温下的弹性阶段外力和变形之间的关系。

3.1.2　内力与应力的概念

3.1.2.1　轴向受拉杆和轴向受压杆

在工程中，实际构件有各种不同的形状，为了研究简便，在材料力学中，通常把构件形状加以简化，然后按简化构件的几何形状与长、宽、厚尺寸来分类研究。我们经常遇到的构件，其长度往往远大于宽度和厚度（横截面）尺寸，这类构件称为杆件，简称为杆。如果所研究的杆的横截面形心连线（或轴线）是直线的，这样的杆就称为直杆。横截面形状和尺寸沿杆长不变的直杆，又称为等直杆。工程上常见的许多构件或零件都可以简化为杆件，杆是工程中最基本的构件。例如连杆、吊钩和传动轴等，架空线路中的导线或避雷线，当认为其荷载沿挡距均匀分布时，就可以看作杆件。

在工程实际中，我们经常遇到的构件是等直杆（即沿杆长横截面都相等的直杆），如果作用在杆上的外力或其合力的作用线与杆的轴线重合，则将使杆发生轴向拉伸或轴向压缩的变形，我们把这种杆叫做轴向受拉（压）杆，例如起重机的吊缆、理想铰接桁架中的各杆和各种结构的支柱等，都是轴向受拉或轴向受压的等直杆。

图 3-1（a）表示以钢筋混凝土电杆上支撑架空电线的横担结构。由横担 AB 和斜杆 BO 组成。在接点 B 处承受悬挂电缆产生的集中荷载 T_P 的作用，我们对杆 AB 和杆 BO 进行力学分析。假设杆端的连接都是理想的铰接，杆 AB 和杆 BO 的重量可以忽略不计（在工程设计计算中，如果遇到杆件的自重与其他荷载比较起来是很小的情况，为了简化计算，常常可以将构件的自重忽略不计），在杆 AB 和杆 BO 的上面没有其他的外力作用，这样，杆 AB 和杆 BO 就都是链杆，在他们的两端都只作用有大小相等、方向相反、作用线与杆轴线相重合的两个力，如图 3-1（b）中的 T_{P1} 和 T_{P2} 所示。根据作用力和反作用力定律，杆 AB 和杆 BO 分别作用在铰 B 上的力也是 T_{P1} 和 T_{P2}，如图 3-1（c）所示。取铰 B 为脱离体并且列出它的平衡方程，就可以确

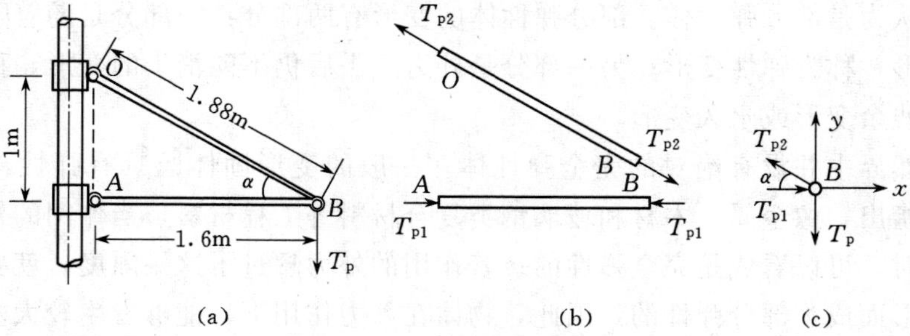

图 3-1　电杆上的横担结构及其示力图

定 T_{P1} 和 T_{P2} 的大小和方向。通过以上的分析，如图 3-1（b）所示，我们知道，通过铰接点传给杆 AB 的力 T_{P1} 将作用在杆的两端并与杆轴线重合，且是一对大小相等、方向相反、指向朝向杆端截面的轴向压力，它们将使 AB 产生轴向（纵向）压缩变形，所以我们把它称为轴向受压杆。同样，作用在杆 BO 两端的一对力 T_{P2} 将使杆产生轴向拉伸变形，所以我们把它叫做轴向受拉杆。

3.1.2.2 轴向受拉杆和轴向受压杆的内力——轴力

（1）轴力。我们用图 3-2（a）所示的圆截面杆为例，研究它在轴向拉伸下所产生的内力。当杆在其两端受到轴向拉力 T_P 的作用时，杆产生拉伸变形，使杆的长度由 l 变为 l_1，见图 3-2（b），杆内各质点间的相对位置也发生了相应的改变。通常，我们把这种因外力作用而引起的杆内部质点间相互作用力的改变，称为内力。内力是伴随着外力引起的变形而同时产生的，随外力的增大而加大，到达某一限度时就会引起构件破坏，因而它与构件的强度密切相关，但它又力图保持杆的原有状态抵抗杆的变形。

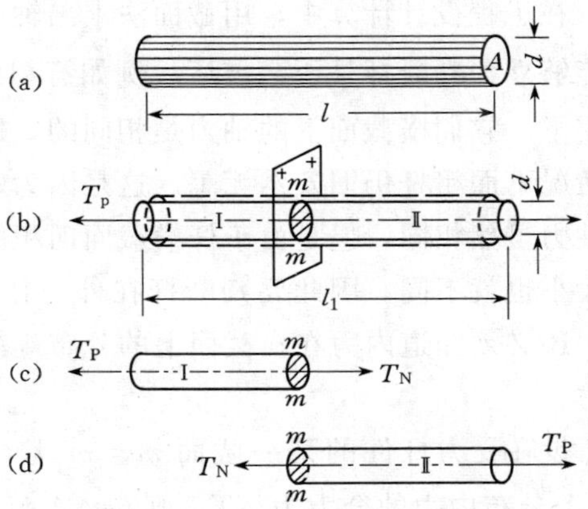

图 3-2 用截面法求杆的内力

（2）内力的求解方法。为了显示和计算杆的内力，通常采用截面法。就是假想地用一个截面（一般是用垂直于杆轴线的横截面）$m-m$ 将杆分为两部分Ⅰ和Ⅱ，见图 3-2（b），取其中的任一部分（例如Ⅰ）为脱离体，并且将另一部分（例如Ⅱ）对脱离体部分的作用，用在截开面上的内力 T_N 来代替，见图 3-2（c），因为原杆在外力 T_P 的作用下是处于静力平衡状态，它的任何一部分也应该是静力平衡的，这样就可以为脱离部分建立平衡来确定内力 T_N 的大小和方向。例如以部分Ⅰ为脱离体时，由它的平衡方程

$$\sum T_X = 0 \rightarrow T_N - T_P = 0$$

可以求得内力

$$T_N = T_P \tag{3-1}$$

同样，如果以部分Ⅱ为脱离体，见图 3-2（d），也可以求得代表部分Ⅰ对部分Ⅱ的作用的内力为 $T_N=T_P$，它与代表部分Ⅱ对部分Ⅰ的作用的内力等值而反向，符合力的作用与反作用定律。因为内力 T_N 的作用线与轴向外力 T_P 的作用线一样，是垂直于横截面并且通过其形心与杆轴线相重合的，所以我们又称它为轴力。

求轴力的截面法，具体计算步骤如下：

1）一个假想截面将杆在需要求其内力的截面处截开。

2）取被截开杆的任意部分为脱离体，并且在截开面上用轴力 T_N 代替另一部分对此部分的作用。

3）列出脱离体的平衡方程，就可以由它解出所要求的轴力。

轴力的量纲为力，在国际单位制中常用的单位是牛顿（N）或千牛顿（kN）。

3.1.2.3　应力

在工程设计计算中，用截面法求出轴向受拉（压）杆横截面上的轴力 T_N 后，还不能够立即判断杆是否会破坏。例如有粗细不同的两根拉杆，在相同的轴向拉力 T_P 作用下，它们横截面上的轴力是相同的，即都是 $T_N = T_P$，但是很可能在细杆被拉断的情况下而粗杆仍旧安然无恙。这是因为轴力只是杆横截面上分布内力的合力，两杆的轴力虽然相同，但是由于杆横截面面积的大小不同，在两杆横截面上分布内力的集度大小也就不同。因此要判断杆在外力作用下是否会被破坏，不但要知道内力的大小，还必须知道内力在横截面上的分布规律和分布内力的集度。内力的集度通常称为应力。

设在受力杆件的某一截面 $m-m$ 上，围绕 M 点取微面积 ΔA，如图 3-3（a），ΔA 上分布内力的合力为 ΔT，则在 ΔA 范围内的单位面积上内力的平均集度为 $p_m = \Delta T/\Delta A$，称为 ΔA 上的平均应力。由于一般情况下，分布内力并不一定是均匀的，可令 ΔA 趋于零，取极限，得

$$p = \lim_{\Delta A \to 0} p_m = \lim_{\Delta A \to 0} \frac{\Delta T}{\Delta A} = \frac{dT}{dA} \tag{3-2}$$

式中，p 称为 M 点处的应力。p 是一个矢量，一般不与截面垂直，也不与截面相切。通常把应力 p 分解成垂直截面的法向分量 σ 和与截面相切的切向分量 τ，见图 3-3（b）。σ

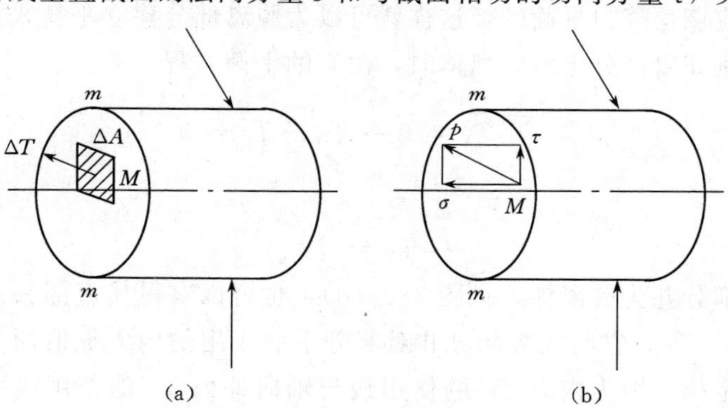

图 3-3　等直杆横截面上的应力

称为 M 点处的正应力，τ 称为 M 点处的切应力。

应力常用单位为 Pa（N/mm^2），工程实际中常采用帕的倍数单位 MPa、GPa。

3.1.3 轴向拉伸和压缩时的变形与应变

1. 变形与应变的概念

构件在外力的作用下，其几何形状和尺寸的改变，统称为变形。轴向受拉杆变形的主要表现是轴向伸长。此外由试验测出，其横向尺寸也有一定的缩小，如图 3-4。至于受压杆的主要变形则为轴向缩短，同时其横向尺寸也略有增大。通常主要是用轴向伸长（缩短）来描述和度量轴向受拉（压）杆的变形。下面以轴向受拉杆的变形情况为例介绍一些有关概念。

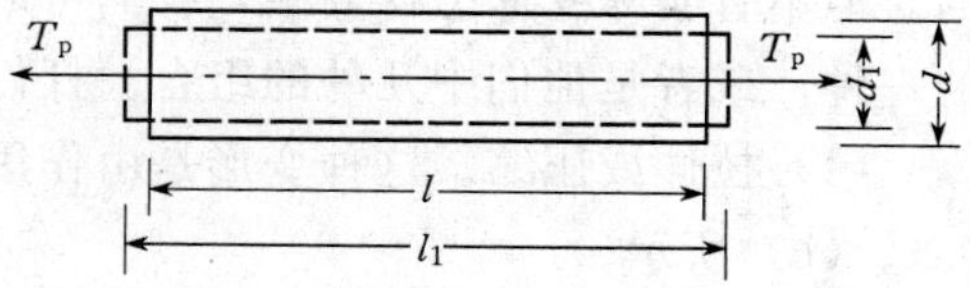

图 3-4 等直杆的变形

设有一原长度为 l 的等直杆，受到一对轴向拉力 T_P 的作用后，其长度增大为 l_1，如图 3-4 所示，则杆的轴向伸长为

$$\Delta l = l_1 - l \tag{3-3}$$

式中 Δl——杆的总变形量。

假设杆的各部分都是均匀伸长，可以求出拉杆每单位长度的轴向伸长，即所谓的轴向线应变

$$\varepsilon = \Delta l / l \tag{3-4}$$

由式（3-3）知 Δl 为正值，所以 ε 也为正值。

设杆的原始横向尺寸为 d，受力变形后缩小为 d_1，如图 3-4 所示，故其横向缩小为

$$\Delta d = d_1 - d \tag{3-5}$$

则与其相对应的横向线应变为

$$\varepsilon' = \Delta d / d \tag{3-6}$$

从式（3-5）知，拉杆的 Δd 为负值，故 ε' 也为负值。它与轴向线应变的正负号相反。

以上介绍的这些基本概念同样适用于轴向受压杆，但受压杆的纵向线应变 ε 为负值，而横向线应变 ε' 则为正值。

2. 虎克定律

当正应力 σ 未超过某一极限值时，正应力 σ 与其相应的线应变 ε 成正比。引入比例常数 E，则可得到

$$\sigma = E\varepsilon \tag{3-7}$$

上式称为虎克定律。式中的比例常数 E 称为弹性模量。它与材料的力学性质有关，是衡量材料抵抗弹性变形能力的一个指标，对同一材料，弹性模量 E 为常数。E 的数值随材料而异，可由试验测定。弹性模量 E 的单位与应力的单位相同。

3.1.4 杆件的变形形式

工程中的杆件会受到各种形式的外力作用，因而它所引起的变形也是各式各样的。但不管实际变形怎样复杂，我们可以把杆件的变形归纳为下述的几种基本变形中的一种，或者是他们中几种的组合。杆件基本变形形式是：

（1）拉伸或压缩。这种变形是由作用线与杆轴线重合的外力所引起的，如图 3-5（a）、（b）所示。

（2）剪切。这种变形是由一对相距很近、方向相反的横向外力所引起的，见图 3-5（c）。

（3）扭转。这种变形是由一对转向相反、作用在垂直于杆轴线的两个平面内的力偶所引起的，见图 3-5（d）。

（4）弯曲。这种变形是由一对方向相反、作用在杆的纵向平面内的力偶所引起的，见图 3-5（e）。

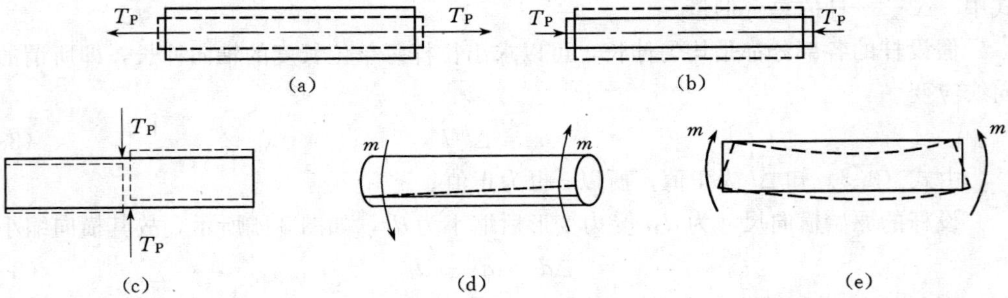

图 3-5　杆件变形的基本形式

（a）拉伸；（b）压缩；（c）剪切；（d）扭转；（e）弯曲

3.2 杆件的内力分析

3.2.1 杆件拉伸（压缩）时的内力分析

工程实际中经常遇到承受轴向拉伸或压缩的构件。他们的共同点是：作用于杆件上的外力的合力作用线与杆件轴线重合，杆件的主要变形是沿轴线方向的伸长或缩短。

拉（压）杆的简化计算简图如图 3-6 所示。

图 3-6 拉（压）杆的简化计算简图

应用截面法，可求得拉、压杆任意截面 $m-m$ 上的内力 T_N（见图 3-2）。有 $T_N=T_P$。T_P 也称为轴力。为了区别拉伸和压缩，我们对轴力 T_P 的正负号规定是：方向离开作用截面的轴力为正号的轴力，也称为拉力；方向朝向作用截面的轴力为负号的轴力，也称为压力。在计算轴力时，通常未知轴力按正向假设。

当杆受到一个以上轴向外力的作用时，在杆的不同部分的截面上的轴力将会不相同，而对杆作强度计算时，必须以杆内的最大轴力 T_{Nmax} 作为依据。为此，就必须知道杆各横截面上的轴力，以便确定其最大轴力。为了形象表明杆内轴力随截面位置而变化的情况，可根据算得的轴力作出轴力图。

3.2.2 杆件扭转时的内力分析

实际工程中，有很多承受扭转的杆件，例如汽车的驾驶盘轴、钻探机的钻杆、机器中的传动轴等，这些杆件都是两端作用两个大小相等、方向相反且作用平面垂直于杆件轴线的力偶，致使杆件的任意两个截面之间都发生绕轴线的相对运动，这种变形称为扭转变形。以扭转为主要变形的杆件称为轴。其计算简图如图 3-7 所示。扭转变形用两个横截面绕轴线的相对扭转角 φ 表示。

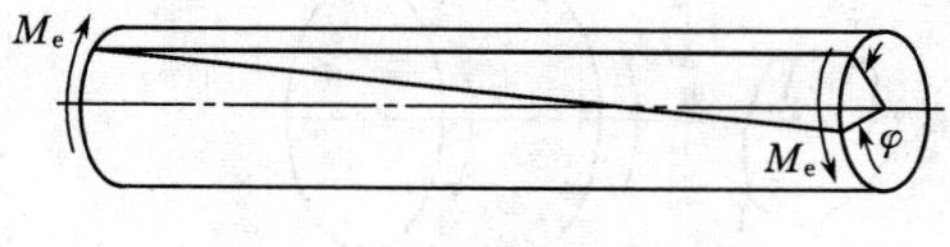

图 3-7 圆轴扭转简图

当杆受到垂直于杆轴平面内的外力偶作用时，杆就会发生扭转变形。外力偶对杆轴的力矩叫做外力偶矩，用符号 M_e 表示。在杆发生扭转变形的同时，在杆的横截面上会产生内力偶矩，我们称它为扭矩，用符号 M_n 表示，扭矩的单位为牛顿米(N·m)或千牛顿米（kN·m）

求受扭杆的内力（扭矩），仍可采用截面法，如图 3-8（a）所示的杆。

在其两端有一对大小相等、转向相反，其矩为 M_e 的外力偶作用，为求横截面

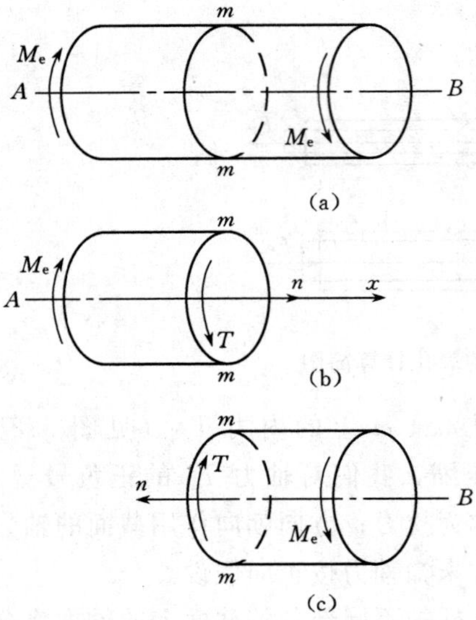

图 3-8　用截面法求扭矩

$m-m$上的内力，可假想地沿 $m-m$ 截面把杆截开，并取其中的任一段（例如左端）为脱离体，见图 3-8（b），则根据静力学平衡条件 $\Sigma M_x=0$，即 $M_n-M_e=0$ 可得到横截面上的扭矩

$$M_n = M_e$$

式中　M_n——$m-m$ 截面上的扭矩。

如果取右段为脱离体，仍然可以求得 $M_n=M_e$，其方向则与左段求出的扭矩方向相反。为了使从左段和右段求得的扭矩不仅有相同的数值而且有相同的符号，对扭矩的正负号规定如下：按右手螺旋法则，让四个指头与扭矩 M_n 的转向一致，大拇指伸出的方向（扭矩 M_n 的方向）与截面的外法线方向一致时，M_n 为正，见图 3-9；反之为负。显然图 3-9 上的扭矩为正。这种确定扭矩正负号的方法叫做右手螺旋法则。

若作用于轴上的外力偶多于两个，以横坐标表示横截面的位置、纵坐标表示相应横截面上的扭矩，用图线来表示各横截面上扭矩沿轴线变化情况。这样的图线称为扭矩图。绘图时一般规定将正号的扭矩画在横坐标轴的上侧，负号的扭矩画在横坐标轴的下侧。

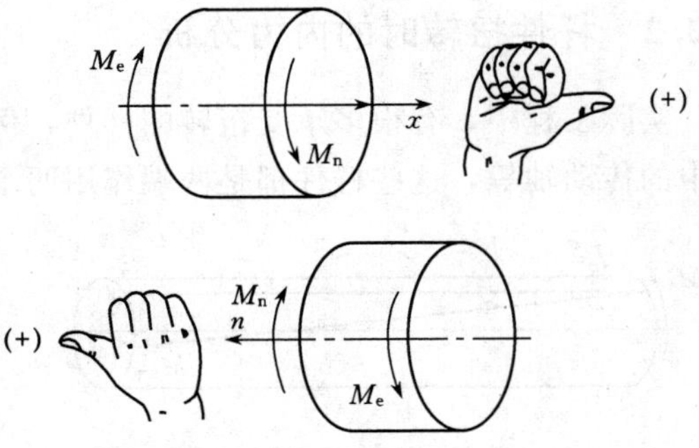

图 3-9　用右手螺旋法则确定扭矩正负号

3.2.3　杆件弯曲时的内力分析

1. 受弯构件和平面弯曲

工程中存在大量受弯曲的杆件，如桥式起重机的大梁、火车轮轴、闸门的立柱等。在通过杆轴平面内的外力偶作用下，或在垂直于杆轴的横向力作用下，杆的轴线将弯成曲线，这种变形叫弯曲变形。以弯曲变形为主要变形的构件叫做受弯构件，梁是一种最常见的受弯构件。

工程问题中，大多数梁的横截面都有一根对称轴。梁的轴线与横截面的竖向对称轴构成的平面称为梁的纵向对称面。如果作用与梁上的所有外力都在纵向对称面内，则变形后梁的轴线也将在此对称平面内弯曲成一条平面曲线。这种弯曲称为平面弯曲。平面弯曲是弯曲问题中最简单和最常见的情况。

2. 梁的计算简化

为了进行梁的结构设计，在计算梁的内力时，首先将梁的实际结构进行适当的简化，作出梁的计算简图，因此须对梁进行以下三方面的简化：

(1) 梁本身的简化。不论梁的截面形状如何复杂，通常取梁的轴线来代替实际的梁。

(2) 荷载的简化。作用在梁上的荷载一般可以简化为集中荷载或分布荷载。

(3) 支座的简化。按支座对梁的约束不同，可简化为活动铰支座、固定铰支座或固定端。

3. 静定梁的分类

静定梁是指利用静力平衡方程就可以解出它的所有支座反力的梁。如图 3-10 所示。

根据支座情况，静定梁可分为三种基本形式：悬臂梁、简支梁、外伸梁。

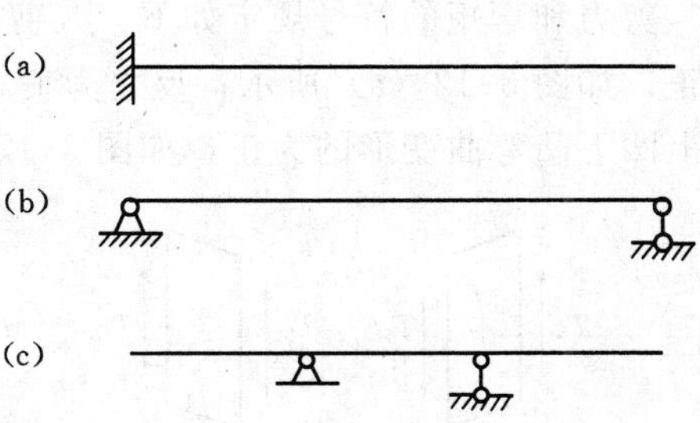

图 3-10　静定梁的基本形式

4. 剪力和弯矩

确定了梁上的所有载荷与支座反力后，下面进一步求取其横截面上的内力。以悬臂梁为例，如图 3-11 (a) 所示。

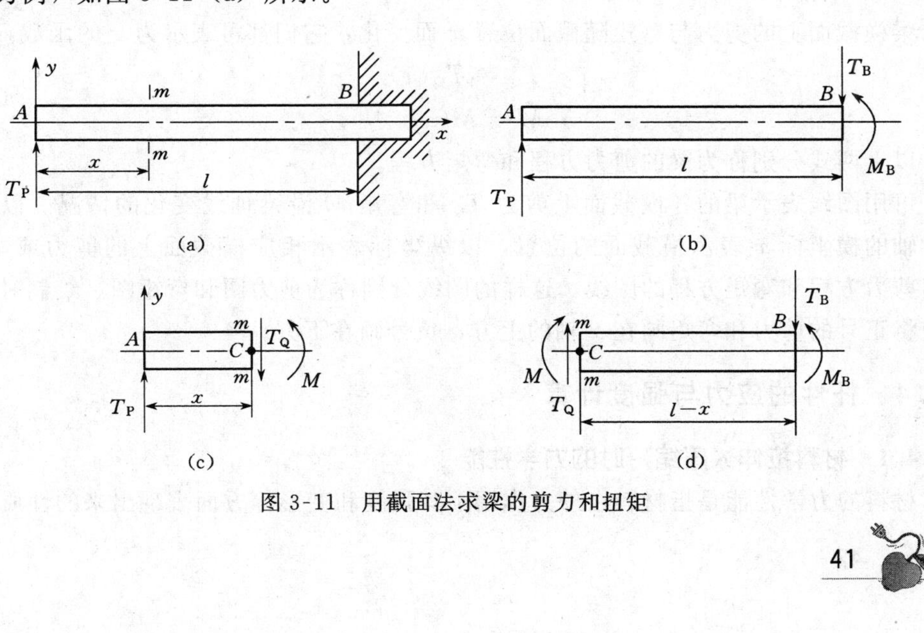

图 3-11　用截面法求梁的剪力和扭矩

其上作用有荷载 T_P，由平衡方程可求出固定端 B 处的支座反力为 $T_B=T_P$，$M_B=T_P l$ 如图 3-11（b）。求横截面 $m-m$ 上的内力时，应用截面法假想地沿横截面 $m-m$ 将梁截成两段，取左段为研究对象，如图 3-11（c），作用于左段上的力除荷载 T_P 外，在横截面 $m-m$ 上还有右段对它作用的内力 T_Q 和 M。由平衡方程

$\sum T_r=0$ 即 $T_P-T_Q=0$，得 $T_P=T_Q$

$\sum M_C=0$ 即 $M-T_P x=0$，得 $M=T_P x$

T_Q 和 M 分别称为剪力和弯矩。如取右段为研究对象，如图 3-11（d）所示，可以求得与以上数值相等但方向相反的剪力和弯矩。

剪力和弯矩的符号规定如下：凡剪力对所取梁段内任一点的力矩是顺时针转向时为正，如图 3-12（a）所示；反之为负，如图 3-12（b）所示。凡弯矩使所取梁段产生上凹下凸弯曲变形的为正，如图 3-12（c）；反之为负，如图 3-12（d）。

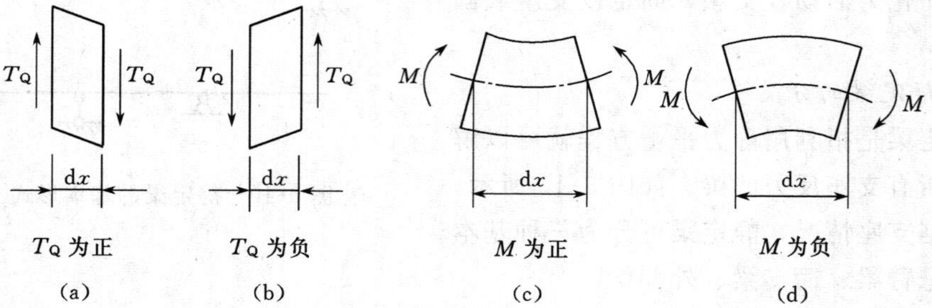

图 3-12　梁剪面上剪力和扭矩正负号的规定

5. 剪力图和弯矩图

梁横截面上的剪力与弯矩随截面位置 x 而变化，它们都可表示为 x 的函数，即

$$\left.\begin{aligned} T_Q &= T_Q(x) \\ M &= M(x) \end{aligned}\right\} \tag{3-8}$$

以上两式分别称为梁的剪力方程和弯矩方程。

可用图线表示梁的各横截面上剪力 T_Q 和弯矩 M 沿梁轴线变化的情况。以平行于梁轴的横坐标 x 表示横截面的位置，以纵坐标表示相应横截面上的剪力或弯矩，绘出剪力方程和弯矩方程的图线，这样的图线分别称为剪力图和弯矩图。绘制时一般规定将正号的剪力和弯矩画在 x 轴的上方，负号画在下方。

3.2.4　杆件的应力与强度计算

3.2.4.1　材料拉伸（压缩）时的力学性能

材料的力学性能是指材料在外力作用下其强度和变形等方面表现出来的性质，它

是构件强度计算及材料选用的重要依据。材料的力学性能可由试验来测定。

在做拉伸试验时，将材料做成标准的试件。将试件装在试验机上缓慢平稳的加载，使它发生伸长变形，直至最后拉断。根据观测到的试验数据，可以绘出试件在试验过程中工作段的伸长 Δl 与所受轴向拉力 T_P 之间的关系曲线。习惯上把这种曲线叫做拉伸曲线。为了更直接的分析材料的力学性质，通常的做法是把拉伸图中的拉力 T_P 除以试件的原截面积 A 求得试件的正应力。

$$\sigma = T_P/A \tag{3-9}$$

把伸长 Δl 除以标距 l 求得试件的轴向线应变（即在标距范围内每单位长度的伸长）

$$\varepsilon = \Delta l/l \tag{3-10}$$

然后根据求得的 σ 值和 ε 值画出材料拉伸时的应力—应变曲线（或 σ—ε 曲线）。图 3-13 所示就是低碳钢的应力—应变曲线。

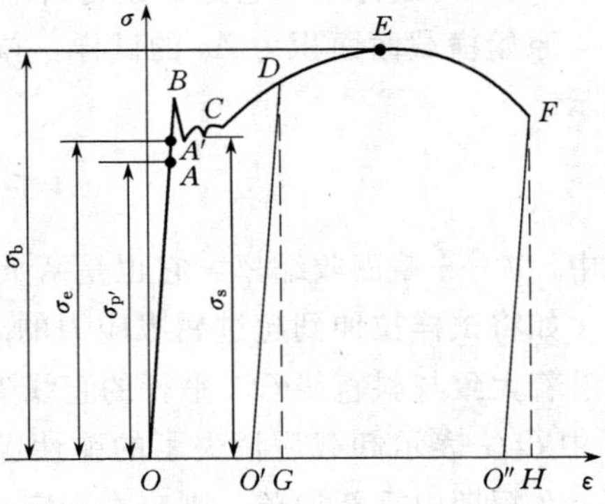

图 3-13 低碳钢的应力—应变曲线

根据 σ—ε 曲线，低碳钢的拉伸过程可分为以下四个阶段：

（1）弹性阶段。这一阶段可分为斜直线 OA 和微弯曲线 AA' 两段。斜直线 OA 段表明 σ 与 ε 呈线性关系，即 $\sigma = E\varepsilon$，材料服从虎克定律，斜直线 OA 的斜率就是材料的弹性模量。斜直线 OA 的最高点 A 对应的是应力与应变保持线性关系的最大应力，称为比例极限，用 $\sigma_{p'}$ 表示。低碳钢的比例极限约为 200N/mm。超过比例极限后，从 A 点到 A' 点，σ 与 ε 关系不再是直线，但变形仍然是弹性的。A' 点对应的应力是材料只产生弹性变形的最大应力，称为弹性极限，用 σ_e 表示。$\sigma_{p'}$ 与 σ_e 含义不同，但数值接近，工程上对两者不做严格区分。

（2）屈服阶段。当应力超过 σ_e 增加到某一数值时，应变有非常明显的增加，而应力在很小的范围内波动，在 σ—ε 曲线上形成一段接近水平线的小锯齿形线段（BC 段）。这种应力变化不大而应变显著增加的现象称为屈服或流动。屈服阶段的最低应力称为屈服应力或屈服强度，用 σ_s 表示。低碳钢的屈服应力约为 240N/mm^2。材料屈服时，光滑试样表面会出现与轴线约成的 45°条纹，称为滑移线。材料屈服时产生显著的塑性变形，这是构件正常工作时所不允许的，因此屈服应力 σ_s 是衡量材料强度的重要指标。

（3）强化阶段。屈服阶段后，材料又恢复了抵抗变形的能力，要使它继续变形必须增加拉力。这种现象称为材料的强化。CE 段称为强化阶段，该阶段产生的绝大部分变形是塑性变形，强化阶段的最高点 E 对应的应力是材料所能承受的最大应力，称为强度极限或抗拉强度，用 σ_b 表示。低碳钢的强度极限约是 $400N/mm^2$。它是衡量材料强度的另一重要指标。

（4）局部变形阶段。应力达到强度极限后，在试样的某一局部范围内，横向尺寸将急剧缩小，形成颈缩现象。此时所需的拉力也迅速减小，最后导致试样拉断。

试样拉断后，由于保留了塑性变形，试样标距长度由原来的 l_0 变为 l_1。用百分值表示

$$\delta=\frac{l_1-l_0}{l_0}\times 100\% \tag{3-11}$$

式中 δ——延伸率，它是衡量材料塑性的指标。

原始横截面面积为 A_0 的试样，拉断后颈缩处的最小截面面积变为 A_1，用百分比表示

$$\psi=\frac{A_0-A_1}{A_0}\times 100\% \tag{3-12}$$

式中 ψ——截面收缩率，它也是衡量材料塑性的指标。

如将试样拉伸到超过屈服应力的 D 点，然后逐渐卸除拉力，则应力和应变关系将沿着大致与斜直线 OA 平行的直线 DO′ 回到 O′ 点。这一规律称为卸载规律。图 3-13 中 O′G 表示卸载后消失了的弹性应变，而 OO′ 表示保留下来的塑性应变。若卸载后，在短期内重新加载，则应力和应变大致沿卸载时的斜直线 O′D 上升，到 D 点后，仍沿曲线 DEF 变化。可见重新加载时，直到 D 点之前材料的变形是弹性的，过 D 点后才开始出现塑性变形。所以这种预拉过的试样，其比例极限得到了提高，但塑性变形和延伸率降低。这种现象称为冷作硬化。在工程中常利用冷作硬化来提高某些构件（钢筋、钢缆绳等）在弹性阶段的承载能力。

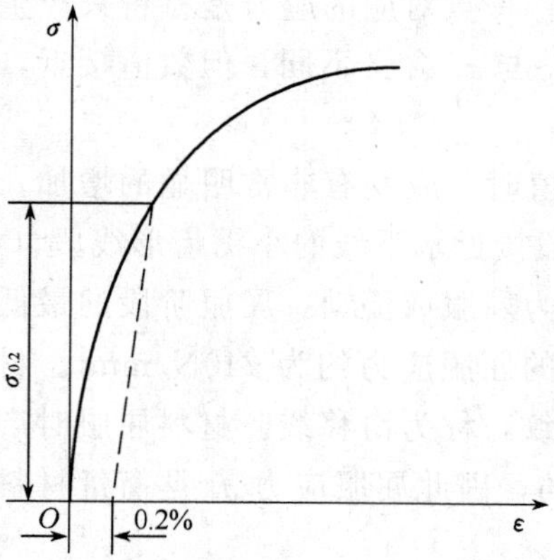

图 3-14 条件屈服应力的求法

其他塑性材料在拉伸时各有自己的 σ—ε 曲线，有些材料（铝合金）没有明显的屈服阶段，其他三个阶段都比较明显；有些材料（MnV）只有弹性阶段和强化阶段而没有屈服阶段和颈缩阶段。对于没有明显屈服阶段的塑性材料，工程上规定以产生 0.2%塑性应变时的应力值作为条件屈服应力，用 $\sigma_{0.2}$ 表示。如图 3-14。

对于铸铁等脆性材料，拉伸时的 σ—ε 曲线

没有明显的直线部分。在拉应力较低时就被拉断，没有屈服和颈缩现象，拉断前应变很小，延伸率也很小。其拉断时的应力为强度极限，是衡量其强度的惟一指标。由于脆性材料的抗拉强度很低，因此不宜用于制作受拉构件。

低碳钢等塑性材料压缩时的弹性模量 E 和屈服应力 σ_s 都与拉伸时基本相同。但测不出压缩时的强度极限。铸铁压缩时的极限比拉伸时的要高 4～5 倍，且破坏前有较大的塑性变形。抗压强度远高于抗拉强度。因此脆性材料宜用来制作承压构件。

3.2.4.2 极限应力、许用应力和安全系数

根据以上分析，塑性材料的应力达到屈服应力 σ_s 或条件屈服应力 $\sigma_{0.2}$ 时，就会出现显著的塑性变形；脆性材料的应力达到强度极限 σ_b 时，就会发生断裂。这两种情况都会使材料丧失正常的工作能力，这种现象称为强度失效。上述引起材料失效的应力称为极限应力，用 σ_p 表示。对于塑性材料，$\sigma_p=\sigma_s$ 或 $\sigma_{0.2}$；对于脆性材料，$\sigma_p=\sigma_b$。

为了保证杆件有足够的强度，应使杆件的工作应力小于材料的极限应力。此外，杆件应留有必要的强度储备。在强度计算中，把极限应力除以大于 1 的安全系数 k 作为设计时的最高值，称为许用应力，用 $[\sigma]$ 表示。即

$$[\sigma]=\sigma_p/k \tag{3-13}$$

安全系数的选取直接关系到杆件的安全性和经济性，若安全系数偏大，则杆件偏于安全，造成材料浪费；反之，则杆件工作时危险。在工程设计中，安全系数可从有关规范或手册中查到。在常温静载下，对于塑性材料，取 $k_S=1.2$～2.5；对于脆性材料，取 $k_b=2$～3.5。

3.2.4.3 构件拉伸（压缩）时的应力与强度计算

1. 拉（压）杆横截面上的应力

要确定拉（压）杆横截面上的应力，必须从研究变形入手。其一等直杆如图 3-15 (a)所示。由于杆的形状及受力左右对称，故其中间截面 1－1 在变形后必然保持为平面。若将杆从截面 1－1 处分为两段，则每一段（如图 3-15）中间截面 2－2 在变形后也必然保持为平面。如此分割下去，即可证明：变形前原为平面的横截面，变形后仍保持为平面且垂直于轴线。这就是平面假设。设想杆由无数纵向纤维组成，在平面假设理论下可知：横截面上的正应力 σ 均匀分布，见图 3-15 (c)。

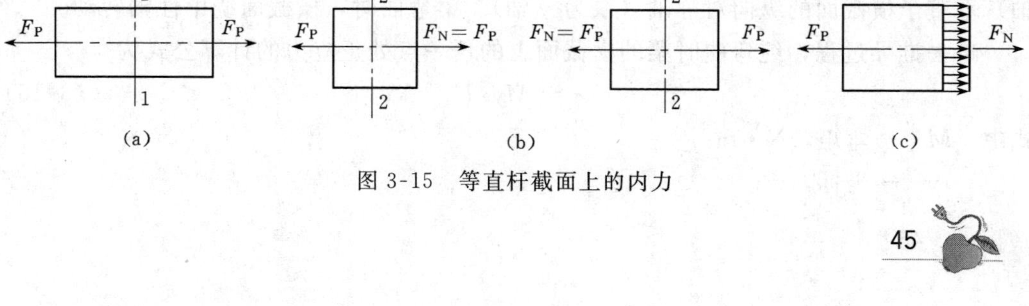

图 3-15 等直杆截面上的内力

设杆的横截面面积为 A，因为轴力 F_N 是横截面上分布内力的合力，于是有

$$F_N = \int_A \sigma \mathrm{d}A = \sigma A$$

或

$$\sigma = F_N / A \tag{3-14}$$

这就是轴向拉伸时横截面上正应力的计算公式，它同样适用于轴向压缩的等截面直杆。对于变截面杆，除在截面突变点附近以外，此公式也适用。

正应力的符号与轴力的符号规定相同，即拉应力为正，压应力为负。

2. 拉（压）杆的强度条件

为了保证拉（压）杆的正常工作，必须使杆内的最大工作应力 σ_{max} 不超过材料的许用应力 $[\sigma]$。对于等直杆，有

$$\sigma_{max} = \frac{F_{Nmax}}{A} \leqslant [\sigma] \tag{3-15}$$

上式称为拉（压）杆的强度条件。应用该强度条件可以解决强度校核、截面设计和确定许可荷载等强度计算问题。

3.2.4.4　杆件弯曲时的应力与强度计算

1. 梁横截面上的正应力

在一般情况下，梁的横截面上作用有剪力和弯矩。剪力和弯矩是横截面上分布内力的合成结果，在横截面上只有切向微内力 $\tau \mathrm{d}A$ 才能组成剪力 T_Q；只有法向微内力 $\sigma \mathrm{d}A$ 才能组成弯矩 M。因此梁横截面上同时存在着切应力 τ 和正应力 σ，他们分别与剪力 T_Q 和弯矩 M 有关。

对于细长梁，正应力往往是决定其是否发生强度失效的主要因素，因此，本节着重讨论平面弯曲时梁横截面上的正应力及其强度计算。

若梁在弯曲时，横截面上只有弯矩而无剪力，这种情况称为纯弯曲。如图 3-16 所示。

根据平面假设，若设想梁由无数纵向纤维所组成，则梁变形后，靠近顶面的纤维缩短，靠近底面的纤维伸长。由于变形是连续的，因而中间必定有一层纤维既不伸长也不缩短，这一层称为中性层。中性层与横截面的交线称为中性轴。中性轴（取为 z 轴）垂直于横截面的纵向对称轴（取为 y 轴）。梁弯曲时，横截面绕中性轴转动。

略去推导过程，纯弯曲时梁的横截面上的任一点处正应力的计算公式为

$$\sigma = My / I_z \tag{3-16}$$

式中　M——弯矩，N·m；

　　y——坐标，m；

I_z——横截面对 z 轴的惯性矩，m^4，只与横截面的几何形状和尺寸有关。

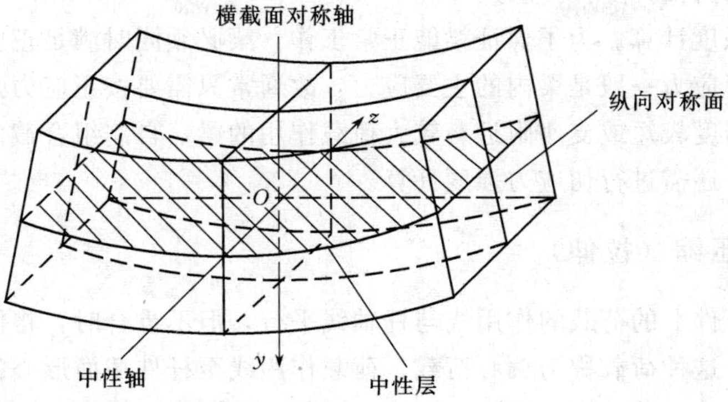

图 3-16 矩形截面梁在纯弯曲时的变形情况

在实际计算中，通常弯矩 M 和坐标 y 均取其绝对值，求得正应力 σ 的大小，再由弯曲变形判断正应力的正（拉）或负（压）。即以中性层为界，梁凸出边的应力为拉应力，凹入边的应力为压应力。

由式（3-16）可知，横截面上下边缘处正应力最大，其值为

$$\sigma_{\max} = \frac{My_{\max}}{I_z} = \frac{M}{W_z} \tag{3-17}$$

式中 $W_z = I_z / y_{\max}$ 称为弯曲截面系数，它只与截面形状有关，是衡量截面抗弯能力的一个几何量，常用单位为 m^3 或 mm^3，可由相关资料查得。

2. 梁的强度计算

（1）梁的强度条件具体有：

1）正应力强度条件。等直梁弯曲时的最大正应力发生在最大弯矩所在横截面的上、下边缘各点处，在这些点处，切应力为零。仿照轴向拉（压）杆的强度条件，梁的正应力强度条件为

$$\sigma_{\max} = \frac{M_{\max}}{W_z} \leqslant [\sigma] \tag{3-18}$$

式中 $[\sigma]$——材料的弯曲许用正应力，其值可从有关设计规范中查得。

对于拉伸与压缩力学性能不同的材料，则要求梁的最大拉应力 $\sigma_{\max}^{+}$ 不超过材料的拉伸许用应力 $[\sigma]^{+}$，最大压应力 $\sigma_{\max}^{-}$ 不超过材料的压缩许用应力 $[\sigma]^{-}$，即

$$\sigma_{\max}^{+} \leqslant [\sigma]^{+}, \qquad \sigma_{\max}^{-} \leqslant [\sigma]^{-} \tag{3-19}$$

2）切应力强度条件。梁内的最大切应力发生在最大剪力所在横截面的中性轴上各点处，在这些点处，正应力为零。因此梁的切应力强度条件为

$$\tau_{max} \leqslant [\tau] \tag{3-20}$$

式中 $[\tau]$——材料的许用切应力。

（2）梁的强度计算。为了保证梁能正常工作，梁必须同时满足正应力和切应力强度条件。由于正应力一般是梁内的主要应力，故通常只需要按正应力强度条件进行强度计算。但对跨度较短或支座附近有较大荷载作用的梁，自制组合截面且腹板较薄的梁以及木梁等，还需进行切应力强度计算。

3.2.5 偏心压缩（拉伸）

当作用于杆件上的荷载的作用线与杆轴线平行，但不重合时，将使杆产生偏心压缩或偏心拉伸。这种荷载称为偏心荷载。荷载作用线至杆件截面形心的垂直距离称为偏心距，用 e 表示。对于偏心压缩（拉伸）问题，可将偏心荷载向杆轴线上平移。

复习思考题

3-1 杆件基本变形形式有哪些？

3-2 什么叫弹性变形？什么叫塑性变形？

3-3 虎克定律的内容是什么？

3-4 什么叫应力、剪力？

3-5 什么叫扭矩、弯矩？扭矩图和弯矩图怎样绘制？

3-6 什么叫许用应力？什么叫极限应力？

3-7 梁的强度条件是什么？

第4章

导线和避雷线的机械物理特性和荷载

4.1 导线和避雷线的机械物理特性

导线的机械物理特性是指瞬时破坏应力、弹性系数、温度线膨胀系数及密度。

4.1.1 导线的瞬时破坏应力（抗拉强度）

抗拉强度（瞬时破坏应力）是指导线的计算拉断力与导线的计算截面积的比值。对导线做拉伸试验，将测得的瞬时破坏拉断力除以导线的截面积，就得到瞬时破坏应力，即

$$\sigma_p = T_p/A \tag{4-1}$$

式中 σ_p——导线的瞬时破坏应力，N/mm^2；

T_p——导线的瞬时破坏拉断力，N；

A——导线截面积，mm^2。

对于钢芯铝绞线来说，是指综合瞬时破坏应力，它可以通过对整根绞线做拉力试验得出，也可以通过经验公式求得，即

$$\sigma_p = \frac{\eta_a A_a \sigma_{ap} + \eta_s A_s \sigma_{sp}}{A_a + A_s} (N/mm^2) \tag{4-2}$$

式中 σ_p——钢芯铝绞线的综合瞬时破坏应力；

η_a——铝线绞合引起的强度损失系数，37股以下绞线 $\eta_a=0.95$，37股以上绞线 $\eta_a=0.9$；

η_s——钢绞线绞合引起的强度损失系数，取 $\eta_s=0.85$；

σ_{ap}——铝单线的抗拉强度，N/mm^2；

σ_{sp}——钢线的抗拉强度，N/mm^2；

A_a——铝部的截面积；

A_s——钢部的截面积。

4.1.2 导线的弹性系数

导线的弹性系数又称弹性模量，是指在弹性限度内，导线受拉时，其应力与应变的比例系数，即

$$E=\frac{\sigma}{\varepsilon}=\frac{TL}{A\Delta L} \tag{4-3}$$

式中 E——导线的弹性系数 N/mm^2；

T——导线的拉力，N；

A——导线截面积，mm^2；

L——导线的原长，m；

ΔL——导线的伸长量；

σ——导线应力，N/mm^2；

ε——导线应变，即导线受拉时的单位长度的变形量，$\varepsilon=\frac{\Delta L}{L}$。

钢芯铝绞线的弹性系数是一个综合弹性系数，指在弹性限度内，单位截面上作用一单位应力时，导线单位长度上所产生伸长值的倒数值，即

$$E=\frac{E_s+aE_a}{1+a} \tag{4-4}$$

式中 E——钢芯铝绞线的综合弹性系数；

E_s——镀锌钢线弹性系数，取 200900，N/mm^2；

E_a——铝单线弹性系数，取 65660，N/mm^2；

a——导线铝和钢截面比，LGJ 型 $a=5.3\sim6.0$，LGJQ 型 $a=8.0$，LGJJ 型$a=4.3\sim4.4$。

若已知铝、钢的弹性系数，考虑导线受材料性质、结构、应力分配等因素影响，则式（4-3）应乘以 0.9 的系数。

弹性伸长系数就是导线弹性系数的倒数。其物理含义，就是表征导线施以单位应力时，能产生的相对形变，它表示导线受拉后易于伸长的程度，即

$$\beta=\frac{1}{E}=\frac{\varepsilon}{\sigma} \tag{4-5}$$

式中 β——导线的弹性伸长系数，mm^2/N。

钢芯铝绞线的弹性伸长系数为

$$\beta=\frac{1}{E}=\frac{1+a}{(E_s+aE_a)} \tag{4-6}$$

4.1.3 导线的温度线膨胀系数

温度线膨胀系数是指导线温度升高1℃时，导线单位长度的伸长值称为导线的温度线膨胀系数，即

$$\alpha = \frac{\varepsilon}{\Delta t} \tag{4-7}$$

式中 α——导线温度线膨胀系数，1/℃；

ε——温度变化引起的导线相对变形量；

Δt——温度变化量，℃。

钢芯铝绞线的温度线膨胀系数 α 介于钢的温度线膨胀系数 α_s 和铝的温度线膨胀系数 α_a 之间。温度升高时，铝部比钢部伸长大，原因是铝比钢的温度线膨胀系数大；反之，当温度降低时，铝部比钢部缩短大。

$$\alpha = \frac{\alpha_s E_s + a\alpha_a E_a}{E_s + aE_a}(1/℃) \tag{4-8}$$

式中 α——钢芯铝绞线的温度线膨胀系数，1/℃ ；

α_s、α_a——钢、铝的温度线膨胀系数；

a——铝、钢截面比。

铝绞线的弹性系数和线膨胀系数见表4-1。

表4-1　铝绞线的弹性系数和线膨胀系数（GB1179—83）

单线根数	最终弹性系数（实际值）（N/mm²）	线膨胀系数（1/℃）	单线根数	最终弹性系数（实际值）（N/mm²）	线膨胀系数（1/℃）
7	59000	23.0×10^{-6}	37	56000	23.0×10^{-6}
19	56000	23.0×10^{-6}	61	54000	23.0×10^{-6}

4.2 导线和避雷线的安全系数

4.2.1 最小安全系数

导线和避雷线受力最大和影响因素最多处，一般是在导线悬挂点位置。为了保证线路安全运行，应考虑悬挂点处应力，也要考虑其他各种因素影响。

根据运行部门总结，在表4-2中列出了钢芯铝绞线在架空线路中经过一般工业区

和沿海地区时，最小安全系数的组合值。

表 4-2　钢芯铝绞线最小安全系数的组合值（架空线路，经过一般工业区和沿海地区）

影响因素	施工架线	初期运行	中期运行	后期运行
运行年数	0	0	20	40
悬挂点应力增加系数 K_1	10	10	10	10
补偿导线初伸长时的应力系数 K_2	10	10	5	5
考虑施工误差的应力增加系数 K_3	2.5	2.5	2.5	2.5
因压接和挤压降低强度系数 K_4	5	5	5	5
因受腐蚀等降低强度系数 K_5	0	0	10	20
设计误差系数 K_6	5	5	5	5
振动断股降低使用应力系数 K_7	0	17	17	17
悬挂点附加弯曲应力系数 K_8				
振动时附加动应力系数 K_9				
最小安全系数 K	1.34	1.52	1.64	1.86

表中的最小安全系数 K 按公式（4-9）求得

$$K=\frac{1+K_1+K_2+K_3+K_6+K_7}{1-K_4-K_5} \tag{4-9}$$

4.2.2　额定安全系数（设计安全系数）选择

为了保证线路安全运行，导线的安全系数一方面要满足最小安全系数的要求，另一方面要从防振的角度出发，因为导线受到拉力后的耐振能力，取决于平均运行应力。

所以，安全系数的选择有两种形式：①额定安全系数恒定，平均运行应力将随代表挡距而变；②平均运行应力恒定，额定安全系数将随代表挡距而变。

目前，我国普遍采用前一种方法。根据上述考虑原则，规程规定导线的额定安全系数（设计安全系数）为：导线和避雷线的设计安全系数不应小于 2.5，避雷线的设计安全系数，宜大于导线的设计安全系数。

导线和避雷线在弧垂最低点的最大使用应力为

$$\sigma_{\max} = \frac{\sigma_p}{K}(\mathrm{N/mm^2}) \qquad (4\text{-}10)$$

式中 K——导线或避雷线的设计安全系数，其值不应小于2.5。在大跨越的稀有气象条件下和重冰区较少出现的覆冰情况下，设计安全系数为1.67。如悬挂点高差过大，设计安全系数为2.25。飞车、滑索运输等临时短期荷载设计安全系数为2。

4.3 导线的比载

在进行导线的受力分析时，首先需明确作用在导线上的荷载。作用在导线上的荷载有导线的自重、导线覆冰重和导线所受垂直于线路方向的水平风压。为了便于分析计算，工程中用比载来计算导线所受的风、冰和自重荷载。

比载即单位长度、单位截面积导线上的荷载。换句话说，即将单位长度（1m）导线上的荷载折算到单位截面积（$1\mathrm{mm^2}$）上的数值。因此，比载的单位为$\mathrm{N/(m\cdot mm^2)}$。

在导线的应力弧垂分析中，常用的比载有七种，分为垂直、水平、综合比载三类。

4.3.1 垂直比载

1. 自重比载

导线的自重比载就是导线自身重力引起的比载，其计算公式为

$$g_1 = 9.8\frac{m_0}{A}\times 10^{-3} \qquad (4\text{-}11)$$

式中 g_1——导线的自重比载，$\mathrm{N/(m\cdot mm^2)}$；

m_0——每公里导线的质量，kg/km；

A——导线的截面积，$\mathrm{mm^2}$。

2. 冰重比载（覆冰比载）

图4-1为覆冰的导线示意图。将1m长导线的覆冰重量折算到每平方毫米导线截面积上的数值称为冰重比载，其计算公式为

$$g_2 = 27.708\frac{b(b+d)}{A}\times 10^{-3} \qquad (4\text{-}12)$$

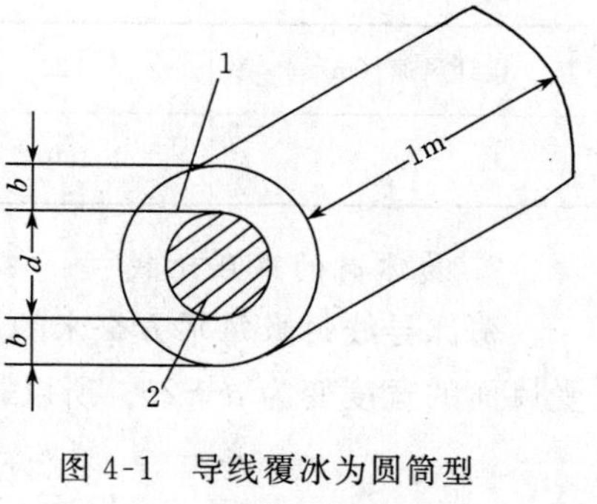

图4-1 导线覆冰为圆筒型

1—冰层；2—导线

式中 g_2——冰重比载，$\mathrm{N/(m\cdot mm^2)}$；

b——覆冰厚度，mm；

d——导线直径，mm；

A——导线截面积，mm^2。

3. 导线自重和冰重比载（覆冰时垂直总比载）

导线的自重比载与冰重比载之和

$$g_3 = g_1 + g_2 \tag{4-13}$$

式中　g_3——导线自重和冰重总比载，$N/(m \cdot mm^2)$。

4.3.2　水平比载

水平比载是由导线受垂直于线路方向的水平风压引起的比载。

1. 无冰时导线风压比载

无冰时导线每米每平方毫米的风压荷载，称为无冰时导线风压比载，其计算公式为

$$g_4 = \frac{0.6125aCdv^2}{A} \times 10^{-3} \tag{4-14}$$

式中　g_4——无冰时导线风压比载，$N/(m \cdot mm^2)$；

C——风载体型系数，当导线直径＜17mm 时，$C=1.2$；当导线直径≥17mm 时，$C=1.1$；

d——导线直径，mm；

v——设计风速，m/s；

A——导线截面积，mm^2。

a——风速不均匀系数，采用表 4-3 所列数值。

表 4-3　风速不均匀系数 a 值

设计风速（m/s）	＜20	20～30	30～35	＞35
a	1.0	0.85	0.75	0.70

2. 覆冰时的风压比载

覆冰导线每米每平方毫米的风压荷载。此时，导线的挡风面积因覆冰而增大，即受风面的宽度变为 $d+2b$。所以，覆冰时的风压比载为

$$g_5 = \frac{0.6125aC(2b+d)v^2}{A} \times 10^{-3} \tag{4-15}$$

式中 g_5——覆冰风压比载，N/(m·mm²)；

C——风载体型系数，取 $C=1.2$。

4.3.3 综合比载

在有风气象条件时，作用在导线上的荷载有垂直方向的自重、冰重比载和水平方向的风压比载，因此，导线的综合比载为这两个方向的比载的几何和，如图 4-2、图 4-3 所示。

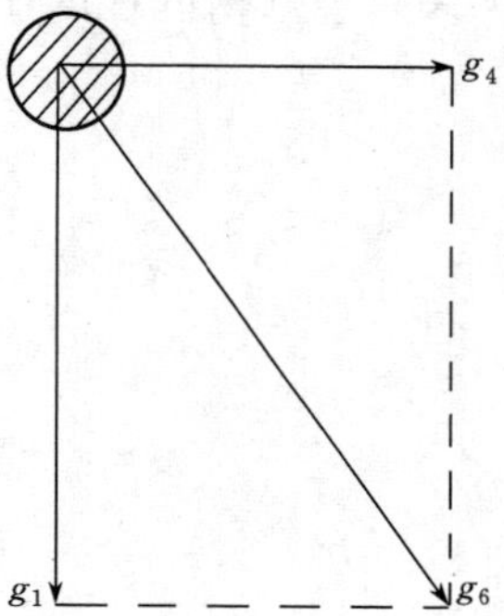

图 4-2 无冰有风时的综合比载

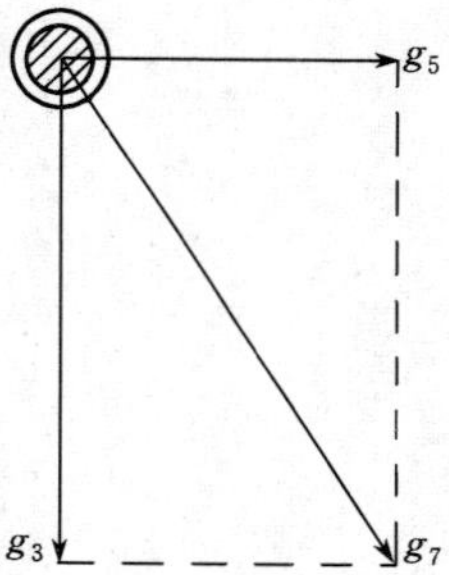

图 4-3 覆冰有风时的综合比载

1. 无冰有风时的综合比载

无冰有风时，在导线的垂直方向作用着的自重比载和横向方向的风压比载，按向量合成可得综合比载，其计算公式为

$$g_6=\sqrt{g_1^2+g_4^2} \tag{4-16}$$

式中 g_6——无冰有风时的综合比载，N/(m·mm²)。

2. 有冰有风时的综合比载

导线覆冰有风时，在导线上垂直方向作用着有自重和冰重比载，与在水平方向作用着覆冰风压比载，按向量合成覆冰有风时的综合比载，其计算公式为

$$g_7=\sqrt{g_3^2+g_5^2} \tag{4-17}$$

式中 g_7——有冰有风时的综合比载，N/(m·mm²)。

各种标准规格的常用导线，其比载一般已计算列成如附录Ⅰ～附录Ⅲ的表格，以便使用时查取。

特别需注意，上述比载有七种，在使用时应根据计算气象条件和计算目的正确选用相应的比载。

复习思考题

4-1 导线的机械物理特性都指哪些？

4-2 什么叫导线的瞬时破坏应力？

4-3 弹性伸长系数的物理含义是什么？

4-4 什么叫导线的比载？

4-5 某架空线路采用LGJ－120/20导线，通过Ⅴ类典型气象区，试计算导线的各种比载。

第 5 章

导线和避雷线的弧垂和应力

5.1 概　　述

导线（或避雷线）的应力弧垂计算是架空线路设计的基本计算之一。此项计算是决定架空线路杆塔设计高度、杆塔设计荷载条件、导线对地安全距离以及交叉跨越距离的主要依据。可使高压架空线路的结构强度和电气性能适应自然界气象的变化。

高压架空线路是以杆塔为支持物而将导线悬挂起来的，如图 5-1 所示。

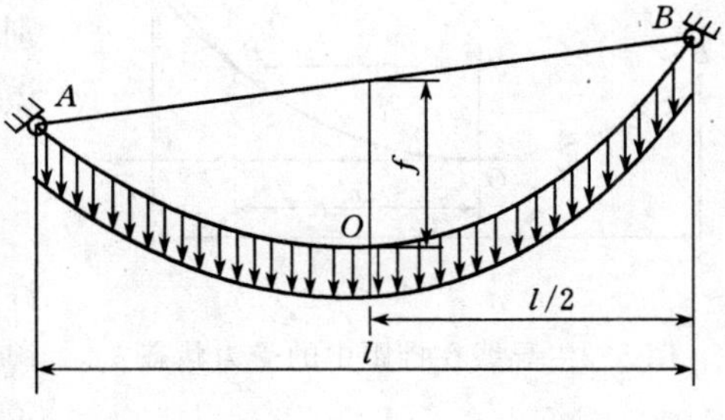

图 5-1　导线在两杆塔间的悬挂状态

当挡距足够大时，导线材料的钢性影响若忽略不计，认为导线的重力系沿线长均匀分布，则导线悬挂形成的曲线形状，称为悬链线。若假设导线的重力沿两悬挂点的连线均匀分布，形成的曲线称为斜抛物线。若假设导线的重力沿两悬挂点间的水平线均匀分布，其形成的曲线则称为平抛物线。平（斜）抛物线的计算公式，可从悬链线公式用级数展开后取其主要项直接获得。悬链线法是架空线路导线的应力和弧垂精确计算的方法，但该法包含双曲函数，计算比较复杂。在实际应用中，一般近似采用平抛物线或斜抛物线公式计算。

5.1.1　几个有关概念

1. 挡距（l）

相邻杆塔导线悬挂点之间的水平距离称为挡距，常用 l 表示，如图 5-2 所示。

2. 弧垂（f）

导线悬挂曲线上任一点至两悬点连线的铅垂距离，称为该点弧垂，常用 f_x 表示。

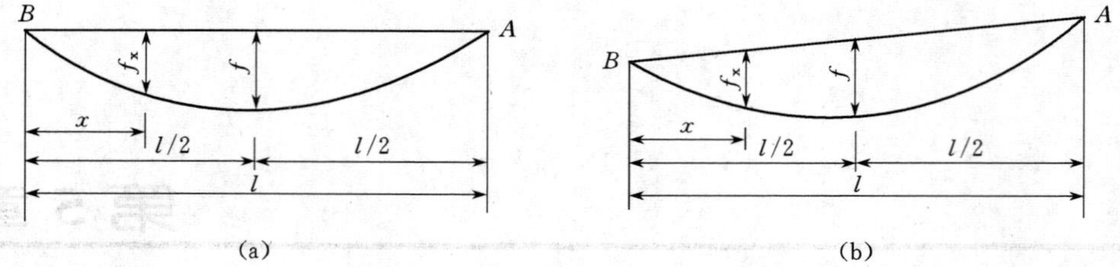

图 5-2　导线的弧垂

(a) 悬点等高时的弧垂；(b) 悬点不等高时的弧垂

挡距中央导线的 O 点至悬挂点 A、B 两点连线的铅垂距离，称为挡距中央弧垂，常用 f 表示，见图 5-2 所示。工程上所说的弧垂常指挡距中间弧垂。

3. 导线应力（σ_0）

导线单位横截面上的内力。一挡导线中各点应力是不相等的，导线上某点应力的方向与导线悬挂曲线上该点的切线方向相同，因此，一挡导线中其导线最低点应力的方向是水平的。在导线应力、弧垂分析中，除特别指明者外，导线的应力都指挡中导线最低点的水平应力，常用 σ_0 表示，如图 5-3 所示。

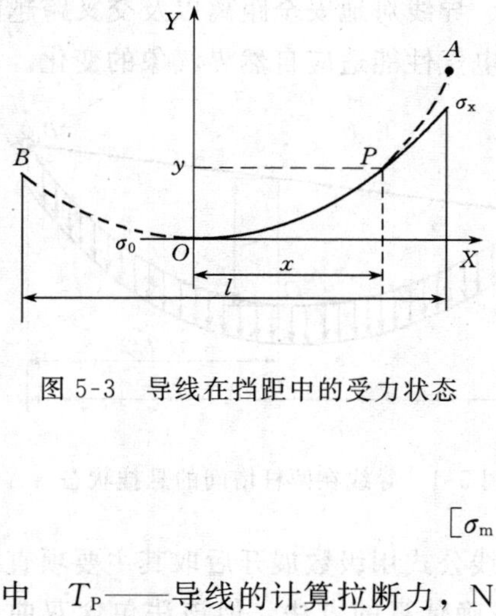

图 5-3　导线在挡距中的受力状态

4. 最大允许应力$[\sigma_m]$和最大使用应力 σ_m

导线机械强度允许的最大应力称为最大允许应力，用$[\sigma_m]$表示。架空送电线路设计技术规程规定，导线和避雷线的设计安全系数不应小于 2.5。所以，导线的最大允许应力为

$$[\sigma_m]=\frac{T_P}{KA}=\frac{\sigma_P}{2.5} \tag{5-1}$$

式中　T_P——导线的计算拉断力，N；

A——导线的计算截面积，mm^2；

σ_P——导线的计算破坏应力，N/mm^2；

K——导线最小允许安全系数，取 2.5。

在一条线路的设计、施工过程中，一般说我们应使导线在各种气象条件中，当出现最大应力时的应力恰好等于导线的最大允许应力。但是由于地形或孤立挡等条件限制，有时必须把最大应力控制在比最大允许应力小的某一水平上，即安全系数 $K>2.5$。我们把设计时所取定的最大应力气象条件时导线应力的最大使用值称最大

使用应力，用σ_{max}表示，其计算式见式（4-10）。

由此可知，当$K=2.5$时，有$\sigma_m=[\sigma_m]$，这时我们称导线按正常应力架设；当$K>2.5$时，则$\sigma_m<[\sigma_m]$，这时我们称导线按松弛应力架设。

工程中，一般导线安全系数均取2.5，但变电所进出线挡的导线最大使用应力常是受变电所进出线构架的最大允许拉力控制的；对挡距较小的其他孤立挡，导线最大使用应力则往往是受紧线施工时的允许过牵引长度控制；对个别地形高差很大的耐张段，导线最大使用应力又受导线悬挂点应力控制。这些情况下，导线的安全系数均大于2.5，为松弛应力架设。导线的应力是随气象条件变化的，当导线最低点在最大使用应力气象条件时的应力为最大使用应力时，其他气象条件时的应力必小于最大使用应力。

5.1.2 弧垂和应力的关系

悬挂于两基杆塔之间的一挡导线，弧垂越大，则导线的应力越小，使安全系数增加；反之，弧垂越小，应力越大，机械安全性降低。因此，从导线强度安全角度考虑，应加大导线弧垂，从而减小应力，以提高安全系数。但是，若片面强调增大弧垂，则为保证带电导线的对地安全距离，在挡距相同的条件下，必须增加杆高，或在相同杆高条件下缩小挡距，结果使线路基建投资成倍增加。同时，在线间距离不变的条件下，增大弧垂也就增加了运行中发生混线事故的机会。因此，在设计架空线路时，使导线在机械强度允许的范围内，尽量减小弧垂，从而最大限度地利用导线机械强度，又降低杆塔高度，做到经济合理、运行安全。

避雷线的应力和弧垂计算方法，除最大使用应力计算与导线有不同外，基本与导线相同。故导线的各种计算，同样适用于避雷线计算。以后，除特别说明，导线的基本计算泛指导线和避雷线的基本计算。

5.2 导线的解析方程式

5.2.1 悬链线解析方程式

若把在杆塔上的导线看成是一条理想的、柔软的、荷载沿导线长均匀分布的悬链线，则导线上任意点的应力的方向与该点的切线方向相一致，如图5-3所示。假设导线悬挂在A、B两点，导线最低点O的应力为σ_0，沿导线均匀分布的比载为g，则导线悬链线方程式为

$$y=\frac{\sigma_0}{g}\left[\operatorname{ch}\frac{gx}{\sigma_0}-1\right] \tag{5-2}$$

式中　y——任意点 P 的纵坐标，m；

x——导线最低点 O 至任意点 P 的水平距离，m。

上式是精确计算导线应力和弧垂的基本方程式。

5.2.2　导线线长、弧垂和应力的计算

导线最低点 O 至任意点 P 的线长，可按下式计算

$$l_x = \frac{\sigma_0}{g}\text{sh}\frac{gx}{\sigma_0} \tag{5-3}$$

对悬点等高挡，在 $x=l/2$ 时，有 $f=y_A=y_B$，所以

$$f = \frac{\sigma_0}{g}\left[\text{ch}\frac{gl}{2\sigma_0} - 1\right] \tag{5-4}$$

由式（5-3）得悬点等高时一挡线长

$$L = \frac{2\sigma_0}{g}\text{sh}\frac{gl}{2\sigma_0} \tag{5-5}$$

导线任一点 P 的应力 σ_x 精确计算式为

$$\sigma_x = \sigma_0\text{ch}\frac{gx}{\sigma_0} = \sigma_0 + gy \tag{5-6}$$

5.2.3　平抛物线近似计算

在工程设计中，当悬点高差(h)与挡距(l)之比 $h/l<0.1$ 时，可将式(5-2)、式(5-3)和式(5-6)按级数展开并略去高次项，得到导线任一点的纵坐标、线长和应力的平抛物线近似计算公式

$$y = \frac{gx^2}{2\sigma_0} \tag{5-7}$$

$$L_x = x + \frac{g^2x^3}{6\sigma_0^2} \tag{5-8}$$

$$\sigma_x = \sigma_0 + \frac{g^2x^2}{2\sigma_0} \tag{5-9}$$

5.3　悬点等高时导线弧垂应力及线长的计算

5.3.1　导线的弧垂计算

导线弧垂有水平弧垂和斜弧垂之分，如果导线两悬点等高，连线是水平的，其相

应各点的弧垂称为水平弧垂；如果两悬点不等高，连线是倾斜的，其相应弧垂则称为斜弧垂。有计算证明，水平弧垂和斜弧垂是近似相等的。因此，所谓弧垂均可泛指为斜弧垂。工程中所谓某点的弧垂就是指某点的斜弧垂，除特别说明外，均指挡距中央弧垂。

5.3.1.1 中点弧垂的计算

悬点等高时中点弧垂精确计算式见式（5-4）。当悬点等高时，有 $f=y_A=y_B$，这时将 $x=l/2$ 代入式（5-7），得中点弧垂的近似计算式（平抛物线计算式），即

$$f=\frac{gl^2}{8\sigma_0} \tag{5-10}$$

5.3.1.2 任意点弧垂的计算

由图 5-4 可看出，当悬点等高时，利用式（5-7）和式（5-10）可得到任一点 P 的弧垂近似计算式为

$$\begin{aligned} f_x &= y_A-y_x=f-y_x \\ &=\frac{gl^2}{8\sigma_0}-\frac{gx^2}{2\sigma_0}=\frac{g}{2\sigma_0}\left(\frac{l^2}{4}-x^2\right)=\frac{g}{2\sigma_0}l_a l_b \end{aligned} \tag{5-11}$$

式中，$l_a=l/2-x$；$l_b=l/2+x$。

5.3.2 导线应力的计算

架空线各点所受应力的方向，是沿切线方向变化的，最低点处的应力为水平应力，如图 5-4 所示。导线任一点 P 应力的精确计算式见式（5-6），当悬点等高时，导线任一点 P 应力近似计算式同式（5-9）。

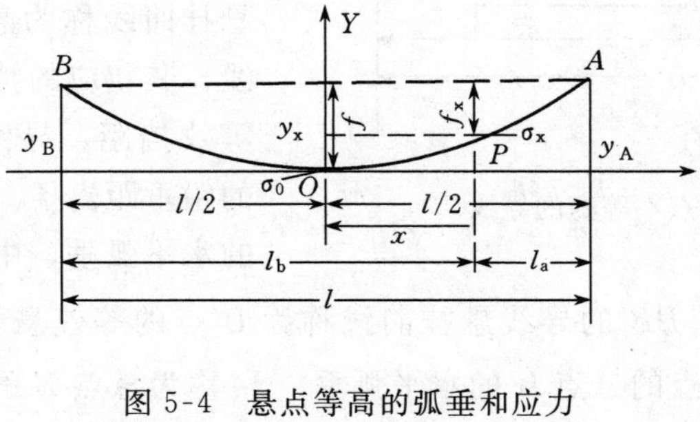

图 5-4 悬点等高的弧垂和应力

导线悬点等高时，由式（5-6）将 $x=l/2$ 代入得悬点应力精确计算式

$$\sigma_A=\sigma_B=\sigma_0\,\mathrm{ch}\frac{gl}{2\sigma_0}=\sigma_0+gy \tag{5-12}$$

将 $x=l/2$ 代入式（5-9）得近似计算式

$$\sigma_A = \sigma_B = \sigma_0 + \frac{g^2 l^2}{8\sigma_0} = \sigma_0 + gf \tag{5-13}$$

式中 σ_A、σ_B——悬点 A、B 的导线应力，N/mm^2。

5.3.3 悬点等高时导线长度的计算

悬点等高时一挡导线线长的精确计算式见式（5-5），将 $x=l/2$ 代入式（5-8）得悬点等高时一挡导线线长的近似计算式

$$L = l + \frac{g^2 l^3}{24\sigma_0^2} = l + \frac{8f^2}{3l} \tag{5-14}$$

5.4 悬点不等高时导线弧垂应力及线长的计算

对于悬点高差与挡距之比小于 0.1 的挡距，称为小高差挡距。可近似用平抛物线方程进行导线力学计算。

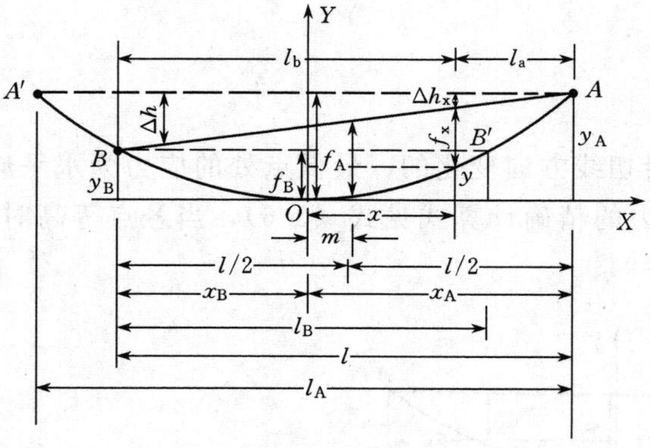

图 5-5 悬点不等高的导线

如图 5-5 所示，导线悬挂点不等高时，设挡距为 l，比载为 g，最低点 O 的应力为 σ_0。这时导线最低点不在挡距中央，而是偏向悬点 B 侧，偏离的水平距离为 m。

在曲线上取一点 A' 与 A 对称，取一点 B' 与 B 对称，则 AA' 之间的悬挂曲线称为悬点 A 的等效悬挂曲线，其相应的挡距 l_A 称为悬点 A 的等效挡距，导线上任一点 x 至 AA' 的铅垂距离 f_{Ax}，称为 x 点的悬点 A 的水平弧垂，中央弧垂 f_A 称为悬点 A 的水平弧垂；同理，BB' 的导线悬挂曲线称为 B 点的等效悬挂曲线，l_B 为 B 点的等效挡距，f_{Bx} 称为 x 点的悬点 B 的水平弧垂，f_B 称为悬点 B 的水平弧垂。

5.4.1 小高差挡距导线弧垂的计算

5.4.1.1 任意一点弧垂的计算

根据式（5-7）悬点 A、B 两点的纵坐标 y_A，y_B 分别为

$$y_A = \frac{g}{2\sigma_0}x_A^2 \qquad y_B = \frac{g}{2\sigma_0}x_B^2$$

则悬点 A、B 的高差 Δh 为

$$\Delta h = y_A - y_B = \frac{g}{2\sigma_0}(x_A^2 - x_B^2) \tag{5-15}$$

式中 x_A、x_B——悬点 A、B 至导线最低点 O 的水平距离。

由图 5-5 的几何关系，导线任一点的高差 Δh_x 为

$$\Delta h_x = \frac{x_A - x}{x_A + x_B}\Delta h$$

将式（5-15）代入得 $\Delta h_x = \frac{g}{2\sigma_0}(x_A - x_B)(x_A - x)$

由图 5-5 可见，导线任一点的弧垂

$$f_x = y_A - \Delta h_x - y = \frac{g}{2\sigma_0}(x_B + x)(x_A - x) = \frac{g}{2\sigma_0}l_a l_b \tag{5-16}$$

式中 x、y——导线任意一点对导线最低点 O 的横纵坐标；

l_a、l_b——悬点 A、B 至导线任意一点的水平距离。

式（5-16）与式（5-11）完全一致，是计算悬点不等高时，导线任意一点的斜弧垂计算式。

5.4.1.2 小高差挡距中点弧垂的计算

将 $l_a = l_b = l/2$ 代入式（5-16）即可得到悬点不等高时的中点斜弧垂，即

$$f = \frac{gl^2}{8\sigma_0} \tag{5-17}$$

5.4.1.3 小高差挡距水平弧垂计算

1. 悬点不等高时的等效挡距计算

如图 5-5 所示，导线悬点高差为

$$\Delta h = y_A - y_B = \frac{g}{2\sigma}(x_A^2 - x_B^2) = \frac{g}{2\sigma}l(2x_A - l)$$

经整理可得到导线最低点 O 至悬点 A 的水平距离，即

$$x_A = \frac{l}{2} + \frac{\sigma_0 \Delta h}{gl} \tag{5-18}$$

由此得到悬点 A 的等效挡距，即

$$l_A = 2x_A = l + \frac{2\sigma_0 \Delta h}{gl} \tag{5-19}$$

导线最低点偏离挡距中央的水平距离为

$$m = x_A - \frac{l}{2} = \frac{\sigma_0 \Delta h}{gl}$$

导线最低点 O 至悬点 B 的水平距离为

$$x_{\mathrm{B}}=\frac{l}{2}-m=\frac{l}{2}-\frac{\sigma_0\Delta h}{gl} \tag{5-20}$$

因此悬点 B 的等效挡距为

$$l_{\mathrm{B}}=2x_{\mathrm{B}}=l-\frac{2\sigma_0\Delta h}{gl} \tag{5-21}$$

2. 小高差挡距水平弧垂计算

如图5-5所示，悬点不等高时的水平弧垂实质上就是等效挡距的中点弧垂，用近似计算式表示为

$$f_{\mathrm{A}}=\frac{gl_{\mathrm{A}}^2}{8\sigma_0}\qquad f_{\mathrm{B}}=\frac{gl_{\mathrm{B}}^2}{8\sigma_0}$$

式中的 l_{A}、l_{B} 分别为悬点 A、B 的等效挡距。将式（5-19）和式（5-21）代入上式，即得到悬点 A、B 的水平弧垂 f_{A}、f_{B} 的表示式为

$$\left.\begin{aligned}f_{\mathrm{A}}&=\frac{gl^2}{8\sigma_0}+\frac{\sigma_0\Delta h^2}{2gl^2}+\frac{\Delta h}{2}\\ f_{\mathrm{B}}&=\frac{gl^2}{8\sigma_0}+\frac{\sigma_0\Delta h^2}{2gl}-\frac{\Delta h}{2}\end{aligned}\right\} \tag{5-22}$$

由图5-5可见，$f_{\mathrm{A}}=\Delta h+f_{\mathrm{B}}$。

【例5-1】 某110kV输电线路中有一挡导线跨越弱电线路，交叉跨越挡布置如图5-6所示，已知导线悬点高程 $H_{\mathrm{A}}=50\mathrm{m}$，$H_{\mathrm{B}}=62\mathrm{m}$，交叉跨越点高程 $H_{\mathrm{P}}=47\mathrm{m}$，挡距 $l=300\mathrm{m}$，交叉跨越点距两悬点的水平距离 $l_{\mathrm{a}}=200\mathrm{m}$，$l_{\mathrm{b}}=100\mathrm{m}$，导线最小应力 $\sigma_0=50\mathrm{N/mm^2}$，比载 $g=34.047\times10^{-3}\mathrm{N/(m\cdot mm^2)}$。试校验交叉跨越距离能否满足要求。

解 交叉跨越点导线弧垂为

$$f_{\mathrm{x}}=\frac{g}{2\sigma_0}l_{\mathrm{a}}l_{\mathrm{b}}=\frac{34.047\times10^{-3}}{2\times50}\times200\times100=6.81\mathrm{m}$$

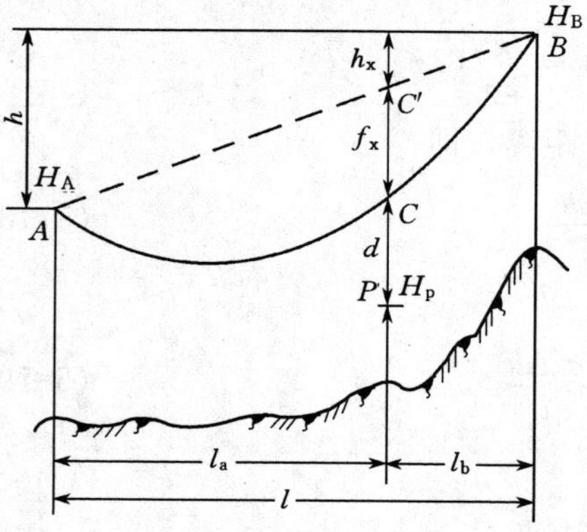

图5-6 交叉跨越校验

交叉跨越点导线与弱电线路间的垂直距离为

$$d=H_{\mathrm{B}}-h_{\mathrm{x}}-f_{\mathrm{x}}-H_{\mathrm{P}}=H_{\mathrm{B}}-\frac{h}{l}l_{\mathrm{b}}-f_{\mathrm{x}}-H_{\mathrm{P}}=62-\frac{12}{300}\times100-6.81-47=4.19\mathrm{m}$$

因为，110kV 线路导线与弱电线路最小垂直距离$[d]=3.0\text{m}$，现$d>[d]$，所以交叉跨越距离满足要求。

5.4.2 小高差挡距导线悬点应力的计算

在高山和丘陵地区，线路往往悬点不等高，且跨越挡距较大，但只要其悬点高差与挡距之比小于 0.1，就属小高差挡距。小高差挡距的力学计算可以近似采用平抛物线方程。小高差挡距中导线任意一点的应力近似计算式同式（5-9）。

在悬点不等高时，由式（5-6）知悬点应力分别为

$$\left.\begin{aligned}\sigma_A &= \sigma_0 + gy_A\\ \sigma_B &= \sigma_0 + gy_B\end{aligned}\right\} \tag{5-23}$$

由图 5-5 可看出 $y_A=f_A$，$y_B=f_B$，将式（5-22）代入上式得悬点应力计算式

$$\left.\begin{aligned}\sigma_A &= \sigma_0 + \frac{g^2 l^2}{8\sigma_0} + \frac{\sigma_0 \Delta h^2}{2l^2} + \frac{g\Delta h}{2}\\ \sigma_B &= \sigma_0 + \frac{g^2 l^2}{8\sigma_0} + \frac{\sigma_0 \Delta h^2}{2l^2} - \frac{g\Delta h}{2}\end{aligned}\right\} \tag{5-24}$$

式中　σ_A、σ_B——悬点 A 和悬点 B 的应力，N/mm^2。

5.4.3 小高差挡距导线的线长计算

根据悬点 A 和 B 的等效挡距计算其对应线长，由式（5-14）可得

$$L_A = l_A + \frac{l_A^3 g^2}{24\sigma_0^2} \quad 和\ L_B = l_B + \frac{l_B^3 g^2}{24\sigma_0^2}$$

根据图 5-5 可看出悬点不等高时导线的线长可表示为

$$L = \frac{1}{2}(L_A + L_B) = \frac{1}{2}\left[(l_A + l_B) + \frac{g^2}{24\sigma_0^2}(l_A^3 + l_B^3)\right]$$

将 l_A、l_B 的计算式（5-19）和式（5-21）代入上式，经整理后得悬点不等高时导线线长的近似计算式

$$L = l + \frac{g^2 l^3}{24\sigma_0^2} + \frac{\Delta h^2}{2l} \tag{5-25}$$

以上弧垂、应力、线长的计算式适用于悬点不等高的小高差挡距。对于悬点高差与挡距之比大于 0.1 时但小于 0.25 时宜采用斜抛物线方程计算；对于悬点高差与挡距之比大于 0.25 的挡距宜采用悬链线方程计算。

5.5 导线的状态方程式

悬挂于两悬点间的一挡导线，当气象条件发生变化，即导线上作用的荷载或环境

温度发生变化时，导线线长会随之发生变化，进而引起导线的应力、弧垂发生相应的变化。为保证导线在施工与运行中的安全可靠性，就必须掌握这种导线应力随气象条件变化的规律。导线的状态方程式就是反映这一规律的数学表达式。在已知一种气象条件及应力时，应用状态方程式就可求出另一种气象条件下的应力。

5.5.1 孤立挡的状态方程式

在全程导线中，总会有一些一挡导线两端都是耐张杆的挡距，这就是孤立挡距。

气象条件发生变化时，引起导线线长变化的主要因素有两个，其一是由于气温的改变，导线由于热胀冷缩引起线长的变化；另一因素是由于荷载变化，导线发生弹性变形而引起线长的变化。

对于一挡导线，设挡距为 l，气象条件从 m 状态（即气温 t_m、比载 g_m、应力 σ_m）变化到 n 状态（即气温 t_n、比载 g_n、应力 σ_n），则一挡线长从 L_m 变化到 L_n。这种变化包括两部分：首先由于气温的变化，使导线线长由于热胀冷缩从 L_m 变化为 L_t；然后，由于应力的变化，导线发生弹性变形，导线线长从 L_t 变化为 L_n。这个变化过程可表示为

$$L_t = [1 + \alpha(t_n - t_m)]L_m \tag{5-26}$$

$$L_n = [1 + \beta(\sigma_n - \sigma_m)]L_t \tag{5-27}$$

将式（5-26）代入式（5-27）可得

$$L_n = L_m[1 + \alpha(t_n - t_m)][1 + \beta(\sigma_n - \sigma_m)]$$

将上式展开后，会出现 $\alpha\beta(t_n - t_m)(\sigma_n - \sigma_m)$ 项，考虑到 α 和 β 的数值较小，它们的乘积更小，故将其舍去，从而上式可简化为

$$L_n = L_m[1 + \alpha(t_n - t_m) + \beta(\sigma_n - \sigma_m)] \tag{5-28}$$

再根据一定气象条件下的线长的表达式（5-14）写出 m 和 n 两种气象条件下的导线线长表达式

$$\left.\begin{aligned} L_m &= l + \frac{g_m^2 l^3}{24\sigma_m^2} \\ L_n &= l + \frac{g_n^2 l^3}{24\sigma_n^2} \end{aligned}\right\}$$

将以上两式代入式（5-28）得

$$l + \frac{g_n^2 l^3}{24\sigma_n^2} = l + \frac{g_m^2 l^3}{24\sigma_m^2} + [\alpha(t_n - t_m) + \beta(\sigma_n - \sigma_m)]\left(l + \frac{g_m^2 l^3}{24\sigma_m^2}\right)$$

因上式中 $\frac{g_m^2 l^3}{24\sigma_m^2}$ 项数值较小，所以它与方括号中数值的乘积很小，可舍去，并将等式两侧各除以 βl，则得

$$\sigma_n - \frac{g_n^2 l^2}{24\beta\sigma_n^2} = \sigma_m - \frac{g_m^2 l^2}{24\beta\sigma_m^2} - \frac{\alpha}{\beta}(t_n - t_m) \tag{5-29}$$

式中 g_m、g_n——已知气象条件和待求气象条件下的比载，N/(m·mm²)；

σ_n——待求气象条件下，温度为 t_n 和比载为 g_n 时的导线最低点应力，N/mm²；

σ_m——已知气象条件下，温度为 t_m 和比载为 g_m 时的导线最低点应力，N/mm²；

α——导线的线膨胀系数，1/℃；

β——导线的弹性伸长系数，mm²/N；

l——挡距，m。

式（5-29）即为导线在孤立挡距中的状态方程式。当已知一种气象条件（气温 t_m、比载 g_m）时导线应力为 σ_m，求另一种气象条件（气温 t_n、比载 g_n）时的应力 σ_n，则状态方程式中只有待求应力 σ_n 是未知的，所以可以求出。

为便于计算，通常将状态方程式写成如下形式

$$A = \sigma_m - \frac{g_m^2 l^2}{24\beta\sigma_m^2} - \frac{\alpha}{\beta}(t_n - t_m)$$

$$B = \frac{g_n^2 l^2}{24\beta}$$

则状态方程式变为下面形式

$$\sigma_n^2(\sigma_n - A) = B \tag{5-30}$$

上式为三次方程，可利用试凑法求解，也可利用计算机叠代法求解，也可以用函数型计算器求解。

试凑法求解简单方便，但精确度较低。下面介绍一种借助计算器求解准确解的方法。

状态方程式如式（5-30）所示，令 $a = |A|, b = B, c = \sqrt{\frac{3b}{4a}}, d = \frac{3c}{a}$，然后根据 A 的符号和 d 的大小，按表 5-1 选取求根公式，即可应用计算器直接算出应力的精确解。

表 5-1　求根公式选择表

条件 1	条件 2	求根公式	序号
$A<0$	$d\leqslant 1$	$\sigma_n = c \div \cos\left(\frac{\cos^{-1} d}{3}\right)$	1
$A<0$	$d\geqslant 1$	$\sigma_n = c \div \mathrm{ch}\left(\frac{\mathrm{ch}^{-1} d}{3}\right)$	2
$A>0$	$d>0$	$\sigma_n = c \div \mathrm{sh}\left(\frac{\mathrm{sh}^{-1} d}{3}\right)$	3
$A=0$	$d=\infty$	$\sigma_n = \sqrt[3]{b}$	4

5.5.2 连续挡耐张段的代表挡距及状态方程式

在实际工程中，一个耐张段往往有许多挡距连在一起，称为连续挡耐张段。在同一耐张段中，各挡导线的水平张力（水平应力）是按同一值架设的，故悬垂绝缘子串处于铅锤状态。但当气象条件变化时，由于各挡挡距及高差不一定相等，各挡水平张力（水平应力）变化就不完全相等。从而使直线杆塔上出现不平衡张力差，使悬垂绝缘子串向张力大的一侧产生偏斜。偏斜的结果又使各挡张力趋于基本相等。所以，除了挡距长度、悬点高差相差十分悬殊者外，一般情况下，耐张段中各挡导线在一种气象条件下的水平张力（水平应力）总是相等或基本相等的。这个相等的水平应力称为该耐张段内导线的代表应力，其值是用耐张段内的所谓“代表挡距”代入状态方程式(5-29）求出的。

当耐张段中各挡悬点高差 $h/l<0.1$ 时，该耐张段的代表挡距可按下式计算

$$l_{\mathrm{D}}=\sqrt{\frac{l_1^3+l_2^3+l_3^3+\cdots+l_n^3}{l_1+l_2+l_3+\cdots+l_n}}=\sqrt{\frac{\sum l_i^3}{\sum l_i}} \tag{5-31}$$

式中　l_{D}——耐张段的代表挡距，m；

l_i——耐张段中各挡挡距，m。

将孤立挡状态方程式（5-29）中的挡距 l 用连续挡的代表挡距 l_{D} 代替，就得连续挡的状态方程式。所以导线状态方程式一般只用式（5-29）的形式，只是挡距 l 应理解为耐张段的代表挡距。

5.6 临　界　挡　距

5.6.1 控制条件

架空线路的导线应力，是随着挡距的不同和气象条件的改变而变化的。对同一耐张段，导线应力随气象条件变化的变化规律符合导线状态方程式。为了保证架空线在任何气象条件下的应力都不超过最大使用应力，必须使架空线在长期运行中可能出现的最大应力等于最大使用应力。因此，需要找出出现最大应力时的气象条件，该气象条件叫控制气象条件，与之对应的导线的最大使用应力叫控制应力。以控制条件和相应的控制应力为已知状态，利用状态方程式求出架线时相应气象条件下的应力和弧垂。按照计算出的应力和弧垂安装导线，就可以保证导线在运行中，在任何气象条件下，其应力不超过允许值。

一般情况下，可能成为控制条件的气象条件有如下四种：

（1）最低气温、无风、无冰；

（2）最大风速、无冰、相应的气温；

（3）覆冰、相应风速、－5℃；

（4）年平均气温、无风、无冰。

其中前三种情况，可能出现最大应力，因而其控制应力都是导线的最大使用应力。最后一种条件是从导线的防振观点提出的，为了满足导线耐振的要求。在年平均气温条件下，导线应力不得大于年平均运行应力。规程规定，导线的平均运行应力上限为其瞬时破坏应力的25%，即控制应力为25%σ_p。

5.6.2 临界挡距

以上四种控制条件，并不是在所有的挡距范围内都是控制条件，各控制条件可能在不同的挡距范围内起控制作用，而在某一挡距下可能某两个控制条件同时起控制作用，超过此挡距时是一个条件控制，而小于此挡距时是另一个条件控制。这样的挡距称为该两个控制条件的临界挡距。因控制条件可能有四个，对它们进行两两组合，则有六种不同组合。显然，每一种组合的两种控制条件之间均有一临界挡距，所以临界挡距共有六个。

根据临界挡距的概念，利用导线的状态方程式可推得临界挡距的计算式为

$$l_j = \sqrt{\frac{24\beta(\sigma_n - \sigma_m) + 24\alpha(t_n - t_m)}{\left(\frac{g_n}{\sigma_n}\right)^2 - \left(\frac{g_m}{\sigma_m}\right)^2}} \tag{5-32}$$

式中 l_j——临界挡距，m；

σ_n、σ_m——两种控制条件的控制应力，N/mm^2；

g_n、g_m——两种控制气象条件时的比载，$N/(m \cdot mm^2)$；

t_n、t_m——两种控制气象条件时的气温，℃；

α——导线的线膨胀系数，1/℃；

β——导线的弹性伸长系数，mm^2/N。

由式（5-32）可见，当两种控制条件的控制应力相等时，式（5-32）可简化为

$$l_j = \sigma_m \sqrt{\frac{24\alpha(t_n - t_m)}{g_n^2 - g_m^2}} \tag{5-33}$$

式中符号意义同前。

5.6.3 有效临界挡距的判别

在整个代表挡距数轴上，一种控制条件的控制挡距区间是连续的。因此，四种控

制条件即使都起控制作用，也只能是四个挡距区间。所以，真正有意义的临界挡距最多不会超过三个。这样的临界挡距称之为有效临界挡距。临界挡距的计算值有六个，而有效临界挡距最多只有三个，因此必须进行判别，以确定有效临界挡距，进而确定控制条件及其控制代表挡距范围。判别有效临界挡距的方法如下。

1. 按照 g/σ 值的大小排列四种可能控制条件的次序

对四种控制条件分别计算 g/σ 值，并由小到大分别给予 A、B、C、D 的编号。如果某两个控制条件的 g/σ 值相等，则分别计算这两种控制条件的 $\sigma+\alpha Et$ 值，取其数值较小的控制条件编入序号，而数值较大的控制条件实际上不起作用，予以舍弃，这时可能的控制条件减少为三个，临界挡距数也减少为三个。

2. 将临界挡距列表

假设按最大可能，算出每两个气象条件组合之间的临界挡距，并按表 5-2 的方法排列。

表 5-2　有效临界挡距判别表

A	B	C
$l_{AB}=$	$l_{BC}=$	$l_{CD}=$
$l_{AC}=$	$l_{BD}=$	
$l_{AD}=$		

3. 判别 A、B、C 栏的有效临界挡距

（1）从 A 栏开始确定有效临界挡距　首先查看本栏内临界挡距有无零或虚数值，只要有一个临界挡距值为零或虚数，则该栏内所有临界挡距均被舍弃，即该栏内没有有效临界挡距，这时可转到下一栏（如 B 栏）进行判别。

若栏内所有临界挡距值均不为零或不为虚数，则选取该栏中最小的一个临界挡距为第一个有效临界挡距（如 l_{AB}）。于是 A 栏内与 A 组合的其他临界挡距（如 l_{AC}、l_{AD}）即可舍弃。选得的第一个有效临界挡距（如 l_{AB}）系为下标中第一个字母表示的控制条件（如 A）所控制的挡距范围的上限值；下标中后一个字母表示的控制条件（如 B）所控制的挡距范围的下限值。

（2）因此，紧接着对所选得的第一个有效临界挡距下标中后一个字母所代表的栏进行判别，亦即判别后一个字母所代表的控制条件所控制的挡距范围的上限值，并确定下一个控制条件。如第一个有效临界挡距为 l_{AB}，则对 B 栏进行判别；若第一个有效临界挡距为 l_{AC}，则对 C 栏进行判别，这时 B 栏被跨越，即 B 栏没有有效临界挡距而全部被舍弃。确定了需判别的栏后，用（1）中的方法选取第二个有效临界挡距。

（3）根据上述原则，依次类推，直至判别到最后一栏如 C 栏，或有效临界挡距

下标中后一个字母为 D，则判别结束。例如在判别 A 栏时，选取的第一个有效临界档距为 l_{AD}，则判别结束，有效临界档距只有一个，为 l_{AD}。

（4）在有效临界档距的判别过程中，如在 A、B、C 三栏中均有零或虚数，则没有有效临界档距，此时所有可能的代表档距，其导线应力均受 D 条件控制。

（5）对于避雷线，如果是先按式（5-35）求得 σ_B，然后推求各种气象情况下的应力时，则其临界档距值与导线一致。否则也要按上述步骤确定其自己的有效临界档距。

通过上述有效临界档距的判别，最后得一组有效临界档距，这组有效临界档距的下标是依次连接的。将这组有效临界档距标在代表档距数轴上，即将数轴分成若干区间，然后可按有效临界档距下标字母确定每一区间的控制条件。例如，当有效临界档距为 l_{AB}、l_{BD}时，其控制情况如图 5-7 所示。

判别结果的意义为，当代表档距 $l_D \leqslant l_{AB}$ 时，导线应力受 A 控制条件控制，当代表档距 $l_{AB} \leqslant l_D \leqslant l_{BD}$时，导线应力受 B 控制条件控制；当代表档距 $l_D \geqslant l_{BD}$时，导线应力受 D 控制条件控制。从而在利用状态方程求解导线应力时，只需根据代表档距值确定其控制条件，然后将控制条件作为状态方程中的已知条件，即可求取其他气象条件时的应力。

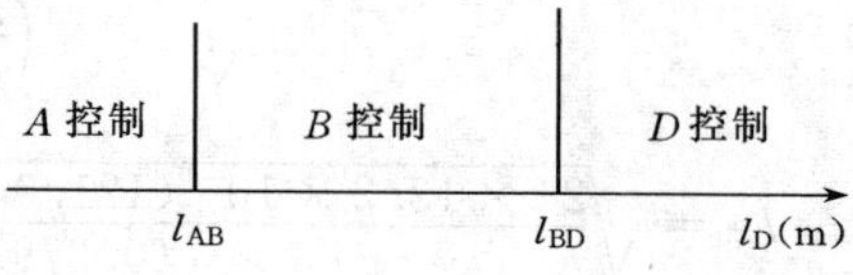

图 5-7 有效临界档距判别结果

【例 5-2】 某架空线路导线采用 LGJ－120/20，通过 IV 类典型气象区，试计算临界档距，并确定控制条件。

解 由附表 1-3 查得，LGJ－120/20 导线的计算拉断力 $T_P = 41000$N，计算截面 $A = 134.49\text{mm}^2$，所以导线的综合瞬时破坏应力 $\sigma_p = 41000/134.49 = 304.855\text{N/mm}^2$，LGJ－120/20 导线的铝钢结构比为 26/7，由附表 1-4 查得，弹性系数 $E = 76000\text{N/mm}^2$，热膨胀系数 $\alpha = 18.9 \times 10^{-6}/℃$，$\beta = 1/E = 13.2 \times 10^{-6}\text{mm}^2/\text{N}$。

1. 计算控制应力

取设计安全系数 $K = 2.5$，则最大使用应力为

$$\sigma_m = \sigma_P / K = 121.942\text{N/mm}^2$$

在平均气温时，控制应力为平均运行应力的上限，即

$$\sigma_{cp} = \sigma_P \times 25\% = 304.855 \times 25\% = 76.214\text{N/mm}^2$$

2. 可能控制条件列表

根据比载、控制应力，将有关数据按g/σ 值由小到大列出表格，并按 A、B、C、D 顺序编号，如表 5-3 所示。导线比载见附录 2。

表 5-3　　可能控制条件排列表

出现控制应力的气象条件	控制应力（N/mm^2）	比　载［$N/(m\cdot mm^2)$］	温　度（℃）	比　值 g/σ	顺序代号
最低温度	121.942	$g_1=34.015\times10^{-3}$	−20	0.279×10^{-3}	A
年平均气温	76.214	$g_1=34.015\times10^{-3}$	+10	0.446×10^{-3}	B
最大风速	121.942	$g_{6(25)}=55.420\times10^{-3}$	−5	0.462×10^{-3}	C
覆冰	121.942	$g_7=56.379\times10^{-3}$	−5	0.462×10^{-3}	D

3. 计算临界挡距

根据 $\sigma_n\neq\sigma_m$ 时，$l_j=\sqrt{\dfrac{24\beta(\sigma_n-\sigma_m)+24\alpha(t_n-t_m)}{\left(\dfrac{g_n}{\sigma_n}\right)^2-\left(\dfrac{g_m}{\sigma_m}\right)^2}}$，所以

$$l_{AB}=\sqrt{\frac{24\times13.2\times10^{-6}(121.942-76.214)+24\times18.9\times10^{-6}(-20-10)}{(0.279\times10^{-3})^2-(0.446\times10^{-3})^2}}$$

$$=i82.917\text{m}$$

同理 $l_{BC}=1029.86$m，$l_{BD}=752.007$m

根据 $\sigma_n=\sigma_m$ 时，$l_j=\sigma_m\sqrt{\dfrac{24\alpha\ (t_n-t_m)}{g_n^2-g_m^2}}$，所以

$$l_{AC}=121.942\times\sqrt{\frac{24\times18.9\times10^{-6}(-20+5)}{(34.015\times10^{-3})^2-(55.420\times10^{-3})^2}}$$

$$=230.309\text{m}$$

同理　$l_{AD}=224.0$m，$l_{CD}=0$m。

4. 确定控制条件

列出临界挡距控制条件判别表，见表 5-4 所示。

表 5-4　　有效临界挡距判别表

A	B	C
$l_{AB}=i82.917$m	$l_{BC}=1029.86$m	$l_{CD}=0$m
$l_{AC}=230.309$m	$l_{BD}=725.007$m	
$l_{AD}=224.0$m		

从表 5-4 可看出，A 栏中 l_{AB} 为虚数，故该栏所有临界挡距均无效，然后判别 B 栏，选取一个最小临界挡距 $l_{BD}=725.007$m 为第一个有效临界挡距，值较大者舍去。由于 l_{BD} 为有效临界挡距，故 C 栏被跨越，即 C 栏没有有效临界挡距。

有效临界挡距的判别结果见图 5-8 所示。

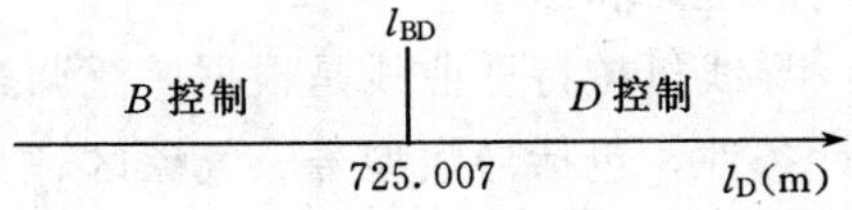

图 5-8 例题 5-2 判定最大应力的控制挡距范围

从图 5-8 中可得出，当 $l_D\leqslant 725.007$m，控制条件为年平均气温，控制应力为 $\sigma_{cp}=76.214\text{N/mm}^2$；当 $l_D\geqslant 725.007$m，控制条件为最大覆冰，控制应力为 $\sigma_m=121.942\text{N/mm}^2$。

5.7 导线应力弧垂特性曲线

在架空线路设计过程中，为了确定有关杆塔的设计荷载、导线对地安全距离以及交叉跨越的距离，必须计算导线（或避雷线）在各种气象条件下不同挡距的应力或弧垂，并将计算的结果以横坐标为挡距，纵坐标为导线的应力或弧垂，并按一定比例绘制出在各种气象条件下的挡距与应力的关系曲线，这些曲线组称为导线（或避雷线）应力弧垂特性曲线或称导线机械特性曲线。如图 5-9 所示。

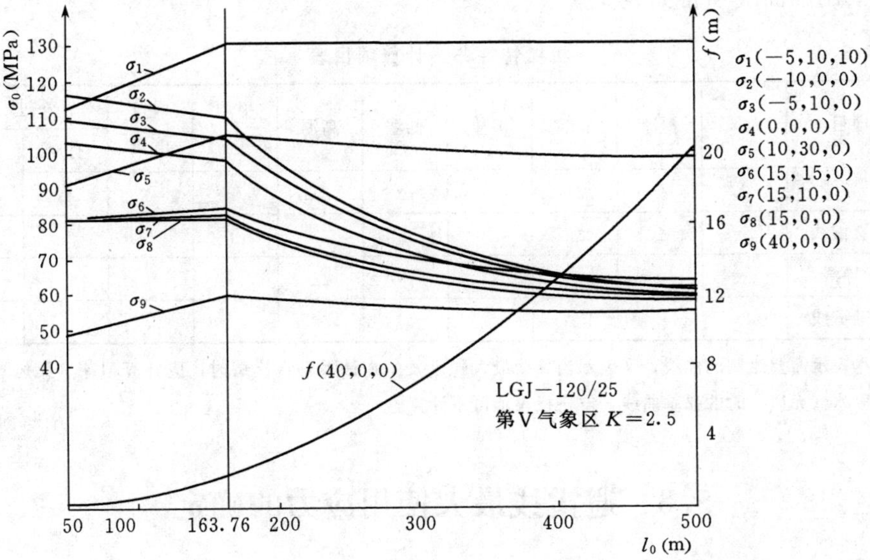

图 5-9 导线机械特性曲线

当已知气象条件和挡距时，在导线和避雷线的机械特性曲线上，能够很快的查出相应的应力和弧垂。

导线机械特性曲线是根据广泛调查分析沿线有关气象数据等资料的前提下确定的设计条件，包括导线型号、气象区、安全系数和防振措施（以确定年平均运行应力）后，通过下述计算程序绘制的。设计条件中任意改变其中之一，就有不同的机械特性曲线，所以应用时必须明确设计条件，特别是输电线路较长时，可能在线路不同区段采用不同的设计条件，此时尤其需要注意。

导线机械特性曲线的计算程序如下：

（1）确定导线型号及设计气象区。

（2）确定导线在各种气象条件时的比载。

（3）确定导线的安全系数及防振措施，计算导线最大使用应力和年平均运行应力。

（4）计算临界挡距并进行有效临界挡距判别，确定控制条件及控制范围。

（5）以有效临界挡距判别结果为已知条件，利用状态方程式和弧垂公式，逐一求出其他各种气象条件下各种代表挡距值时的应力和弧垂值。

（6）以代表挡距为横坐标，应力（或弧垂）为纵坐标，绘制各种气象条件时的应力、弧垂曲线。

导线的机械特性曲线并不需要按所有气象条件计算和绘制，根据工程需要一般须计算和绘制的曲线项目如表 5-5。

表 5-5　机械特性曲线计算项目表

计算项目		大风	覆冰	安装	事故	低温	高温	平均气温	内过电压	外过电压	
										有风	无风
应力曲线	导线	△	△	△	△	△	△	△	△	△	△
	避雷线	△	△	△	△	△		△			△
弧垂曲线	导线	△	*				△				△
	避雷线										△

注　△表示需要绘制的曲线；* 表示当导线最大弧垂发生在最大垂直比载时，应计算覆冰（无风）和稀有覆冰（无风）时的弧垂曲线；空格栏表示可不计算。

5.8　避雷线最大使用应力的确定

前面各节所述的导线应力、弧垂和线长的分析计算方法同样适用于避雷线。但避雷线最大使用应力的确定方法不同于导线。避雷线是高压和超高压输电线路最基本的防雷保护措施，其主要作用是防止雷直击导线。因此对避雷线必须从防雷这一要求出发来确定其最大使用应力。

5.8.1 避雷线最大使用应力的选择原则

避雷线最大使用应力的选择，应满足以下原则：

（1）为了防止雷击挡距中央反击导线，在15℃无风气象条件下，导线与避雷线在挡距中央的距离应满足以下要求

$$s_1 \geqslant (0.012l+1)(\mathrm{m}) \tag{5-34}$$

（2）避雷线的强度设计安全系数应大于2.5，大于导线设计安全系数。

（3）为了防止振动的危害，在有防振措施的情况下，避雷线的平均运行应力不得超过瞬时破坏应力的25%。

5.8.2 避雷线最大使用应力的选择方法

5.8.2.1 一个耐张段避雷线最大使用应力的选择

通常，一个耐张段内避雷线最大使用应力的确定步骤为：首先根据大气过电压（15℃、无风）气象条件下，导线与避雷线在挡距中央的距离应满足 $s_1 \geqslant (0.012l+1)$，确定出避雷线于15℃、无风时在代表挡距时的应力，并以此作为已知条件，应用状态方程式求出其最大使用应力，再验算其安全系数是否满足要求。

为了使导线与避雷线在挡距中央的接近距离满足过电压保护要求，应从确定导线与避雷线悬点间的距离与适当选择避雷线最大使用应力两方面综合考虑，做到既满足过电压保护的要求，又较经济合理。例如，如果避雷线最大使用应力选得过小，为保证导线与避雷线在挡距中央的距离要求，势必需加大导线与避雷线悬点间的距离，增加杆塔高度；反之，导线与避雷线悬点间的距离很小，必须提高避雷线最大使用应力，这将使耐张杆塔的受力增大，同时有可能超过避雷线防振对其应力的限制。

现设导线与避雷线悬点间距离已经确定，按导线与避雷线间距离满足 s_1 的要求选择避雷线最大使用应力。

1. 15℃、无风气象条件时一个耐张段避雷线最大使用应力的选择

如图5-10所示为15℃、无风气象条件时的一

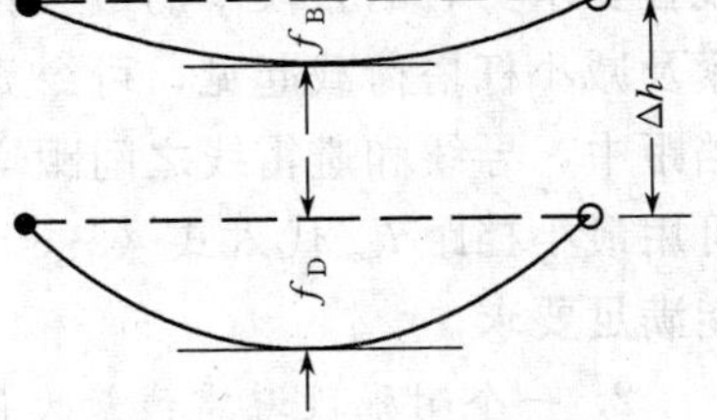

图5-10 导线和避雷线的弧垂

挡导线和避雷线。

从图 5-10 中可看出导线与避雷线间的垂直距离（一般略去水平距离）为

$$s_1 = \Delta h + f_D - f_B = \Delta h + \frac{l^2}{8}\left(\frac{g_D}{\sigma_D} - \frac{g_B}{\sigma_B}\right)$$

因为
$$s_1 \geqslant 0.012l + 1$$
经整理得

$$\sigma_B \geqslant \frac{g_B}{\dfrac{g_D}{\sigma_D} - \left[\dfrac{0.096}{l} - \dfrac{8(\Delta h - 1)}{l^2}\right]} \tag{5-35}$$

由上式可看出，分母中方括号里的值越大，σ_B 就越大。将方括号中的值用 Δ_x 表示，令 $d\Delta_x/dl=0$，即可得到 Δ_x 为最大值时的对应挡距，此挡距称为控制挡距。用 l_K 表示。

$$l_K = 166.6(\Delta h - 1) \tag{5-36}$$

将 l_K 代入 Δ_x 可得 $\Delta_{xmax} = \dfrac{2.88\times10^{-4}}{\Delta h - 1}$，此时避雷线的应力为

$$\sigma_B \geqslant \frac{g_B}{\dfrac{g_D}{\sigma_D} - \dfrac{2.88\times10^{-4}}{\Delta h - 1}} \tag{5-37}$$

以上式中　g_D、g_B——导线、避雷线的自重比载，N/(m·mm²)；

σ_D、σ_B——导线、避雷线在 15℃，无风时的应力，N/mm²；

Δh——导线与避雷线悬挂点间的高差，m。

控制挡距 l_K 的意义是：当以 l_K 值代替 l 值代入式（5-35）中，求得在某代表挡距下的避雷线控制应力 σ_B 时，则挡距长度为 l_K 一挡的导线与避雷线在挡距中央的间距，恰好满足 s_1 的要求，而长度大于或小于 l_K 的挡距中导线和避雷线之间距均有富余。

在实际工程中，若 l_K 介于耐张段中最大挡距和最小挡距之间，即 $l_{min} < l_K < l_{max}$ 时，用式（5-35）计算的 σ_B 能保证所有挡距中导线与避雷线在挡距中央的距离满足规程要求。若耐张段中的最大挡距 $l_{max} \leqslant l_K$ 时，为了降低 σ_B 以免避雷线不必要的过紧及减小杆塔荷载起见，可令 $l_K = l_{max}$ 代入式（5-35）计算 σ_B，此时最大挡距及以下挡距中，导线和避雷线之间距均能满足要求；若耐张段中的最小挡距 $l_{min} \geqslant l_K$ 时，则可用最小挡距 l_{min} 代入式（5-35）计算 σ_B，此时大于及等于最小挡距的挡距，间距均能满足要求。

2. 一个耐张段避雷线最大使用应力的选择方法

以上求出了大气过电压（15℃、无风）时的避雷线的应力 σ_B，将此 σ_B 和大气过

电压时的气象条件作为已知数据代入状态方程式，求出年平均气温时的应力 σ_{B1}，然后将其与年平均运行应力 σ_{Bcp} 相比较。如果 $\sigma_{B1}<\sigma_{Bcp}$，则仍以 σ_B 及其气象条件为已知条件，利用状态方程求出最大覆冰、最大风速及最低气温时的应力，取其大者即为所选择的避雷线最大使用应力。如果 $\sigma_{B1}>\sigma_{Bcp}$，则需加高避雷线支架后重新计算。

5.8.2.2 全线避雷线最大使用应力的确定

实际工程中，为了计算简便，一条输电线路各耐张段一般情况下取用统一的避雷线最大使用应力，此时首先根据全线各耐张段具体情况，估计几个代表挡距并确定最小挡距和最大挡距，然后按上述方法分别确定各耐张段的最大使用应力，再取各耐张段最大使用应力中的最大者作为全线避雷线最大使用应力。

最大使用应力确定后，需校验避雷线的强度安全系数是否满足要求。如安全系数小于规定值，则需加高避雷线支架。

5.9 导线安装曲线

5.9.1 导线的安装曲线

安装曲线就是以横坐标为挡距，以纵坐标为弧垂曲线和张力，利用导线的状态方程式，计算出各种可能的安装气象条件下，不同挡距时的弧垂和张力，并将其绘成的曲线。该曲线供施工安装导线使用，并作为线路运行的技术档案资料。

导线和避雷线的架线安装，是在不同气温下进行的。施工前紧线时要用事前做好的安装曲线，查出各种施工气温下的弧垂，以确定架空线的松紧程度，使其在运行中任何气象条件下的应力都不超过最大使用应力，且满足耐振条件，使导线任何点对地面及被跨越物之间的距离符合设计要求，保证运行的安全。

导线安装曲线通常绘制张力和弧垂两种曲线，如图 5-11 所示。

安装曲线的计算方法与机械特性曲线计算相同。只是其气象条件为无冰无风情况，温度变化范围为最高气温到最低气温，其间隔可取 5℃（或 10℃），挡距的变化范围视工程实际情况而定。图 5-11 中每一条曲线对应一种安装气象条件。

导线的张力和应力之间的关系为

$$T=\sigma_0 A \tag{5-38}$$

式中 T——导线张力，N；

σ_0——导线应力，N/mm^2；

A——导线截面积，mm^2。

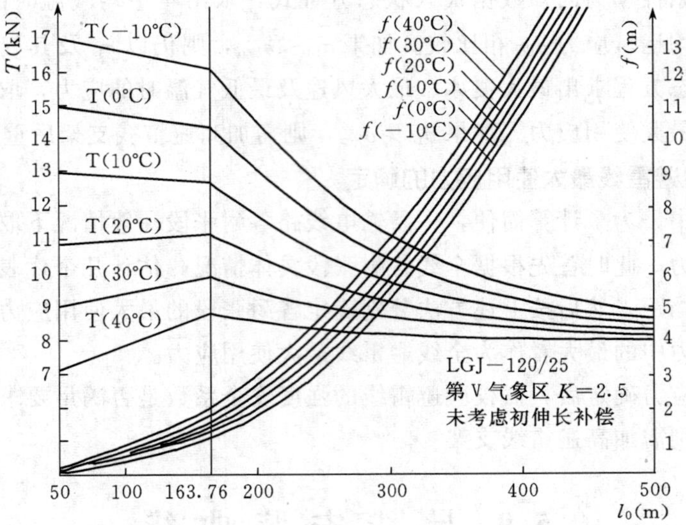

图 5-11 导线安装曲线

5.9.2 导线的初伸长

5.9.2.1 初伸长及其影响

安装曲线在使用时，首先应注意曲线绘制时是否已考虑初伸长的影响。

在安装曲线的计算过程中，其应力是通过状态方程求出的，而状态方程中只考虑了导线的弹性变形，实际上金属绞线不是完全弹性体，因此，在张力的作用下除产生弹性伸长外，还将产生塑形伸长和蠕变伸长，称为塑蠕伸长。塑蠕伸长使导线、避雷线产生永久变形，即拉力除去后这两部分伸长仍不消失，在工程上称之为“初伸长”。

初伸长与作用于导线的张力的大小和作用时间的长短有关。在运行过程中随着导线张力的变化和时间的推移，这种初伸长被逐渐释放出来，最终在5～10年后趋于一稳定值。导线的初伸长增加了挡距内导线长度，从而使弧垂产生了永久性增大，结果使导线对地和被跨越物的接近距离减小，危及线路的安全运行。因此，在线路设计或安装紧线时，导线若为未使用过的新线，则必须考虑初伸长的影响，对导线进行预拉或预作补偿。

5.9.2.2 初伸长的补偿

补偿初伸长最常用的方法有减小弧垂法和降低温度法。

(1) 减小弧垂法。就是在安装紧线时适当减小弧垂，待初伸长在运行过程中被释放出来后，所增加的弧垂恰好等于架线时减少的弧垂，从而达到设计弧垂。

有关规程规定，对于10kV及以下的配电线路，一般采用减小弧垂法补偿初伸长对弧垂的影响，弧垂减小的百分数为：

铝绞线　　20%

钢芯铝绞线　12%

铜绞线　　7%～8%

(2) 降温法。降温法是目前输电线路广泛采用的初伸长补偿方法。即将安装紧线时的气温降低一定的数值，然后按降低后的温度，从安装曲线查得代表挡距的弧垂。再计算出观测挡的弧垂，该弧垂即为考虑了初伸长影响的紧线时的观测弧垂。

降低的温度值可采用下列值：

钢芯铝绞线　15～20℃

钢绞线　　10℃

钢芯铝绞线的降温值根据铝钢截面比的大小取用，铝钢截面比越大取值越小。

采用减小弧垂法或恒定降温法进行初伸长补偿，其实质都是减小安装紧线时弧垂，因而可以在设计绘制安装曲线时考虑，也可以在安装紧线确定观测弧垂时考虑，但不能重复。所以，安装曲线上一般均注有“已考虑初伸长补偿”或“未考虑初伸长补偿”字样，使用时需注意。

5.9.3 施工紧线时的观测弧垂

5.9.3.1 观测挡的选择

在连续挡的施工紧线时，并不是每个挡都进行弧垂观测，而是从一个耐张段中选出一个或几个观测挡进行弧垂观测。为了使一个耐张段的各挡弧垂都能满足要求，弧垂观测挡应力求符合两个条件：即挡距较大及悬挂点高度差较小的挡。具体选择原则如下：

(1) 当紧线耐张段连续挡在6挡或6挡以下时，靠近中间选择一大挡距作为观测挡。

(2) 当紧线耐张段连续挡在7～15挡时，靠近两端各选择一大挡距作为观测挡，但不宜选择有耐张杆的挡距。

(3) 当紧线耐张段连续挡在15挡以上时，应在两端及中间附近各选择一大挡距作为观测挡。

5.9.3.2 观测挡的弧垂计算

线路施工时，一般根据各个耐张段的代表挡距，分别从安装曲线上查出各种施工温度 t（要考虑初伸长的影响）下的弧垂，当曲线中没有温度为 t 的安装曲线时，可采用插入法查取。再换算到观测挡距的值，以便安装紧线时使用。

当已知代表挡距的弧垂时，则观测挡的弧垂计算如下

$$f_i = f_D\left(\frac{l_i}{l_D}\right)^2 \tag{5-39}$$

式中 f_i——观测挡距的弧垂，m；

f_D——代表挡距的弧垂，m；

l_i——观测挡距长度，m；

l_D——代表挡距，m。

复 习 思 考 题

5-1　什么叫导线的应力？导线的最大允许应力、最大使用应力有什么区别？

5-2　导线力学计算中根据精度要求有哪几种计算式？平抛物线近似计算适用于何种条件？写出导线悬挂曲线的平抛物线解析方程。

5-3　什么叫弧垂？弧垂及线长怎样计算？

5-4　悬点应力和最低点应力有什么关系？

5-5　导线状态方程的作用是什么？什么叫耐张段的代表挡距？如何计算？

5-6　什么叫应力控制条件？常用的有哪几种？

5-7　什么叫临界挡距？有效临界挡距？如何判别有效临界挡距？

5-8　什么叫导线的机械特性曲线？什么叫导线的安装曲线？他们有何用处？

5-9　什么叫导线的初伸长？其对导线的运行有何影响？怎样进行补偿？

5-10　观测挡如何选取？

5-11　如何确定避雷线的最大使用应力？

5-12　有一悬点等高挡距，$l=360$m，导线自重比载 $g_1=34.038\times10^{-3}$N/(m·mm^2)，最高气温时导线应力为 $\sigma_0=67.3$N/mm^2，试计算：

(1) 挡距中点弧垂；

(2) 距杆塔 100m 出的弧垂；

(3) 悬点应力；

(4) 挡中导线的长度。

5-13　有一 35kV 输电线路中某处交叉跨越房屋，挡距布置如图 5-12 所示，已知最大弧垂时导线比载为 $g_1=34.038\times10^{-3}$N/(m·mm^2)，应力 $\sigma_0=66$N/mm^2，试校验：

(1) 最大弧垂时交叉跨越距离能否满足要求？

(2) 如在运行中实测导线与房屋顶的垂直距离为 5.0m，实测时气温为 15℃，已知 $\sigma_{15}=81.6$N/mm^2，交叉跨越距离能否满足要求？

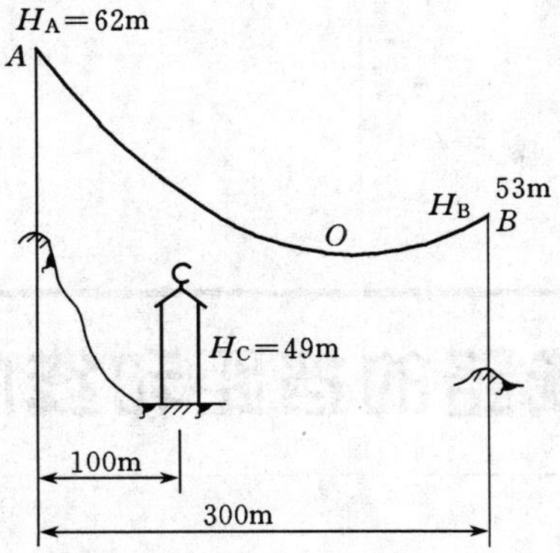

图 5-12 题 5-13 图

5-14 已知某耐张段代表挡距 $l_D=400m$，导线为 LGJ－120/20 型，第Ⅱ气象区，且已知大风气象条件时导线应力为 $\sigma_m=130.5N/mm^2$。试求最高气温时导线应力。

5-15 设导线为 LGJ－120/20 型，第Ⅱ气象区，安全系数 $K=2.5$，年平均运行应力 $\sigma_{cp}=0.25\sigma_p$，试进行临界挡距的计算和判别。该线路中有一耐张段各挡挡距分别为 250、320、310、300、290m，试求该耐张段在最高气温时导线应力。

第 6 章

输电线路的挡距和线间距离

6.1 水平挡距和垂直挡距

6.1.1 水平挡距和水平荷载

悬挂于杆塔上的一挡导线，由于风压作用而引起的水平荷载将由两侧杆塔承担。风压水平荷载是沿线长均布的荷载。在平抛物线近似计算中，我们假定一挡导线长等于挡距，若设每米长导线上的风压荷载为 p，则 AB 挡（如图 6-1 所示）导线上的风压荷载 $P_1 = pl_1$，由 AB 两杆塔平均承担；AC 挡导线上的风压荷载 $P_2 = pl_2$，由 AC 两杆塔平均承担。对 A 杆来说，所要承担的总风压荷载为

$$P = \frac{P_1}{2} + \frac{P_2}{2} = p\left(\frac{l_1}{2} + \frac{l_2}{2}\right)$$

令

$$l_h = \frac{l_1}{2} + \frac{l_2}{2}$$

则

$$P = pl_h \tag{6-1}$$

式中 p——每米导线上的风压荷载，N/m；

l_h——杆塔的水平挡距，m；

l_1、l_2——计算杆塔前后两侧挡距，m；

P——导线传递给杆塔的风压荷载，N。

因此我们可知，某杆塔的水平挡距就是该杆两侧挡距之和的算术平均值。水平挡距是用来计算导线传递给杆塔的水平荷载的。

单位长度导线上的风压荷载 p，根据比载的定义可按下述方法确定：当计算气象条件为有风无冰时，比载取 g_4，则 $p = g_4 A$；当计算气象条件为有风有冰时，比载取 g_5，则 $p = g_5 A$。因此，导线传递给杆塔的水平荷载为

无冰时 $$P = g_4 A l_h$$

有冰时 $$P = g_5 A l_h \tag{6-2}$$

式中 A——导线截面积，mm^2。

6.1.2 垂直挡距和垂直荷载

如图 6-1 所示，O_1、O_2 分别为 l_1 挡和 l_2 挡内导线的最低点。l_1 挡内导线的垂直荷载（自重，冰重荷载）由 B、A 两杆塔承担，且以 O_1 点划分，即 BO_1 段导线上的垂直荷载由 B 杆承担，O_1A 段导线上的垂直荷载由 A 杆承担。同理，AO_2 段导线上的垂直荷载由 A 杆承担，O_2C 段导线上的垂直荷载由 C 杆承担。以 A 杆为例，导线传递给 A 杆的垂直荷载为

$$G = gAL_{O1A} + gAL_{AO2}$$

在平抛物线近似计算中，设线长 L 等于挡距 l，即 $L_{O1A} = l_{V1}$，$L_{AO2} = l_{V2}$，则

$$G = gA(l_{V1} + l_{V2}) = gAl_V \tag{6-3}$$

式中 G——导线传递给杆塔的垂直荷载，N；

g——导线的垂直比载，$N/(m \cdot mm^2)$；

l_{V1}、l_{V2}——计算杆塔的一侧垂直挡距分量，m；

l_V——计算杆塔的垂直挡距，m；

A——导线截面积，mm^2。

由图可知，计算垂直挡距就是计算杆塔两侧挡导线最低点 O_1 和 O_2 之间的水平距离。由式(6-3)可知，导线传递给杆塔的垂直荷载与垂直挡距成正比。

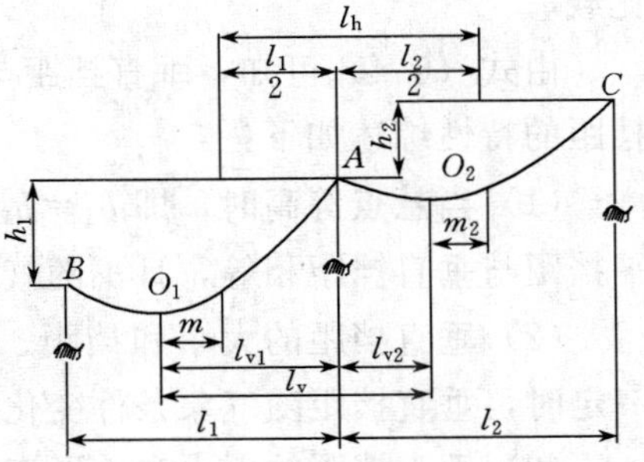

图 6-1 水平挡距和垂直挡距

以图 6-1 中 A 杆为例，A 杆两侧的垂直挡距分量分别为

$$l_{V1} = \frac{l_1}{2} + m_1$$

$$l_{V2} = \frac{l_2}{2} - m_2$$

式中，m_1、m_2 分别为 l_1 挡和 l_2 挡中导线最低点对挡距中点的偏移值，由偏移值计算公式可得

$$m_1 = \frac{\sigma_0 h_1}{g l_1}$$

$$m_2 = \frac{\sigma_0 h_2}{g l_2}$$

结合图 6-1 中所示最低点偏移方向，A 杆的垂直挡距为

$$l_V = l_{V1} + l_{V2} = \frac{l_1}{2} + \frac{\sigma_0 h_1}{g l_1} + \frac{l_2}{2} - \frac{\sigma_0 h_2}{g l_2}$$

$$= l_h + \frac{\sigma_0}{g}\left(\frac{h_1}{l_1} - \frac{h_2}{l_2}\right)$$

综合考虑各种高差情况，可得垂直档距的一般计算式为

$$l_V = l_h + \frac{\sigma_0}{g}\left(\pm\frac{h_1}{l_1} \pm \frac{h_2}{l_2}\right) \tag{6-4}$$

式中 g、σ_0——计算气象条件时导线的比载和应力，$N/(m \cdot mm^2)$，N/mm^2；

h_1、h_2——计算杆塔导线悬点与前后两侧导线悬点间高差，m。

式（6-4）括号中正负号的选取原则：以计算杆塔导线悬点高为基准，分别观测前后两侧导线悬点，如对方悬点低则取正，对方悬点高则取负。

式（6-3）中导线垂直比载 g 应根据计算气象条件选取，如计算气象条件无冰，比载取 g_1，如有冰，比载应取 g_3。而式（6-4）中比载 g 为计算气象条件时综合比载。

由式（6-4）可知，垂直档距与悬点高差有关。结合工程中的实际情况，对垂直档距的特性综述如下：

（1）当悬点等高时，即 $h_1 = h_2 = 0$，则 $l_V = l_h$。即导线最低点位于档距中央，水平档距与垂直档距相等，且不随气象条件变化。

（2）垂直档距的大小和档距、高差及气象条件（σ_0、g）有关，且当档距、高差一定时，垂直档距随气象条件变化而变化。

（3）垂直档距的大小和地形有关，在工程中可能有如下几种情况：

1）如图 6-2（a）所示，导线最低点 O_1 和 O_2 均落在各自档距范围内，故 A 杆垂直档距为正值，A 悬点受下压力作用。

2）如图 6-2（b）所示，O_1 点落在档距 l_1 范围内，故 l_{V1} 为正值；但 O_2 点落在档距 l_2 范围之外，且 A 悬点比 C 悬点低，即该侧垂直档距分量为 $l_{V2} = \frac{l_2}{2} - m_2$，且 $m_2 > \frac{l_2}{2}$，故 l_{V2} 为负值。由于 $|l_{V1}| > |l_{V2}|$，所以 $l_V = l_{V1} + l_{V2} > 0$，故 l_V 为正值，A 悬点受下压力作用。

3）如图 6-2（c）所示，情况和图 6-2（b）相似，但这时 $|l_{V1}| < |l_{V2}|$，所以 $l_{V1} + l_{V2} < 0$，l_V 为负值，导线传递到 A 悬点的垂直力 $G = gAl_V$ 为负值，即方向向上的作用力，称为受上拔力作用。

4）如图 6-2（d）所示，两档距导线的最低点均落在相应的档距范围之外，且 B、

C 悬点均比 A 悬点高，即两侧垂直档距分量分别为：$l_{V1}=\frac{l_1}{2}-m_1$，$l_{V2}=\frac{l_2}{2}-m_2$，且 $m_1>\frac{l_1}{2}$，$m_2>\frac{l_2}{2}$。所以 $l_V=l_{V1}+l_{V2}<0$，l_V 为负值，A 悬点受上拔力作用。

5）如图 6-2（e）所示，两档距导线最低点均落在相应的档距范围之外，且 B、C 悬点均比 A 悬点低，即 $l_{V1}=\frac{l_1}{2}+m_1$，$l_{V2}=\frac{l_2}{2}+m_2$，l_{V1}、l_{V2} 均为正值，l_V 为正值，A 悬点受下压力作用。这种情况一般出现在位于山顶的杆塔，垂直档距较大，杆塔所受下压力较大，工程中常称之为压挡。

6）如图 6-2（f）所示，两档距导线最低点均落在其相应的档距范围之外，但 l_1 挡导线 B 悬点比 A 悬点高，故 $l_{V1}=\frac{l_1}{2}-m_1$，为负值；l_2 挡导线 C 悬点比 A 悬点低，故 $l_{V2}=\frac{l_2}{2}+m_2$，且 $m_2>\frac{l_2}{2}$，为正值。因 $|l_{V1}|<|l_{V2}|$，所以 $l_V=l_{V1}+l_{V2}>0$，l_V 为正值，A 悬点受下压力作用。这种情况常发生在山区线路连续上、下山区段。

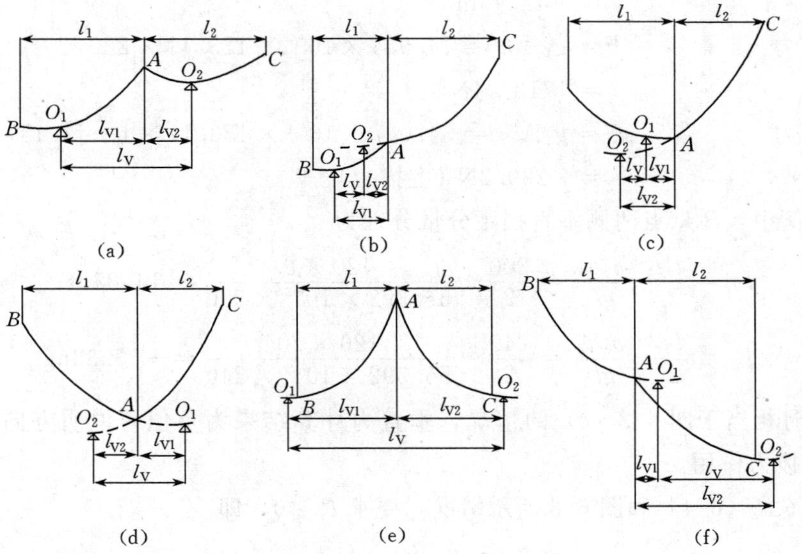

图 6-2　垂直档距的各种可能情况

垂直档距是随气象条件变化的，所以对同一悬点，所受垂直力大小是变化的，甚至可能在某一气象条件受下压力作用，而当气象条件变化后，在另一气象条件则受上拔力作用。

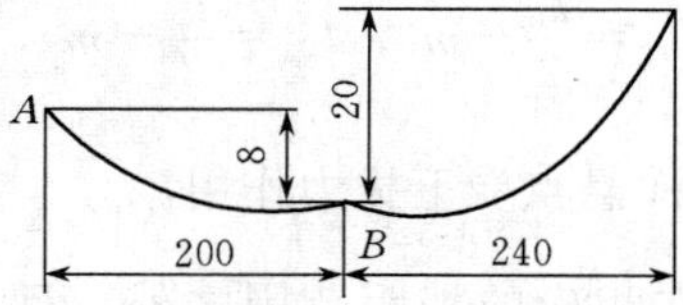

图 6-3 例 6-1 计算图

【例 6-1】 有一条 110kV 输电线路，导线为 LGJ—150/25 型，导线截面积 $A=173.11\text{mm}^2$，线路中某杆塔前后两挡布置如图 6-3 所示。在大风气象条件时导线比载 $g_1=34.047\times10^{-3}\text{N/(m}\cdot\text{mm}^2)$，$g_4=44.954\times10^{-3}\text{N/(m}\cdot\text{mm}^2)$，$g_6=56.392\times10^{-3}\text{N/(m}\cdot\text{mm}^2)$。试求：

(1) 若导线在大风气象条件时应力 $\sigma_0=120\text{N/mm}^2$，$B$ 杆塔的水平挡距和垂直挡距各为多大？作用于悬点 B 的水平力和垂直力各为多大？

(2) 当导线应力为多大时，B 杆塔垂直挡距为正值？

解 (1) 水平挡距 $l_h=\dfrac{l_1+l_2}{2}=\dfrac{200+240}{2}=220\text{m}$

垂直挡距

$$l_V=l_h+\frac{\sigma_0}{g}\left(\pm\frac{h_1}{l_1}\pm\frac{h_2}{l_2}\right)$$

$$=220+\frac{120}{56.392\times10^{-3}}\left(-\frac{8}{200}-\frac{20}{240}\right)$$

$$=-42.45\text{m}$$

水平力

$$P=g_4Alh=44.954\times10^{-3}\times173.11\times220$$

$$=1712.04\text{N}$$

垂直力

$$G=g_1Al_V=34.047\times10^{-3}\times173.11\times(-42.45)$$

$$=-250.2\text{N}\ (\text{上拔力})$$

在本例中，B 悬点两侧垂直挡距分量分别为

$$l_{V1}=\frac{l_1}{2}-\frac{\sigma_0h_1}{gl_1}=\frac{200}{2}-\frac{120\times8}{56.392\times10^{-3}\times200}=14.88\text{m}$$

$$l_{V2}=\frac{l_2}{2}-\frac{\sigma_0h_2}{gl_2}=\frac{240}{2}-\frac{120\times20}{56.392\times10^{-3}\times240}=-57.33\text{m}$$

所以，这时相当于图 6-2 (c) 的情况，垂直力计算结果为负值，说明方向向上，悬点 B 受上拔力作用。

(2) 按式 (6-4) 和图 6-3 所示情况，要求 $l_V\geqslant0$，即

$$l_h+\frac{\sigma_0}{g}\left(-\frac{h_1}{l_1}-\frac{h_2}{l_2}\right)\geqslant0$$

即

$$\sigma_0\leqslant\frac{gl_h}{\dfrac{h_1}{l_1}+\dfrac{h_2}{l_2}}=\frac{56.392\times10^{-3}\times220}{\dfrac{8}{200}+\dfrac{20}{240}}=100.59\text{MPa}$$

即导线应力 $\sigma_0\leqslant100.59\text{N/mm}^2$，则 $l_V\geqslant0$。

在此可以看到，在比载不变时对于低悬点，垂直挡距随应力增加而减小；反之，对高悬点则垂直挡距随应力增加而增大。确切地说，垂直挡距随气象条件的变化是由应力和比载的比值$\frac{\sigma_0}{g}$决定的，对低悬点，在$\frac{\sigma_0}{g}$最大的气象条件时垂直挡距最小；而对高悬点，在$\frac{\sigma_0}{g}$最大的气象条件时垂直挡距最大。

由前面分析已知，在实际工程中，有的杆塔的垂直挡距或某侧垂直挡距分量可能出现负值。对于直线杆塔，如垂直挡距为负值，悬点受上拔力作用，将使横担承受向上弯曲力矩，从而影响横担的机械强度和稳定；同时，由于导线上拔，使悬垂绝缘子串的风偏角增大，造成导线对杆塔的空气间隙不足，危及安全运行。对耐张杆塔，如某侧垂直挡距分量为负值，且其上拔力足以使耐张绝缘子串上翘时，将引起绝缘子瓷裙积水、积雪和积污，从而降低绝缘子强度。因此，必须对杆塔进行上拔校验，以便采取相应措施。杆塔上拔校验见第 13 章。

6.2　导线在杆塔上的排列方式及线间距离

6.2.1　导线在杆头的排列方式

导线在塔头上的布置形式大体上可以分为三类：水平排列、垂直排列和三角形排列。后者实际上是前两种方式的结合。

6.2.2　导线的线间距离

当导线处于铅垂静止平衡位置时，它们之间的距离叫做线间距离。确定导线线间距离，要考虑两方面的情况：一是导线在杆塔上的布置形式及杆塔上的间隙距离；二是导线在挡距中央相互接近时的间隙距离。取两种情况的较大者，决定线间距离。

6.2.2.1　按导线在杆塔上的绝缘配合决定线间距离

以导线采用水平排列为例来说明这一问题，如图 6-4 所示。

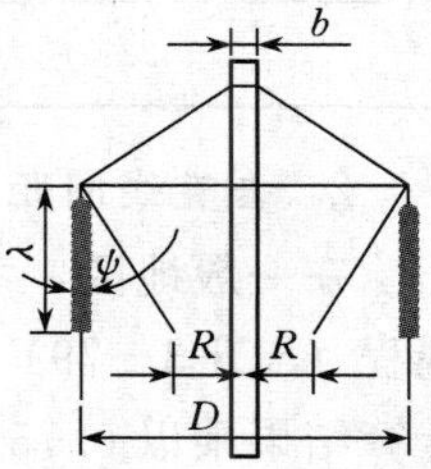

图 6-4　导线采用水平排列

根据绝缘子风偏角计算出导线间的线间距离为

$$D = 2\lambda\sin\psi + 2R + b \tag{6-5}$$

式中　D——导线水平线间距离，m；

R——最小空气间隙距离，按三种情况（工作电压、外过电压、内过电压）分别计算；

b——主柱直径或宽度；

ψ——绝缘子串风偏角（有三个值）。

由三种电压情况计算出的 D 中，选其中大者作为线间距离。

6.2.2.2 按导线在挡距中央的工作情况决定线间距离。

水平排列的导线由于非同步摆动在挡距中央可能互相接近。垂直排列的导线由于覆冰不均匀或不同时脱冰上下摆动或受风作用而舞动等原因，上下层导线也可能互相接近。为保证必须的相间绝缘水平，必须有一定的线间距离。垂直布置的导线还应保证一定的水平偏移。目前根据经验来确定线间距离。

1. 水平线间距离

《架空送电线路技术规程》规定对 1000m 以下挡距，导线的水平线间距离一般按下式计算

$$D = 0.4\lambda + \frac{U}{110} + 0.65\sqrt{f_{max}} \tag{6-6}$$

式中 D——导线水平线间距离，m；

λ——悬垂绝缘子串长度，m；

U——线路线电压，kV；

f_{max}——导线最大弧垂，m。

一般情况下，在覆冰厚度为 10mm 及以下的地区，使用悬垂绝缘子串的杆塔，其水平线间距离与挡距的关系，可采用表 6-1 所列数值。

表 6-1 水平线间距离与挡距的关系

水平线间距离（m）/ 电压（kV）	2	2.5	3	3.5	4	4.5	5	5.5	6	6.5	7
35	170	240	330								
60			265	335	400						
110				300	375	450					
220									525	615	700

2. 垂直线间距离

在一般地区，考虑到导线覆冰情况较少，导线发生舞动的情况更为少见，因此，规程（SDJ 3—79）推荐导线垂直相间距离可为水平相间距离的 0.75 倍，即式（6-6）计算结果乘以 0.75，并对各级电压线路规定了使用悬垂绝缘子串杆塔的最小垂直距离值，见表 6-2。但这一垂直距离的规定，在具有覆冰的地区则嫌不够，尚需考虑导线间的水平偏移才能保证线路的运行安全，所以规程中又对导线间水平偏移的数值作

了相应的规定，见表 6-3。

表 6-2　　最小垂直线间距离

线路电压（kV）	35	60	110	220	330	500
垂直线间距离（m）	2.0	2.25	3.5	4.5	7.5	10

注　500kV 数值系建议值。

表 6-3　　上下层线间的水平偏移（m）

线路电压（kV）	35	60	110	220	330	500
设计冰厚 10（mm）	0.2	0.35	0.5	1.0	1.5	1.75
设计冰厚 15（mm）	0.35	0.5	0.7	1.5	2.0	2.5

注　500kV 数值系建议值。

3. 三角排列的线间距离

导线呈三角排列时，先把其实际的线间距离换成等值水平线间距离。等值水平线间距离一般用下式计算

$$D_x = \sqrt{D_p^2 + \left(\frac{4}{3}D_z\right)^2} \tag{6-7}$$

式中　D_x——导线三角排列的等值水平线间距离，m；

D_p——导线间的水平投影距离，m；

D_z——导线间的垂直投影距离，m。

根据三角排列尺寸求出的等值水平线间距离应不小于式（6-6）的计算值。

6.2.3　避雷线与导线间的距离

（1）对边导线的保护角应满足防雷的要求，如图 6-5 保护角为

$$\alpha = \mathrm{tg}^{-1}\frac{S}{h} \tag{6-8}$$

式中　α——对边导线的保护角，(°)；

S——导、地线间的水平偏移，m；

h——导、地线间的垂直距离，m。

α 的值一般取 20°～30°，330kV 线路及双避雷线 220kV 线路，一般采用 20°左右。山区单避雷线线路，一般采用 25°左右。对大跨越挡高度超过 40m 的杆塔，α 一

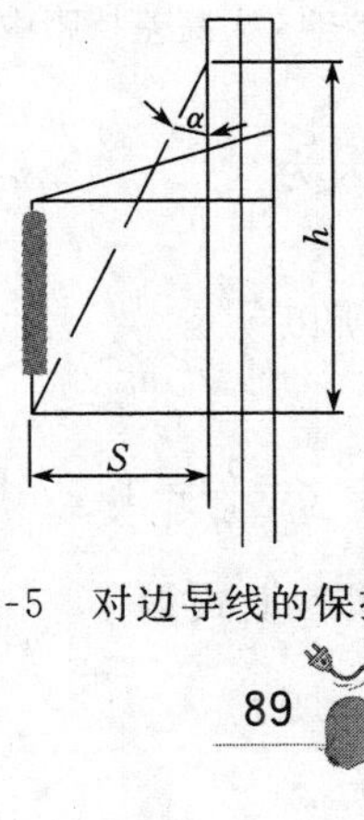

图 6-5　对边导线的保护角

般不宜超过 20°。对于发电厂及变电所的进线段，α 不宜超过 20°，最大不应超过 30°。

（2）避雷线和导线的水平偏移应符合表 6-3 所示。

（3）双避雷线线路，两避雷线间距离不应超过避雷线与导线间垂直距离的 5 倍。

（4）在挡距中央，导线与避雷线间距离 S_1 在 +15℃，无风的气象条件下应满足式（5-34）的要求。

对大挡距应满足

$$S_1 \geqslant 0.1 I_0 \text{ 和 } S_1 \geqslant 0.1 U_e \quad (6\text{-}9)$$

式中　I_0——线路耐雷水平，kA；

　　U_e——线路额定电压，kV。

6.3 允 许 挡 距

挡距中高悬殊点的应力最大，且挡距越大或高差越大，高悬点应力就越大。设计中都是以架空线最低点出现最大使用应力考虑的，因而高悬点应力必超过最大使用应力。规程规定，悬点应力可较最低点应力高 10%，即悬点应力允许为最低点应力的 1.1 倍。这是高悬点应力的最大限值，相应地限制了挡距和高差的范围，在一定的高差下，挡距必然有一个最大允许值，称允许挡距。

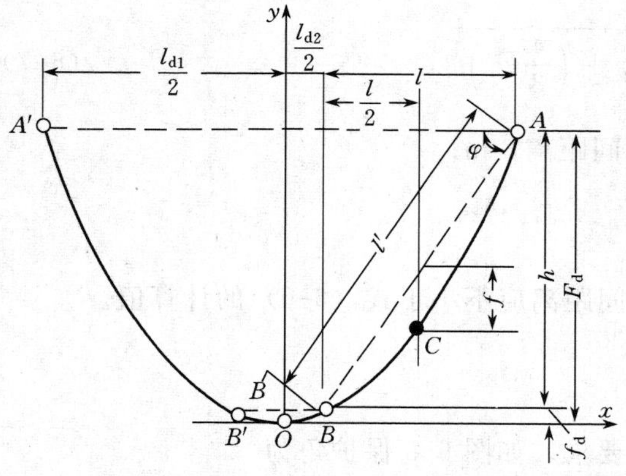

图 6-6　大高差挡距中高悬点应力分析示意图

在大高差挡距中，参见图 6-6，其高悬点的应力为

$$\sigma_A = \sigma + gF_d$$

或

$$\sigma_A = \sigma_C + g\left(f + \frac{h}{2}\right)$$

因为　$\sigma_C = \dfrac{\sigma}{\cos\varphi}$；$l' = \dfrac{l}{\cos\varphi}$；$g' = g\cos\varphi$；$h = l\mathrm{tg}\varphi$

所以　$f = \dfrac{l'^2 g'}{8\sigma_C} = \dfrac{l^2 g}{8\sigma\cos\varphi}$

令 $\zeta = \dfrac{\sigma_A}{\sigma} = 1.1$，则 $\sigma_A = \zeta\sigma = 1.1\sigma$

代入上式得

$$1.1\sigma = \frac{\sigma}{\cos\varphi} + g\left(\frac{l^2 g}{8\sigma\cos\varphi} + \frac{l}{2}\mathrm{tg}\varphi\right)$$

对上式整理求得

$$l_y = \frac{2\sigma}{g}\left(\sqrt{2.2\cos\varphi - \cos^2\varphi - 1} - \sin\varphi\right)$$

为求允许挡距，上式中应代入极限条件（即最低点应力为许用应力$[\sigma]$，比载为最大覆冰比载 g_7），得大高差挡的允许挡距为

$$l_y = \frac{2[\sigma]}{g_7}\left(\sqrt{2.2\cos\varphi - \cos^2\varphi - 1} - \sin\varphi\right) \tag{6-10}$$

悬点等高挡距和小高差挡距（$\varphi<10°$）$\cos\varphi\approx1$，$\sin\varphi=0$ 其允许挡距为

$$l_y = 0.894\frac{[\sigma]}{g_7} \tag{6-11}$$

复习思考题

6-1　什么是水平挡距？什么是垂直挡距？

6-2　垂直挡距的大小与哪些因素有关？

6-3　输电线路设计中对悬点应力有何规定？悬点应力的大小与哪些因素有关？

6-4　什么是允许挡距？

第 7 章

特殊情况导线弧垂应力的计算

7.1 兼受集中荷载时导线弧垂应力的计算

在导线的弧垂应力计算中，前面章节所采用的计算公式都是导线上为均匀分布荷载的情况。对导线截面为 LGJ—120 及以上、避雷线 GJ—50 及以上的线路，检修运行单位常采用飞车作业。在进行带电作业时，有时使用软硬绝缘梯悬挂在导线上，均使导线承受集中荷载，引起应力和弧垂的增大，影响导线的强度和对地面的距离及作业人员的安全。因此，必须对兼受集中荷载的导线进行弧垂、应力变化的计算，校验导线强度及对地面、跨越物的安全距离。

7.1.1 导线弧垂应力的特点

从试验分析可知，兼受集中荷载时的导线弧垂应力有以下特点：

(1) 对于某一挡距，以集中荷载作用在挡距中央时，导线应力最大。

(2) 对于受集中荷载作用的耐张段，挡数越少，导线应力增加越多，以孤立挡的应力为最大。

(3) 当集中荷载作用于耐张段中较大的挡距中时导线应力也较大。

(4) 6 级以下的风压（有 6 级以上的风不许高空作业，故不考虑），对导线应力的计算结果影响不大，可忽略不计。

因此，如耐张段中各个挡距均需上人作业时，可取最大一挡验算，此挡若安全，其他各挡必安全。若飞车通过某挡，则可取该挡距中央点验算，如验算结果符合要求，则飞车在该挡其他各点时亦符合要求。

7.1.2 导线应力的计算

1. 连续多挡的耐张段受集中荷载作用后的应力

一个连续多挡的耐张段受集中荷载作用后，导线应力的变化可采用状态方程式

(7-1) 求得。这时将集中荷载作用前的温度、比载及应力作为已知条件，将集中荷载作用后的应力为待求条件，其状态方程式为

$$\sigma_2-\frac{l_D^2g^2}{24\beta\sigma_2^2}-\frac{l_mG(G+l_mgA)}{8\beta A^2\cos\gamma_i\,\sigma_2^2\sum\frac{l_i}{\cos\gamma_i}}=\sigma_1-\frac{l_D^2g^2}{24\beta\sigma_1^2}-\frac{\alpha}{\beta}(t_2-t_1)$$

$$\gamma_i=\text{arctg}\frac{\Delta h_i}{l_i}\quad(i=1,2,\cdots,m,\cdots)\tag{7-1}$$

式中 σ_1、σ_2——集中荷载作用前及作用后时架空线的应力，N/mm^2；

t_1、t_2——集中荷载作用前后及作用时的气温，℃，一般集中荷载作用前后气温相同，可取 $t_1=t_2$；

γ_i——耐张段中任意挡的悬点高差角，(°)；

G——集中荷载，N，可取作业人员和工具总重的 1.3 倍；

l_i——耐张段中任意挡的挡距，m；

l_m——连续挡中有集中荷载作用的挡距（或最大一挡），m；

g——导线在作业气象条件下的比载，N/（$m\cdot mm^2$），一般取无风，无冰时的比载 g_1，有 6 级以上风时为 g_6；

A——导线的截面积，mm^2；

l_D——耐张段中各个斜挡距计算的代表挡距长度，可按式（7-2）计算

$$l_D=\sqrt{\frac{\sum(l_i/\cos\gamma_i)^3}{\sum(l_i/\cos\gamma_i)}}\tag{7-2}$$

考虑到一个耐张段内由于直线杆塔上悬垂绝缘子串的偏斜，导致导线各挡的水平应力不等，故需采用代表挡距来计算耐张段内导线的应力变化。

2. 孤立挡受集中荷载作用后的应力

当孤立挡受集中荷载作用时，架空线应力可按下列状态方程式求得

$$\sigma_2-\frac{l_D^2g^2\cos^3\gamma}{24\beta\sigma_2^2}-\frac{l_mG(G+l_mgA)\cos^3\gamma}{8\beta A^2\sigma_2^2}$$

$$=\sigma_1-\frac{l_D^2g^2\cos^3\gamma}{24\beta\sigma_1^2}-\frac{\alpha}{\beta}(t_2-t_1)\cos\gamma\tag{7-3}$$

式中 l——孤立挡挡距长度，m；

γ——孤立挡悬点高差角，(°)。

7.1.3 导线弧垂的计算

图 7-1 所示为受集中荷载作用的挡距。

1. 作用于任意一点 x 处导线的弧垂的计算

当集中荷载作用于任意一点 x 处的弧垂可按下式计算

$$f_x = \frac{x(l_m - x)g}{2\sigma_2 \cos\gamma_x} + \frac{x(l_m - x)G}{l_m A\, \sigma_2 \cos^2\gamma_x} \tag{7-4}$$

式中　f_x——集中荷载作用点 x 处的导线弧垂，m；

γ_x——集中荷载作用挡悬点高差角，(°)；

x——集中荷载作用点至悬点的水平距离，m。

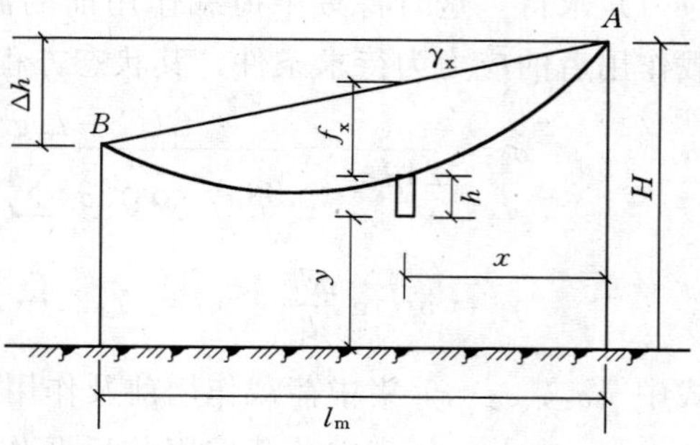

图 7-1　受集中荷载作用的挡距

图 7-1 中，h 为集中荷载作用点的高度，飞车本身的高度一般取为 1.9m；y 为集中荷载作用点到地面的垂直距离。

2. 作用于中点处导线的弧垂计算

当集中荷载作用于挡距中央时，将 $x=\frac{l}{2}$ 代入式（7-4）可得挡距中央弧垂，即

$$f = \frac{l_m^2 g}{8\sigma_2 \cos\gamma_x} + \frac{l_m G}{4\sigma_2 A\cos^2\gamma_x} \tag{7-5}$$

求得集中荷载作用下的应力 σ_2 和作用点处的弧垂 f_x 后，就可验算导线强度和带电作业时作业人员对被跨越物的安全距离。

7.1.4　导线强度及对地或交叉跨越物距离的校验

沿连续挡距的导线、地线上悬挂软硬梯或飞车进入强电场的作业，按照有关规程 DL 409—91 的规定，其导、地线的截面不得小于：钢芯铝绞线为 120mm²，铜绞线为 70 mm²，钢绞线为 50 mm²。还规定：在孤立挡距的导、地线上的作业，在有断股的导、地线上的作业，在有锈蚀的地线上的作业，在其他型号导、地线上的作业，2 人以上在导、地线上的作业，只要属上列情况之一，按规定必须经验算合格后才可进行。当受集中荷载作用时，导、地线强度的安全系数应满足下式的要求，即

$$K = \frac{\sigma_p}{\sigma_2} \geqslant 2.5 \tag{7-6}$$

式中　K——导、地线的安全系数；

σ_p——导、地线的实际破坏强度，N/mm^2；

σ_2——带电作业气象条件下，集中荷载作用时的导线、地线应力，N/mm^2。

带电作业时，利用式（7-1）可求出集中荷载作用下的应力 σ_2，再用式（7-4）可得到作用点处弧垂 f_x。由图 7-1 所示的几何关系，可求出集中荷载对地面或交叉跨越物的距离 y 值，即

$$y = H - \frac{\Delta h}{l_m}x - f_x - h = H - x\text{tg}\gamma_x - f_x - h \tag{7-7}$$

式中 H——杆塔悬挂点 A 对地高度，m；

Δh——为杆塔两悬点 A，B 的高差，m；

其他符号意义同式（7-4）。

集中荷载对地面或有关交叉跨越物的距离要求，见表 7-1 和表 7-2。

表 7-1　输电线路导线与地物地貌跨越或接近最小距离

线路额定电压（kV）		35～110	154～220	330	500
导线与地面的最小距离（m）	居民区	7.0	7.5	8.5	14
	非居民区	6.0	6.5	7.5	11
	交通困难地区	5.0	5.5	6.5	8.5
导线与山坡、峭壁、岩石的最小净空距离（m）	步行可以达到的山坡	5.0	5.5	6.5	8.5
	步行不能到达的山坡峭壁和岩石	3.0	4.0	5.0	6.5
导线与树木之间的最小垂直距离（m）		4.0	4.5	4.5	7.0
导线与树木之间的最小净空距离（m）		3.5	4.0	4.0	7.0
导线与果树、经济作物、城市灌木及街道行道树之间的最小垂直距离（m）		3.0	3.5	3.5	7.5
导线与建筑物之间的最小垂直距离（m）		4.0～5.0	6.0	6.0	9.0
边导线与建筑物之间的最小距离（m）		3.0～4.0	5.0	6.0	8.0

表 7-2　输电线路导线与铁路、道路、河流、管道、索道及各种架空线路交叉或接近的基本要求

项目		铁路		公路	电车道（有轨及无轨）	
导线或避雷线在跨越挡内接头		标准轨距：不得接头 窄轨：不限制		一二级公路：不得接头 三四级公路：不限制	不得接头	
邻挡断线情况的检验		标准轨距：检验 窄轨：不检验		一二级公路：检验 三四级公路：不检验	检验	
最小垂直距离（m）	线路电压（kV）	至轨顶	至承力索或接触线	至路面	至路面	至承力索或接触线
	35～110	7.5	3.0	7.0	10.0	3.0
	220	8.5（7.5）	4.0	8.0	11.0	4.0
	330	9.5（8.5）	5.0	9.0	12.0	5.0
	500	14（13）	7.0	14.0	16.5	6.5

续表

项目		铁路	公路		电车道（有轨及无轨）	
最小水平距离（m）	线路电压（kV）	杆塔外缘至轨道中心	杆塔外缘至路基边缘		杆塔外缘至路基边缘	
			开阔地区	路径受限制地区	开阔地区	路径受限制地区
	35～110	交叉：30m 平行：最高杆（塔）高加3m	交叉:8m 平行:最高杆(塔)高	5.0	交叉：8m 平行:最高杆(塔)高	5.0
	220			5.0		5.0
	330			6.0		6.0
	500			8.0		8.0
附加要求		不宜在铁路出站信号机以内跨越				
备注		括号中的数字用于窄轨铁路	城市道路分级可参照公路规定			

项目		通航河流		不通航河流	弱电线路	
导线或避雷线在跨越挡内接头		不得接头		不限制	一二级：不得接头 三级：不限制	
邻挡断线情况的检验		不检验		不检验	一二级：检验 三级：不检验	
最小垂直距离（m）	线路电压（kV）	至五年一遇洪水位	至最高航行水位的最高船桅杆	至百年一遇的洪水位	冬季至冰面	至被跨越线
	35～110	6.0	2.0	3.0	6.0	3.0
	220	7.0	3.0	4.0	6.5	4.0
	330	8.0	4.0	5.0	7.5	5.0
	500	9.5	6.0	6.5	11(水平排列)10.5(三角排列)	8.5(应验算过飞车)
最小水平距离（m）	线路电压（kV）	边导线至斜坡上缘（线路与拉纤小路平行）			杆塔外缘至路基边缘	
					开阔地区	路径受限制地区
	35～110	最高杆（塔）高			最高杆高	4.0
	220					5.0
	330					6.0
	500					8.0
附加要求		最高洪水位时，有抗洪抢险船只航行的河流，垂直距离应协商确定			送电线路应架在上方	
备注		①不通航河流指不能通航，也不能浮运的河流 ②次要通航河流对接头不限制				

续表

<table>
<tr><td colspan="2">项　目</td><td colspan="2">电力线路</td><td>特殊管道</td><td>索　道</td></tr>
<tr><td colspan="2">导线或避雷线在跨越挡内接头</td><td colspan="2">35kV以上线路：不得接头
配电线路：不限制</td><td>不得接头</td><td>不得接头</td></tr>
<tr><td colspan="2">邻挡断线情况的检验</td><td colspan="2">不检验</td><td>检验</td><td>不检验</td></tr>
<tr><td rowspan="6">最小垂直距离（m）</td><td>线路电压（kV）</td><td colspan="2">至被跨越线</td><td>至管道任何部分</td><td>至索道任何部分</td></tr>
<tr><td>35～110</td><td colspan="2">3.0</td><td>4.0</td><td>3.0</td></tr>
<tr><td>220</td><td colspan="2">4.0</td><td>5.0</td><td>4.0</td></tr>
<tr><td>330</td><td colspan="2">5.0</td><td>6.0</td><td>5.0</td></tr>
<tr><td>500</td><td colspan="2">6.0(至导(避雷)线尚应验算过飞车)
8.5(至低压线杆顶尚应验算过飞车)</td><td>7.5(尚应验算过飞车)</td><td>6.5(尚应算过飞车)</td></tr>
<tr style="display:none"><td></td></tr>
<tr><td rowspan="7">最小水平距离（m）</td><td rowspan="3">线路电压（kV）</td><td colspan="2">与边导线间</td><td colspan="2">边导线至管、索道任何部分</td></tr>
<tr><td rowspan="2">开阔地区</td><td rowspan="2">路径受限制地区</td><td rowspan="2">开阔地区</td><td rowspan="2">路径受限制地区（在最大风偏情况下）</td></tr>
<tr></tr>
<tr><td>35～110</td><td rowspan="4">最高杆（塔）高</td><td>5.0</td><td rowspan="4">最 高 杆（塔）高</td><td>4.0</td></tr>
<tr><td>220</td><td>7.0</td><td>5.0</td></tr>
<tr><td>330</td><td>9.0</td><td>6.0</td></tr>
<tr><td>500</td><td>13.0</td><td>7.5</td></tr>
<tr><td colspan="2">附加要求</td><td colspan="2">电压较高的线路一般架在电压较低的上方</td><td colspan="2">①与索道交叉，如索道在上方，索道的下方应装保护设施；②交叉点不应选在管道的检查井（孔）处；与管索道平行、交叉时，管索道应接地</td></tr>
<tr><td>备注</td><td colspan="5">管索道上的附属设施，均应视为管索道的一部分；特殊管道是指架在地面上的输送易燃、易爆物的管道</td></tr>
</table>

注　1. 跨越杆塔（跨越河流除外）应采用固定线夹。

2. 邻挡断线情况的计算条件：+15℃，无风。

3. 如跨越杆塔采用固定横担，对导线截面为LGJ—150及以上线路，可不检验邻挡断线情况的交叉垂直距离。

4. 送电线路与弱电线路交叉时，交叉挡弱电线路的木质电杆，应有防雷措施。

5. 送电线路与弱电线路交叉时，由交叉点至最近一基杆塔的距离，应尽量靠近，但不应小于7m，架设在城市内的线路除外。

6. 如两条线路杆塔位置交错排列，导线在最大风情况下，对相邻线路杆塔的最小水平距离，还不应小于下列数值。

电压（kV）	35～110	154～220	330
距离（m）	3.0	4.0	5.0

【例题 7-1】 某耐张段有四个连续挡，各挡距分别为100、100、500、100m，各挡悬点高差角为0°，导线型号为LGJ—185，弧垂应力特性曲线和安装曲线均为已知。现欲用飞车在导线上作业，设飞车、人、工具总重为110kg，作业时的温度为0℃，试验算导线的强度并计算弧垂增加量。

导线其他原始数据为：

$E=7.84\times10^5$（N/mm^2）　　$\beta=12.755\times10^{-6}$（$mm^2/N$）

$A=216.76$（mm^2）　　$\alpha=19\times10^{-6}$（1/℃）

$G=774$（kg/km）　　$\sigma_p=284.2$（N/mm^2）

解 由式（7-2）求得耐张段的代表挡距为

$$l_D=\sqrt{\frac{\sum(l_i/\cos\gamma_i)^3}{\sum(l_i/\cos\gamma_i)}}=\sqrt{\frac{3\times100^3+500^3}{3\times100+500}}=400(\mathrm{m})$$

导线的自重比载

$$g_1=\frac{9.8\times774\times10^{-3}}{216.76}=3.5\times10^{-2}[\mathrm{N/(m\cdot mm^2)}]$$

根据作业时的气象条件（无风、无冰、温度$t_1=0$℃）及代表挡距$l_D=400$m，查导线的应力弧垂特性曲线或计算得悬挂飞车前的导线应力$\sigma_1=85.26\mathrm{N/mm^2}$。

1. 作业时导线应力计算

利用状态方程式（7-1）求得

$$\sigma_2-\frac{400^2\times3.5^2\times10^{-4}}{24\times12.755\times10^{-6}\times\sigma_2^2}-\frac{500\times1401.4(1401.4+500\times216.76\times3.5\times10^{-2})}{8\times12.755\times10^{-6}\times216.76^2\times800\times\sigma_2^2}$$

$$=85.26-\frac{400^2\times3.5^2\times10^{-4}}{24\times12.755\times10^{-6}\times85.26^2}$$

$$\sigma_2^3+2.83\sigma_2^2-1589539=0$$

$$\sigma_2=115.769(\mathrm{N/mm^2})$$

同理，再取$l=100$(m)，也按飞车在挡距中央时的情况，用公式（7-1）计算导线应力。其他数值同下，经整理求得

$$\sigma_2=88.70(\mathrm{N/mm^2})$$

导线强度安全系数

$$K=\frac{284.2}{88.70}=3.2>2.5\ (\text{合格})$$

从导线强度安全系数的要求看，挡距为100m的各挡可以悬挂飞车进行作业。

2. 导线弧垂增加量的计算

在挡距为100m的各挡中央进行飞车作业时，作业点的最大弧垂 f_2 计算，根据式（7-5）得

$$f_2=\frac{l_m^2 g}{8\sigma_2\cos\gamma_x}+\frac{l_m G}{4\sigma_2 A\cos^2\gamma_x}$$

$$=\frac{100^2\times3.5\times10^{-3}}{8\times88.70\times1}+\frac{100\times1401.4}{4\times88.70\times216.76\times1^2}=2.315(\mathrm{m})$$

悬挂飞车前的弧垂 f_1 为

$$f_1=\frac{l_m^2 g}{8\sigma_1\cos\gamma_x}=\frac{100^2\times3.5\times10^{-2}}{8\times85.26\times1}=0.513(m)$$

故飞车在挡距中央作业时，该点弧垂的增加量 Δf 为

$$\Delta f=f_2-f_1=2.315-0.513=1.802(\mathrm{m})$$

7.2 孤立挡导线的计算

7.2.1 孤立挡的使用概况

由于线路进入变电所或跨越障碍物、解决杆塔上拔以及拥挤地区的连续转角等原因，输电线路导线往往出现两基耐张杆塔相连的情况，这种两基耐张杆塔自成的耐张段，称为孤立挡距。

孤立挡距在经济上的消耗较一般挡距为大，但在运行上有以下优点：

(1) 可以隔离本挡以外的断线事故。

(2) 当导线垂直排列时，因两端的接线点不能移动，当下导线的覆冰脱落时，上下导线在挡距中央接近程度大大减小，故可使用较大的挡距。

(3) 在孤立挡距中由于杆塔的微小的挠度，导线、避雷线即大大松弛，因此杆塔很少破坏。

孤立挡两侧的耐张绝缘子串使全挡导线承受不均匀荷载，其应力、弧垂计算必须考虑绝缘子串的影响。尤其对挡距较小的孤立挡距，绝缘子串的下垂距离将占全部弧垂的一半甚至更多。如果仍按导线本身的荷载计算应力弧垂，就将使架线张力增加到几倍，甚至达到杆塔或变电所进出线构架破坏的程度。

孤立挡距在架线完毕后，两端均有耐张绝缘子串；在紧线观测弧垂时，挡内导线仅紧线固定端连有耐张绝缘子串。后者与连续挡距两端的二直线挡距的情况相似，但计算上不完全相同。

若将观测弧垂或应力控制在不超过其允许误差限制的5%以内，大于下列挡距的孤立挡，可不计及绝缘子的重量：

LGJ—300～LGJ—500的导线，挡距为225m；

LGJ—185～LGJ—240的导线，挡距为150m；

LGJ—95～LGJ—150的导线，挡距为125m。

当孤立挡的挡距小于上述数值时，应考虑绝缘子串重量的影响。

7.2.2 临界挡距的计算

由于孤立挡的挡距小，在实际工程中很少遇到年平均运行应力为控制条件的情况。因此，最大使用应力的控制气象条件可根据最低气温和最大荷载的临界挡距来确定。考虑绝缘子串荷重影响的孤立挡，其临界挡距可按下式计算

$$l_{cr}=\frac{\sigma_m}{\cos\gamma}\sqrt{\frac{24\alpha(t_m-t_{min})}{K_{2m}g_m^2-K_{2n}g_n^2}} \tag{7-8}$$

$$K_{2m}=1+\left(\frac{2\lambda\cos\gamma}{l}\right)^2\left(\frac{g_{Jm}}{g_m}-1\right)\left[3+2\frac{\lambda\cos\gamma}{l}\left(\frac{g_{Jm}}{g_m}-2\right)\right]$$

$$K_{2n}=1+\left(\frac{2\lambda\cos\gamma}{l}\right)^2\left(\frac{g_{Jn}}{g_n}-1\right)\left[3+2\frac{\lambda\cos\gamma}{l}\left(\frac{g_{Jn}}{g_n}-2\right)\right]$$

$$g_m=G_m/\lambda A, g_{Jn}=G_n/\lambda A$$

上四式中 σ_m——导线最大使用应力，N/ mm²；

α——线膨胀系数，1/℃；

t_m、t_{min}——最大荷载、最低气温时的温度，℃；

g_m、g_n——最大荷载、最低气温时导线的比载，N/(m·mm²)；

K_{2m}、K_{2n}——最大荷载和最低气温气象条件下，悬点不等高，导线两端连有耐张绝缘子串的比载增大系数；

g_{Jm}、g_{Jn}——最大荷载、最低气温时耐张绝缘子串的比载，N/(m·mm²)；

G_m、G_n——最大荷载和最低气温气象条件下，耐张绝缘子串的重量，N；

λ——耐张绝缘子串长度，m；

γ——悬点高差角，(°)；

A——导线截面积，mm²。

7.2.3 计及绝缘子串重量的导线状态方程

1. 两端都连有耐张串的情况

在线路运行中，孤立挡挡距两端连有耐张绝缘子串。当由 m 气象条件变化到 n

气象条件时，考虑到两侧绝缘子串重量影响，其状态方程式为

$$\sigma_{n}-K_{2n}\frac{l^{2}g_{n}^{2}\cos^{3}\gamma}{24\beta\sigma_{n}^{2}}=\sigma_{m}-K_{2m}\frac{l^{2}g_{m}^{2}\cos^{3}\gamma}{24\beta\sigma_{m}^{2}}-\frac{\alpha}{\beta}(t_{n}-t_{m})\cos\gamma \tag{7-9}$$

式中各符号含义同式（7-8）。

根据式（7-9），已知 m 气象条件下的应力 σ_m 可求出 n 气象条件下的应力 σ_n，σ_n 即计及两侧绝缘串重量的应力。

2. 一端连有耐张串的情况

在孤立档内紧线观测弧垂时，仅在紧线固定端连有耐张串，此时要根据挂线的情况及其控制气象条件，用下列方程式确定在某一观测弧垂的气象条件下的应力

$$\sigma_{n}-K_{1n}\frac{l^{2}g_{n}^{2}\cos^{3}\gamma}{24\beta\sigma_{n}^{2}}=\sigma_{m}-K_{2m}\frac{l^{2}g_{m}^{2}\cos^{3}\gamma}{24\beta\sigma_{m}^{2}}-\frac{\alpha}{\beta}(t_{n}-t_{m})\cos\gamma \tag{7-10}$$

$$K_{1n}=1+\left(\frac{\lambda\cos\gamma}{l}\right)^{2}\left(\frac{g_{Jn}}{g_{n}}-1\right)\left[6+\frac{4\lambda\cos\gamma}{l}\left(\frac{g_{Jn}}{g_{n}}-2\right)-3\left(\frac{\lambda\cos\gamma}{l}\right)^{2}\left(\frac{g_{Jn}}{g_{n}}-1\right)\right] \tag{7-11}$$

上二式中　σ_m——孤立挡两侧均连有耐张绝缘子串时导线的应力，N/mm^2；

σ_n——安装气象条件下，孤立挡仅有一侧连有耐张绝缘串时的导线应力，N/mm^2；

K_{1n}——表示观测弧垂的气象条件下，悬点不等高，仅有一端连有绝缘子串的比载增大系数。

7.2.4 计及绝缘子串重量的导线弧垂的计算

1. 孤立挡两侧有绝缘子串的弧垂

如图 7-2（a）所示挡距中任意一点［$\lambda\cos\gamma<x<(l-\lambda\cos\gamma)$］的弧垂

$$f_{x}=\frac{x(l-x)g_{n}}{2\sigma_{n}\cos\gamma}+\frac{(g_{Jn}-g_{n})\lambda^{2}\cos\gamma}{2\sigma_{n}} \tag{7-12}$$

当 $x=\dfrac{l}{2}$ 时

$$f=\frac{l^{2}g_{n}}{8\sigma_{n}\cos\gamma}+\frac{(g_{Jn}-g_{n})\lambda^{2}\cos\gamma}{2\sigma_{n}} \tag{7-13}$$

上二式中　f_x——孤立挡中导线任意一点的弧垂，m；

f——孤立挡中央导线的弧垂，m；

σ_n——按式（7-9）求出的导线应力，N/mm^2。

2. 孤立挡一侧有绝缘子串的弧垂

如图 7-2（b）所示，在（$x>\lambda\cos\gamma$）范围内导线任意点的弧垂为

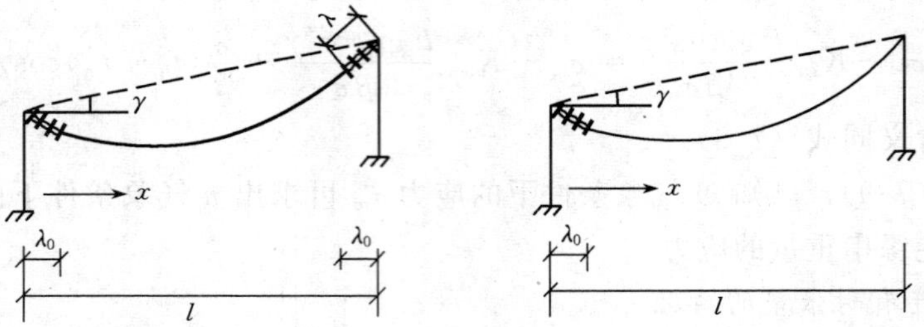

图 7-2 孤立挡（$\lambda_0=\lambda\cos\varphi$）

（a）两侧有绝缘子串；（b）一侧有绝缘子串

$$f_x=\frac{1}{\sigma_n\cos\gamma}\left[\frac{x(l-x)g_n}{2}+\frac{(g_{Jn}-g_n)(l-x)\lambda^2\cos^2\gamma}{2l}\right] \tag{7-14}$$

当 $x=\frac{l}{2}$时 挡距中央导线的弧垂为

$$f=\frac{l^2g_n}{8\sigma_n\cos\gamma}\left[1+2\,\frac{(g_{Jn}-g_n)\lambda^2\cos^2\gamma}{gl^2}\right] \tag{7-15}$$

式中 σ_n 为按状态方程式（7-10）求出的导线应力，以上五式适用于孤立挡悬挂点高差 $\Delta h\geqslant 0.1l$ 的情况，若 $\Delta h\leqslant 0.1l$，可令式中 $\cos\gamma=1$ 即可求解。

7.3 导线的过牵引计算

7.3.1 导线过牵引的概念

在弧垂观测时，输电线路任一耐张段内导线的线长虽可按设计要求确定，但在紧线的耐张杆塔上将耐张串挂上悬挂点时，由于紧线滑轮一般低于悬挂点一段距离，而耐张串在挂线过程中又不可能全部绷直，以达到设计长度，因此在往悬挂点上挂线（实为挂耐张串）时，就需要将耐张串尾部的挂钩（或 U 形环）拉过头一些才能挂得上，这时导线因过分受张所增加的张力，称过牵引张力。

连续挡的过牵引张力一般不太大，设计时常取过牵引系数为 1.1，即挂线时使导线张力增加 10%，有时也按与施工单位商定的允许过牵引长度，或按最大允许安装应力来算出允许过牵引长度，作为施工单位紧线的依据。

孤立挡的过牵引问题较为严重，特别是挡距较小的孤立挡，此过牵引应力可能达到很大的数值，甚至危及杆塔及导线的强度。所以必须予以重视和验算，必要时采取专用金具，以减小过牵引张力。

7.3.2 过牵引计算方法

1. 按允许过牵引长度计算过牵引应力

根据不同的施工方法，过牵引长度可分为三种：

(1) 用钢绳辫绑线牵引的，过牵引长度对导线取150～200mm，对钢质避雷线取50～100mm。

(2) 用专用卡具张紧绝缘子金具的过牵引长度为90～120mm。

(3) 用可调金具，在孤立挡的过牵引长度为60～80mm；在软母线中过牵引长度为20mm和50mm两种。

过牵引长度由下列三部分组成：

(1) 过牵引所产生的导线伸长值ΔL_1。

(2) 收紧弧垂后，因导线曲线的几何变形而引起的导线长度变化ΔL_2。

(3) 由于挂线侧杆塔挠曲引起的挂线点偏移ΔL_3。

其中杆塔挠曲和导线蠕变伸长以及绝缘子串的弹性伸长等因素可略去不计，认为随导线应力增加而增加的过牵引长度为

$$\Delta L = \Delta L_1 + \Delta L_2 \tag{7-16}$$

其中

$$\Delta L_1 = \frac{\sigma - \sigma_0}{E}\frac{l}{\cos^2\gamma}$$

$$\Delta L_2 = \frac{l^3 g^2 \cos\gamma}{24}\left(\frac{1}{\sigma_0^2} - \frac{1}{\sigma^2}\right)$$

式中 σ——过牵引时的应力，应使$\sigma \leqslant \frac{\sigma_p}{K}$，并$\sigma \leqslant$（耐张杆塔最大的允许不平衡张力$/A$）；

σ_0——安装应力。

将ΔL_1、ΔL_2代入ΔL，得孤立挡计算过牵引力的状态方程式

$$\sigma - \frac{l^2 g^2 \cos^3\gamma}{24\beta\sigma^2} = \sigma_0 - \frac{l^2 g^2 \cos^3\gamma}{24\beta\sigma_0^2} + \frac{\Delta L \cos^2\gamma}{\beta l}$$

同理，连续挡计算过牵引应力的状态方程式为

$$\sigma - \frac{l_D^2 g^2}{24\beta\sigma^2} = \sigma_0 - \frac{l_D^2 g^2}{24\beta\sigma_0^2} + \frac{\Delta L}{\beta \sum \frac{l_i}{\cos\gamma_i}}$$

2. 根据允许的安装应力$[\sigma_0]$计算容许过牵引长度

由上两式反推得到

孤立挡 $$\Delta L = \left[\frac{l^2 g^2 \cos^2\gamma}{24}\left(\frac{1}{\sigma_0^2} - \frac{1}{[\sigma_0]^2}\right) + \frac{[\sigma_0] - \sigma_0}{E\cos\gamma}\right]\frac{l}{\cos\gamma}$$

连续挡 $$\Delta L=\left[\frac{l_{D}^{2}g^{2}}{24}\left(\frac{1}{\sigma_{0}^{2}}-\frac{1}{[\sigma_{0}]^{2}}\right)+\frac{[\sigma_{0}]-\sigma_{0}}{E}\right]\sum\frac{l_{i}}{\cos\gamma_{i}}$$

复习思考题

7-1 兼受集中荷载时的导线弧垂应力有何特点？

7-2 如何校验受集中荷载作用时导线的强度及对地（交叉跨越物）的距离？

7-3 何为孤立挡，孤立挡在运行上有何特点？

7-4 孤立挡的导线状态方程式是什么，如何计算孤立挡导线的弧垂？

7-5 何为导线的过牵引？

第8章

导线和避雷线的不平衡张力

8.1 概　　述

凡杆塔左右两邻挡因架空线张力不等而承受的张力差，均称为不平衡张力。断线杆塔所承受的断线张力，属事故情况下的不平衡张力；线路在正常运行、安装、检修情况下，也都会使直线杆塔承受不平衡张力，称为正常情况下的不平衡张力；由事故断导线后导线的不平衡张力又导致避雷线产生反作用的不平衡张力，称为避雷线支持力。

运行经验指出，架空线路的断线多以短路烧断、机械损伤或撞断、拉断等形式出现。引起断线的原因，多为与线路无关的外因（占全部断线事故的40%），外因系指枪击、飞机和船桅碰撞，矿山爆破炸伤等。除此之外，雷击、振动和超过设计值较多的风、冰荷载，以及施工与维护不良等，也有造成断线事故的。不过，大导线和避雷线的断线次数是较少的。

在线路设计时，如果没有考虑防范导线断线造成的各种可能，那么在运行中一旦发生了断线，就将使事故扩大，以致造成整个耐张段甚至全线路倒杆，修复工作量很大。因此，设计线路杆塔时，应考虑一根至两根导线与避雷线折断时的事故情况。断线的根数按杆塔的型式而定。

计算断线张力的目的，除了为杆塔的强度设计提供荷载外，还为交叉跨越挡的限距校验提供应力，以便计算弧垂。此外，在线路运行中也用以分析实际发生的断线事故。

对于非直线型杆塔（如耐张杆塔、转角杆塔等），当邻挡断线时，杆塔所受的不平衡张力，就是另一侧导线在事故前的正常张力值，因为这些杆塔一般都是刚性的，导线的悬挂点可认为是不偏移的。因此本章主要研究直线杆塔的断线张力计算。

对于装设针式绝缘子的直线杆塔，也不需要按断线情况设计，这是因为针式绝缘子的铁脚是个薄弱环节，在断线时铁脚可能被拔脱或损坏，导线也可能在绑扎处滑出。所以，只对那些使用悬式绝缘子的直线杆塔，才需要计算断线张力。

断线张力是指架空线断线后的残余张力。断线发生以后（见图 8-1），断线挡的张力为零，而剩余各挡，由于直线杆塔的挠曲和悬垂绝缘子串的偏斜，导致导线松弛，因而张力减小，故断线张力亦称残余张力。

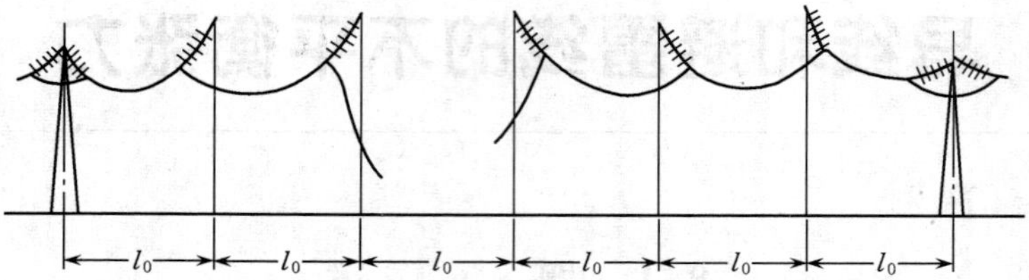

图 8-1 线路断线后的情况

从图 8-1 上看出：断线后剩余各挡的残余张力是不均匀分布的，离断线挡最近的杆塔所受的不平衡张力（即称断线张力，实为断线挡相邻挡的残余张力）最大，因而绝缘子串的偏斜角也最大。而远离断线挡各杆塔的悬垂串的偏斜角，因不平衡张力的不断衰减而逐挡减小。

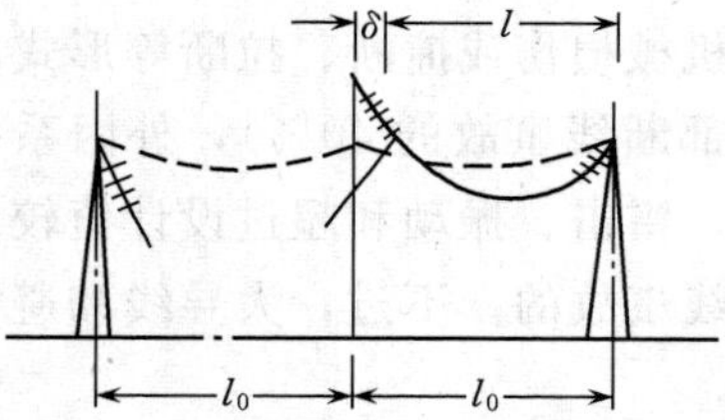

图 8-2 断线后只余一挡时悬点偏移 δ 示意图

经研究得知，剩余挡距数不同，则断线张力最大值不同。剩余挡数多，支持不平衡张力的杆塔多，故各杆塔分配的不平衡张力值就小，各挡张力衰减得慢，残余张力相对地就大，反之，剩余挡距越少，其各挡的残余张力就越小。若断线后只余一挡时，如图 8-2 所示，悬垂串偏斜所引起的悬点偏移 δ，全部促使导线松弛而弧垂大增，导线张力大大衰减，故直线杆塔所受断线张力很小。但剩余挡距超过五挡时，第五挡之后的导线张力衰减很小。故当遇到剩余挡超过五挡时，工程计算中允许按五挡考虑。

设计杆塔时，断线挡应选在耐张段的两端挡，因该挡断线时，直线杆塔所受的断线张力最大；当校验跨越挡的限距时，断线挡应选在被校跨越挡的相邻挡，因该挡断线时跨越挡的弧垂较大。

因影响断线张力的因素很多，计算困难，工程计算中都采用一些简化方法。如仅按断线后的稳态情况考虑，不考虑导线的弹性伸长，不考虑悬点高差的影响，不计挡距长度的差异等。这些简化假定，可以大大节省计算工作量，而不致使计算结果有很大的误差。

架空线路在安装时，应使悬垂串均处在垂直位置，各直线杆塔不存在张力差，但在正常运行中由于以下几种情况，将使耐张段中各挡距中的导线和避雷线张力相差悬殊，致使各直线杆塔承受较大的不平衡张力。

(1) 耐张段中各挡距长度、悬点高差相差悬殊，当气象条件变化后，引起各挡张力不等。

(2) 耐张段中各挡不均匀覆冰或不同时脱冰时，引起各挡张力不等。

(3) 线路在检修时，采取先松下某悬点的导线或后挂上某悬点的导线，造成两挡合为一挡的情况，将引起与相邻各挡张力不等，如图 8-3 所示（图中虚线为检修前的耐张段）。

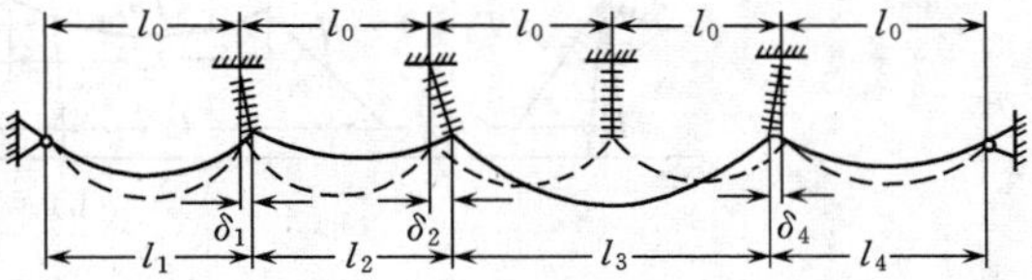

图 8-3 线路检修时各挡张力的关系

(4) 耐张段中在某挡进行飞车作业、绝缘梯作业等悬挂集中荷载时所引起的不平衡张力。

(5) 高差很大的山区施工放松时，尤其是重冰区的连续倾斜挡中，山上侧挡距和山下侧挡距中的张力不等。

8.2 固定型横担线路断线张力图解法

这种图解法不仅是使用固定线夹的线路计算断线张力的经典方法，而且也是计算各种线路断线张力和求解各种不平衡张力图解法的基础。

为了简明起见，只取由四个相等直线挡距组成的耐张段来研究，如图 8-4 所示。

在正常情况下［图 8-4 (a)］，直线杆塔及其悬垂绝缘子串的中心线均处于垂直位置；而耐张杆塔上的耐张串则与线路方向一致。

设在靠近耐张杆塔的第一挡距中的一根导线断线［见图 8-4 (b)］，这时挡距由原来的 l_0 缩短为 l_2、l_3、l_4，这是由于各个直线杆塔两侧导线的张力不平衡，使导线悬挂点偏移的结果。两端的耐张杆塔，因其本身是刚性结构，所以可认为不发生偏移。

断线后，由于各直线杆的弯曲和悬式绝缘子串的偏斜，因而挡距缩短为 l_2、l_3 和 l_4，导线张力减小为 T_2、T_3 和 T_4，导线应力由 σ_0 减小为 σ_2、σ_3 和 σ_4。

在导线折断前的条件（g_0、t_0、σ_0、l_0）下，挡距中导线长度为

$$L_0 = l_0 + \frac{l_0^3 g_0^2}{24\sigma_0^2} \tag{1}$$

断线后，挡距将由 l_0 缩短至 l，如果忽略架空线张力变化所引起的弹性伸长，则

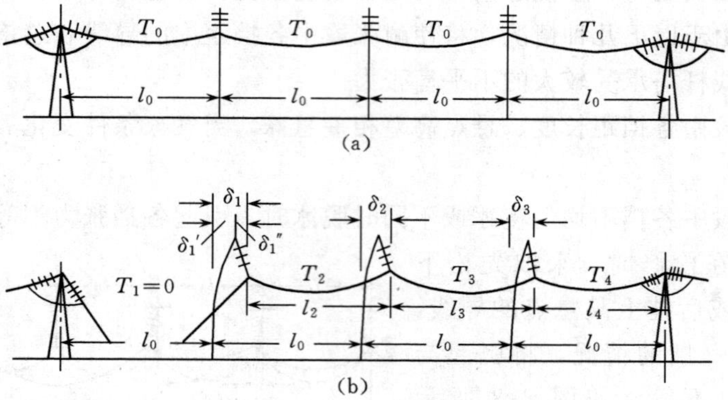

图 8-4　固定型横担正常运行及第一挡断线情况

(a) 固定型横担正常运行情况；(b) 固定型横担第一挡断线情况

线长不变，此时可写为

$$L_0 = l + \frac{l^3 g_0^2}{24\sigma^2} \tag{2}$$

联立 (1)、(2) 式并令 $l_0 - l = \Delta l$，解得

$$\sigma = \sqrt{\frac{(l_0-\Delta l)^3 g_0^2}{24\Delta l + \frac{l_0^3 g_0^2}{\sigma_0^2}}} \tag{8-1}$$

或

$$T = A\sqrt{\frac{(l_0-\Delta l)^3 g_0^2}{24\Delta l + \frac{l_0^3 g_0^2}{\sigma_0^2}}}$$

这一方程表明了在 g_0 不变时，张力 T 与 Δl 的函数关系。给以不同的 Δl 值，就可以分别算出相应的张力来。按照这个方程式作出曲线Ⅰ，(见图 8-5)，即 $T=f(\Delta l)$ 曲线。

另外，断线时在直线杆塔上产生导线悬点的偏移 δ，它包括两部分，即

$$\delta = \delta' + \delta''$$

式中 δ'——直线杆顶部挠度，刚性杆塔此偏移可略去不计，柔性杆塔可按照下式求出

$$\delta' = Km\Delta T \tag{8-2}$$

K——杆塔的挠度系数，铁塔及有避雷线的水泥杆，可认为 $K=0$，对无避雷线的水泥杆，挠度系数可采用 $K=0.00055\text{m/kg}$；

m——杆塔主柱间张力的分配系数；

ΔT——两相邻挡距间的张力差，kg；

δ''——直线杆塔上悬垂串的偏移。

δ''可按下式计算

$$\delta''=\frac{\lambda\Delta T}{\sqrt{\left(G_D+\frac{G_J}{2}\right)^2+\Delta T^2}} \tag{8-3}$$

上式是由绝缘子串的平衡条件（即对 A 点的所有力矩的和等于零）而导来的，见图 8-6。

由式（8-2）和式（8-3）知，柔性杆塔的导线悬点的总偏移 δ 按下式计算

$$\delta=Km\Delta T+\frac{\lambda\Delta T}{\sqrt{\left(G_D+\frac{G_J}{2}\right)^2+\Delta T^2}} \tag{8-4}$$

式中 G_D——全挡距的导线重量，kg；

G_J——悬垂串的重量，kg。

根据式（8-3）及式（8-4）可作出刚性杆塔及柔性杆塔导线悬点偏移与张力差的关系曲线（图 8-5 中曲线Ⅱ）。

应当指出，在制作曲线Ⅰ时，若为设计杆塔强度，计算挡距应取最大允许挡距；若为校验邻挡断线时的限距，则计算挡距应取跨越挡距或跨越挡与相邻挡挡距的平均值。计算气象条件也有所区别，前者应取事故时的气象条件，后者则应取最大弧垂时的气象条件。

作出了曲线Ⅰ和Ⅱ，就可进而用图解法求解当挡距 1 断线后其他各挡的残余张力。

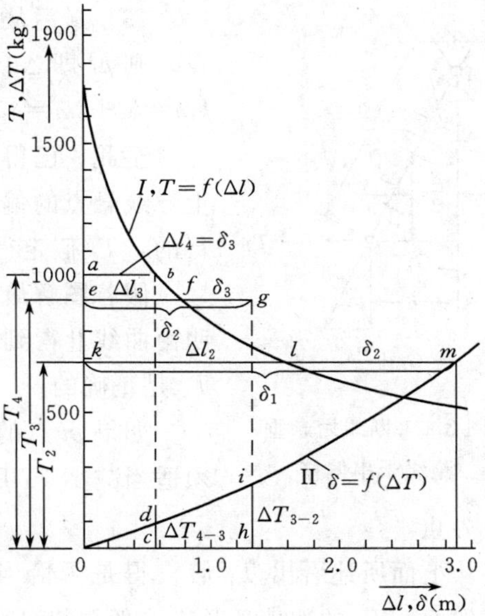

图 8-5 固定型横担断线张力图解法

为了研究图解法需先找出挡距缩短量 Δl 与悬点偏移 δ 之间的关系，从而将曲线Ⅰ和曲线Ⅱ联立求解。从图 8-4 上看出 $\Delta l_4=l_0-l_4=\delta_3$，而 Δl_3 与 δ_2 的关系由下式确定。因为挡距 3、4 的总长度为

$$l_0+l_0=l_3+l_4+\delta_2$$

故

$$\delta_2=l_0-l_3+l_0-l_4=\Delta l_3+\Delta l_4$$

又因　　　　　$\Delta l_4=\delta_3$　　$\therefore\ \delta_2=\delta_3+\Delta l_3$

同理，除最后一挡外的其他各挡与上列规律相同，以 n 表示挡数，其普遍式可写为

$$\delta_n=\delta_{n+1}+\Delta l_{n+1} \tag{8-5}$$

下面进行图解。如图 8-5 所示。

(1) 先假定第四挡中的残余张力 T_4 并在图中取 $0a=T_4$，从 a 点向右作水平线，使与曲线Ⅰ相交于 b 点，则 ab 就是 $\Delta l_4=\delta_3$，而 δ_3 是由 T_4 和 T_3 的张力差造成的，张力差按曲线Ⅱ决定，即 $\Delta T_{4-3}=T_4-T_3=cd$，$T_3=T_4-\Delta T_{4-3}=0a-ae$。

取 $ae=cd$　故 $0e=T_3$。

(2) 再从 e 向右作水平线，使其与曲线Ⅰ交于 f 点，则 $ef=\Delta l_3$，而由公式(8-5)知 $\delta_2=\Delta l_3+\delta_3$，故在直线 ef 的延长线上取 $fg=ab=\delta_3$，得：$\delta_2=ef+ab=ef+fg=eg$. 由此 δ_2 所引起的张力差从曲线Ⅱ上量取，即 $hi=\Delta T_{3-2}$。

取 $eK=hi$，得 $0e-ek=T_3-\Delta T_{3-2}=0k=T_2$。

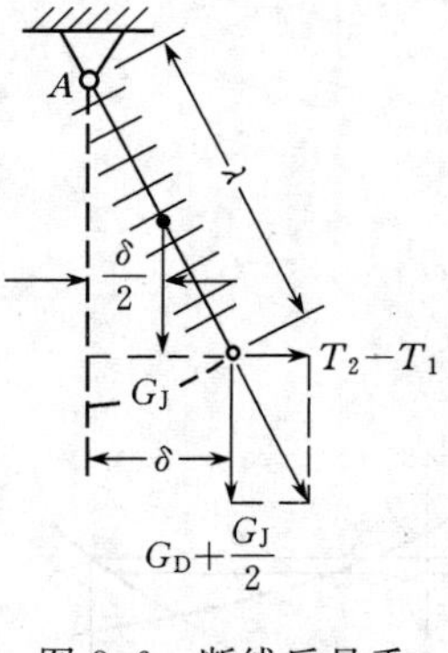

图 8-6　断线后悬垂绝缘子串偏移

(3) 最后从 K 点向右再作水平线，使与曲线Ⅰ相交于 l 点，则 kl 即 Δl_2，由公式知 $\delta_1=\Delta l_2+\delta_2$，取 $lm=eg=\delta_2$,则 $km=kl+lm=\delta_1$。

至此，已得到了所有挡距中的残余张力和所有直线杆塔上导线悬点的偏移。但是，图解的结果是在假定的 T_4 下进行的，T_4 假定得是否合适，下面需要校验，校验的方法是：

假若图解最后求 δ_1 时的 m 点恰好落在曲线Ⅱ上，这表明由曲线Ⅱ得到的 $\Delta T_{2-1}=T_2$，则 $T_1=0$，这就说明试选的 T_4 是正确的。

如果 m 点的位置高于曲线Ⅱ，说明假定的 T_4 大了，必须适当减小 T_4 后按上面步骤重新图解，直到 m 点落到曲线Ⅱ上为止。

从上面所述看出 T_4 假设得是否恰当，是使用曲线图解断线张力的一个重要关键。然而，T_4 的取值还是有一般规律可循的。因为 T_4 也是残余张力，所以它一定比断线前的张力 T_0 为小。剩余挡距越多，T_4 与 T_0 差值就越小，即 T_4 越接近断线前的张力 T_0；剩余挡距越少，T_4 比断线前的张力 T_0 小得越多。当然，至于进一步对 T_4 的准确取值还与图解的经验有关，有待读者自己去摸索和积累。

应当指出，若为设计杆塔所需，则只要求出断线挡的邻挡张力 T_2 已足，因为 T_2 是第一号直线杆塔上的断线张力（即各直线杆塔上不平衡张力的最大值）；若为校验

跨越挡的限距时，则应选在跨越挡的邻挡断线，此时必需求出跨越挡的残余张力，从而求出应力和弧垂以校限距。

8.3 固定型横担线路断线张力的衰减速系数法

用图解法求解断线张力，计算工作量较大，工程设计中已由衰减速系数法所代替，衰减系数法是在图解法原理的基础上，根据式(8-1)和式(8-3)用图解方法将二式结合起来解得多组系数 a，然后以 $\frac{l_0 g_1}{\sigma_0}$ 为横坐标，按不同的 $\frac{l_0}{\lambda}$ 值画出通用计算曲线，图8-7是剩余五挡的通用计算曲线，剩余一至四挡的曲线如图 8-8 ～ 图 8-11 所示。

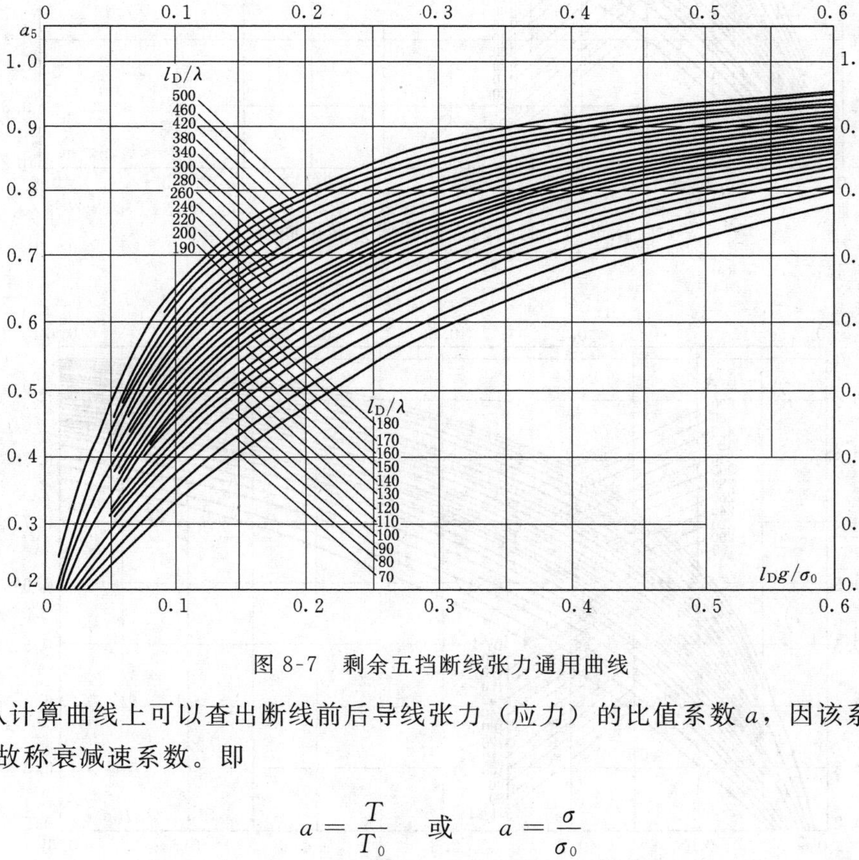

图 8-7 剩余五挡断线张力通用曲线

从计算曲线上可以查出断线前后导线张力（应力）的比值系数 a，因该系数小于 1.0，故称衰减速系数。即

$$a=\frac{T}{T_0} \quad \text{或} \quad a=\frac{\sigma}{\sigma_0}$$

式中 T_0、σ_0——断线前的导线张力和应力；

T、σ——断线后的导线残余张力和应力。

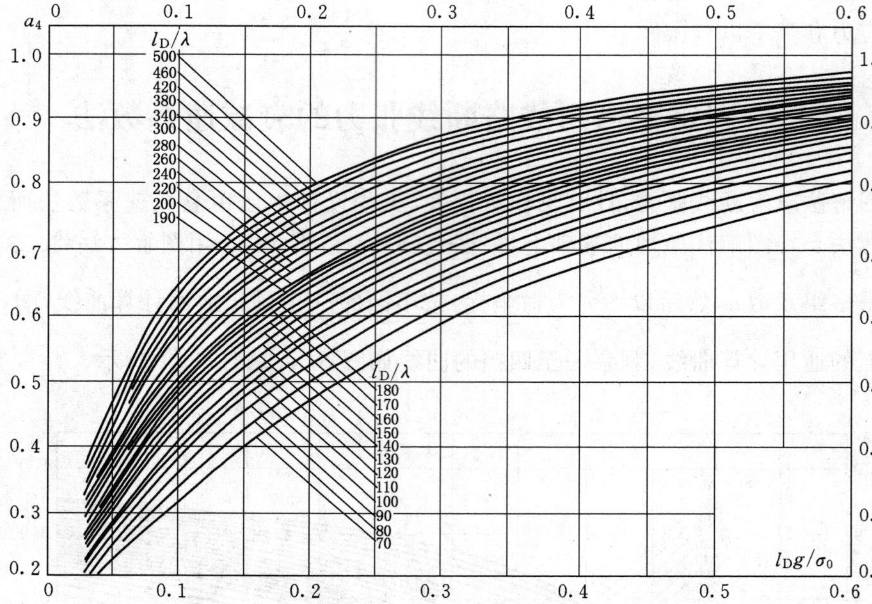

图 8-8　剩余四挡断线张力通用曲线

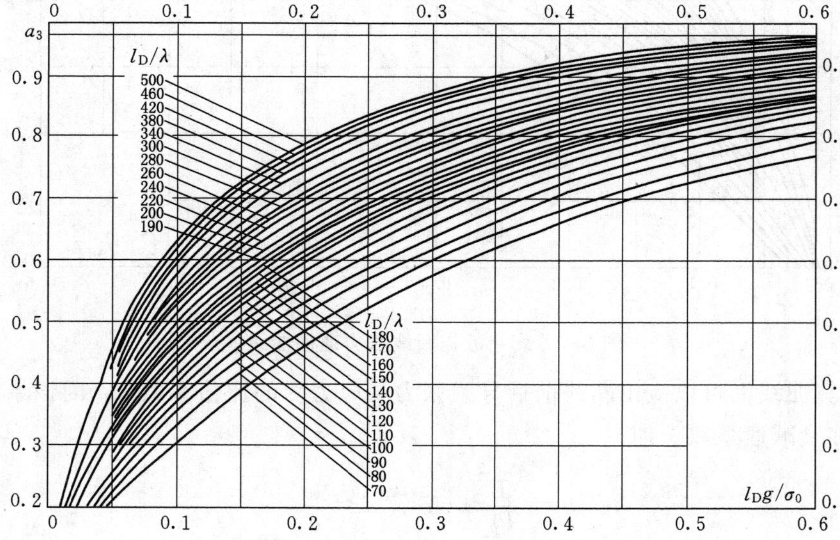

图 8-9　剩余三挡断线张力通用曲线

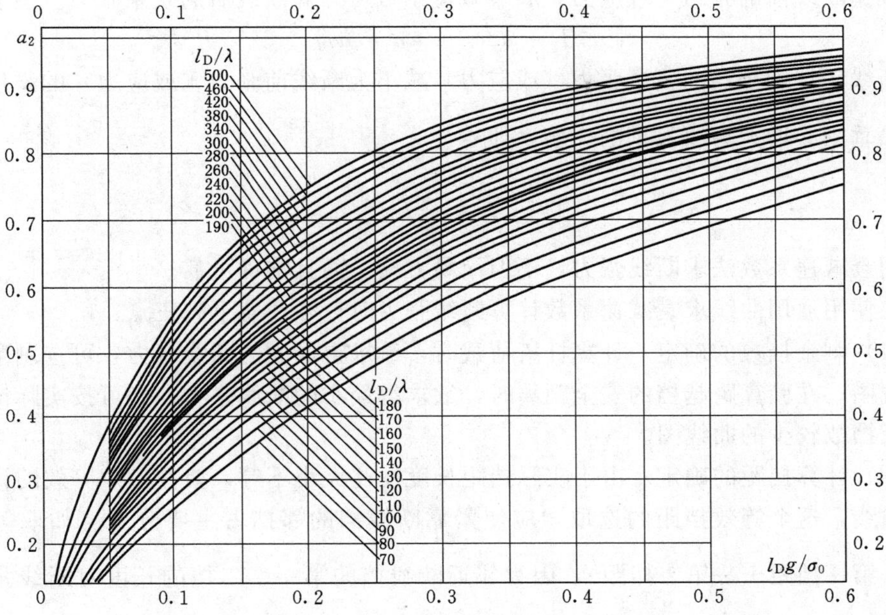

图 8-10 剩余二挡断线张力通用曲线

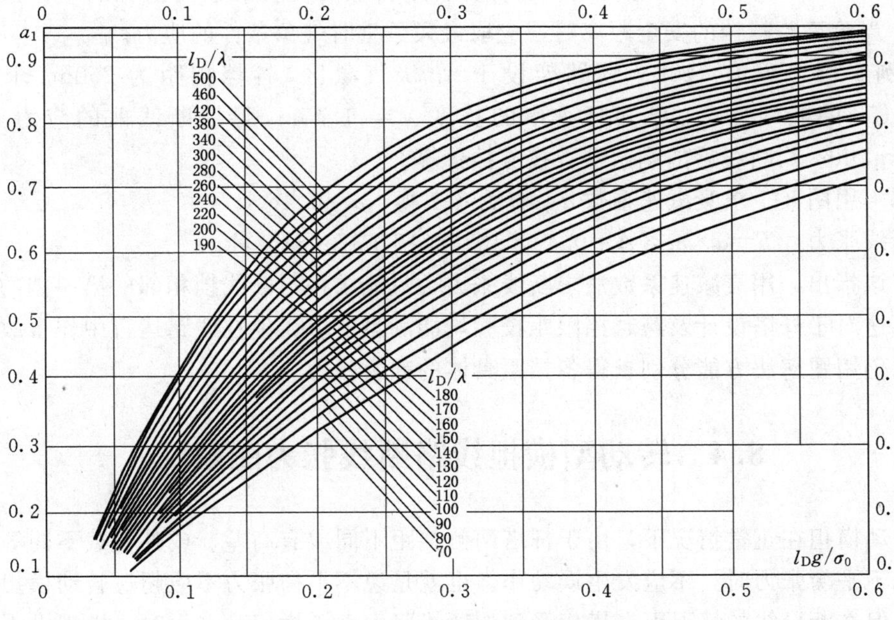

图 8-11 剩余一挡断线张力通用曲线

根据断线前的张力（或应力）和衰减速系数可计算断线后的残余张力（或应力）

$$T = aT_0 \qquad \sigma = a\sigma_0 \tag{8-6}$$

断线后，剩余挡的残余张力（或应力）减小为断线前张力（或应力）的 a 倍，其导线弧垂则必增大为原弧垂的 $\frac{1}{a}$ 倍，即

$$f = \frac{1}{a}f_0 \tag{8-7}$$

用衰减速系数法求断线张力，不但简易方便，而且准确可靠。

在使用通用曲线求衰减速系数计算断线张力时，须注意下列三点：

（1）剩余挡数的确定。计算杆塔荷载时，欲求得最大的断线张力，可选剩余五挡的曲线图；在验算跨越挡的安全距离时，欲求得最小的断线张力，则可按实际情况查取剩余挡数较少的曲线图。

（2）计算挡距的确定。由于实际挡距长度往往大小不等，要按一个等效的计算挡距查曲线，这个等效挡距的选取，应使紧靠断线挡的邻挡占主要分量（如取等效挡距$=\frac{2}{3}$第一挡距$+\frac{1}{3}$第二挡距），因为邻近断线挡的第一、二挡的长度对断线张力大小起主要作用。

（3）断线前的应力 σ_0 的确定。在计算杆塔荷载时，应取事故情况的气象条件计算 σ_0，当验算跨越挡的安全距离时，应取最大弧垂时气象条件的应力。

【例 8-1】 设有 110kV 线路架设于 Ⅵ 级气象区，各挡挡距为 250m，求导线 LGJ—150 的断线张力。已知悬垂串的长度 $\lambda = 1.45$m，导线断线前的应力 $\sigma_0 = 10.6(kg/mm^2)$，断线后的剩余挡数按五挡计算。

解 用图 8-7 求衰减速系数 a，查图 8-7 得 $a=0.46$

断线张力 $T=a\times\sigma_0\times A=0.46\times10.6\times167.37=816$ (kg)

应该指出，用衰减速系数法求断线张力，只能求得与断线挡相邻的第一挡的断线张力，这对于杆塔设计及跨越挡限距校验均能满足要求，但在线路运行中作事故分析时，须仍用图解法方能分别求得各挡距具体的残余张力。

8.4 转动型横担线路断线张力图解法

转动横担在正常情况下，由于杆塔两侧挡距不同或有高差、或外荷载不同等原因而出现不平衡张力时，不应发生误动作。也就是说不平衡张力不应超过转动横担的起动力。但在断导线的情况下，横担受到的断线张力大于横担起动力时，横担沿不平衡张力的方向绕杆塔轴线而转动，挡距缩短一个横担长度，因而可减少断线张力，减轻

杆塔结构，降低线路造价，这就是采用转动横担的目的。

图 8-12 所示为一个耐张段中各挡挡距相等，当右面的一挡断线后，其余挡距中横担受不平衡张力而转动的情况。第一挡中横担全部转动 90°，其后各杆塔的残余张力逐步减小，第二、第三号杆的不平衡张力已小于横担起动力，因而横担不转动，仅绝缘子串产生偏斜。

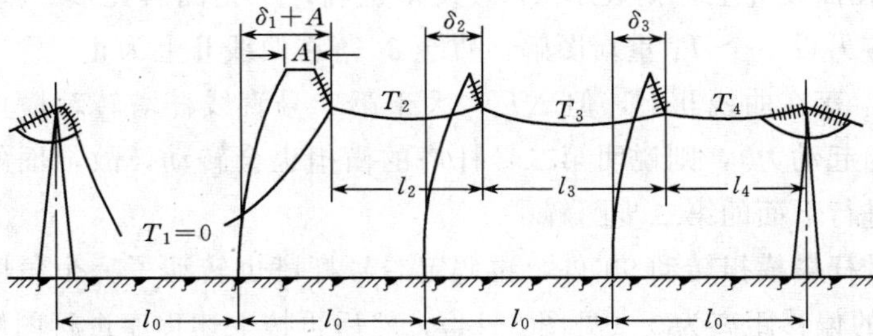

图 8-12 导线断线后横担转动情况

从上图可以看出，紧靠断线挡的一号杆所受断线张力最小，但由于横担的转动，使之仍比固定横担固定线夹的线路的断线张力为小。

下面只研究常用的控制螺栓式和穿心螺栓式的转动横担断线张力的图解法，对压屈式的变形横担和摩擦式转动横担从略。

同前节，Ⅰ、Ⅱ两条曲线的方程为

$$T=\sigma A=A\sqrt{\frac{(l_0-\Delta l)^3 g_0^2}{24\Delta l+\frac{l_0^3 g_0^2}{\sigma_0^2}}}$$

$$\delta=\frac{\lambda\Delta T}{\sqrt{\left(G_D+\frac{G_J}{2}\right)^2+\Delta T^2}} \quad \text{（刚性杆塔）}$$

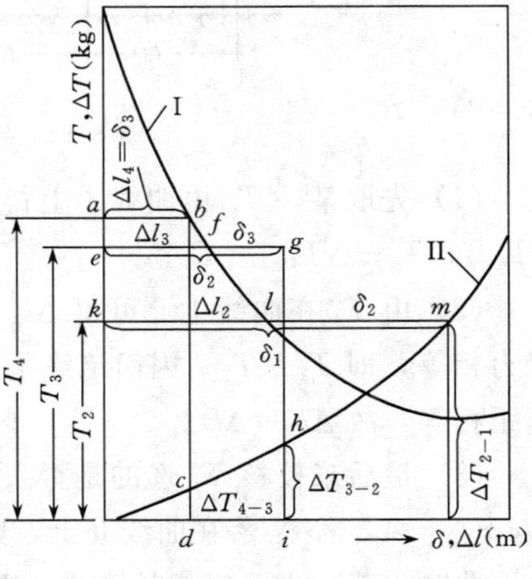

图 8-13 转动型横担断线张力图解法

用此两方程做出曲线图，如图 8-13 所示，然后按下面的具体步骤图解计算（耐张段内取四个挡距）。

首先假定第一号直线杆塔的横担转动 90°，而其他号杆塔的横担未转动。

(1) 设某一 T_4 从曲线Ⅰ上可找对应的 Δl_4，而 $\Delta l=\delta_3$，从曲线Ⅱ上得一相应于 δ_3 的 ΔT_{4-3}，于是得 $T_3=T_4-\Delta T_{4-3}$。

(2) 由 T_3 在曲线Ⅰ上又找到 Δl_3，因 $\Delta l_3+\delta_3=\delta_2$，故由 δ_2 查曲线Ⅱ可得 ΔT_{3-2}，$T_3-\Delta T_{3-2}=T_2$。

(3) 由 T_2 查曲线Ⅰ得 Δl_2，因为第一号杆塔的横担已转动 90°，故此时应考虑转动部分长度 A，于是 $\Delta l_2+\delta_2-A=\delta_1$，又 $T_2=\Delta T_{2-1}$（$T_1=0$），而 ΔT_{2-1} 与 δ_1 的关系应符合曲线Ⅱ。

因为 δ_1 落在曲线Ⅱ上，则表示 T_4 假设得正确，于是图解完成。如果 δ_1 不落在曲线Ⅱ上，则应另设一个 T_4 重新图解，直至 δ_1 落在曲线Ⅱ上为止。

若求得的 δ_2 落在曲线Ⅱ上，但 ΔT_{3-2} 大于第二号直线杆塔转动横担的控制销钉剪断力（即横担起动力），则说明第二号杆塔的横担也会转动，故上面的假设是不正确的，需要再进行下面的第二步图解。

除假设一号杆塔横担转动 90°外，再假定二号杆塔也转动了一个角度但转角小于 90°，其所产生的偏移距离为 x（见图 8-14），然后再按上述程序进行图解：

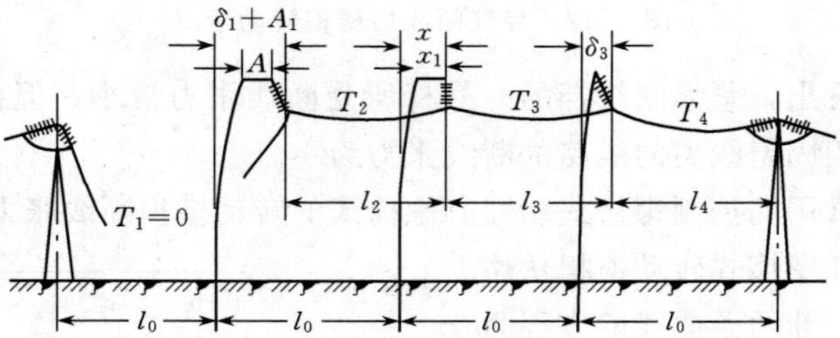

图 8-14 导线断线两基横担转动情况

(1) 先取某一 T_4 由曲线Ⅰ上得 Δl_4，因为 $\Delta l_4=\delta_3$，由曲线Ⅱ上得一相应于 δ_3 的 ΔT_{4-3}，$T_4-\Delta T_{4-3}=T_3$。

(2) 由 T_3 在曲线Ⅰ上可得 Δl_3，假设第二号杆的横担产生 x 的偏移后，两侧的张力相等，即 $T_2=T_3$，因而绝缘子串无偏移，于是 $x=\delta_2=\Delta l_3+\delta_3$，又因假设各挡挡距相等，故 $\Delta l_2=\Delta l_3$。

(3) 最后来校核 T_4 选的是否正确，参考式（8-5）可知 $\delta_1=\Delta l_2+\delta_2-A=\Delta l_2+\Delta l_3+\delta_3-A$，若 δ_1 落在曲线Ⅱ上，则说明 T_4 假设得正确，否则需重设 T_4 再作。

此时，若 x 大于横担长度 A，则说明第二步的假设是错误的，应再设第二号杆横担也旋转了 90°，按同样程序图解，依次类推，直到结果正确为止。

【例 8-2】 设某线路(见图 8-15)采用带转动横担的水泥单杆(有避雷线)，转动横担的控制螺栓的剪断力（即横担起力）$T_q=250\text{kg}$，导线自重比载 $g_1=3.55\times10^{-3}[\text{kg}/(\text{m}\cdot\text{mm}^2)]$，各挡挡距相等，并挡距 $l_0=300\text{m}$，导线断线前的应力 $\sigma_0=$

9.18[kg/(mm²)]、绝缘子串长 $\lambda=1.3$m，重 40kg，导线总截面积 $A=175.66\text{mm}^2$，耐张段内有五个挡，试求断线张力。

解 在方程Ⅰ中 $T=f(\Delta l)$ 中代入不同的 Δl，得相应的 T，列于表 8-1 中，并作曲线（见图 8-16）。

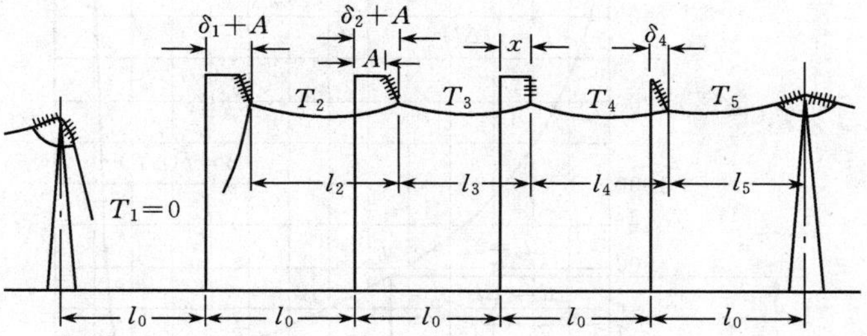

图 8-15 带转动横担的导线转动情况

表 8-1 **不同 Δl 时 σ 和 T 的计算结果**

Δl	0.1	0.2	0.3	0.5	0.7	0.9	1.2	1.5
σ	7.21	6.21	5.5	4.6	4.035	3.645	3.215	2.915
$T=\sigma S$	1267	1091	966	808	709	640	565	512

在方程Ⅱ中 $\delta=f(\Delta T)$ 中代入不同的 ΔT，得相应的 δ，列于表 8-2 中并作曲线，见图 8-16（有避雷线的水泥杆断线后，杆顶挠度较小，故按刚性杆塔考虑）。

表 8-2 **不同 ΔT 时 $\Delta\sigma$ 与 σ 的计算结果**

$\Delta\sigma$	0.2	0.4	0.7	1.0	1.5	2.0	3.0	4.5	5.0
ΔT	35.1	70.3	122.9	175.7	263.5	351.3	526.9	790.3	878.3
δ	0.217	0.418	0.663	0.841	1.022	1.21	1.26	1.26	1.265

利用作好的图求断线张力如下：

(1) 上横担（已知横担长 $A=1.75$m），先设一、二号杆横担转动 90°，三号杆横担转动角度<90°（参见图 8-15）。

设 $T_5=782$kg，$\delta_4=0.55$m，$\Delta T_{5-4}=94.5$kg，$T_4=T_3=782-94.5=687.5$kg。

$\because$ $\Delta l_4=\Delta l_3=0.77$；$x+\Delta l_3=\delta_2+A$

$\therefore$ $\Delta l_3=\delta_2+A-x$，而 $x=\Delta l_4+\delta_4$ 代入得

$\Delta l_3=\delta_2+A-\Delta l_4-\delta_4$

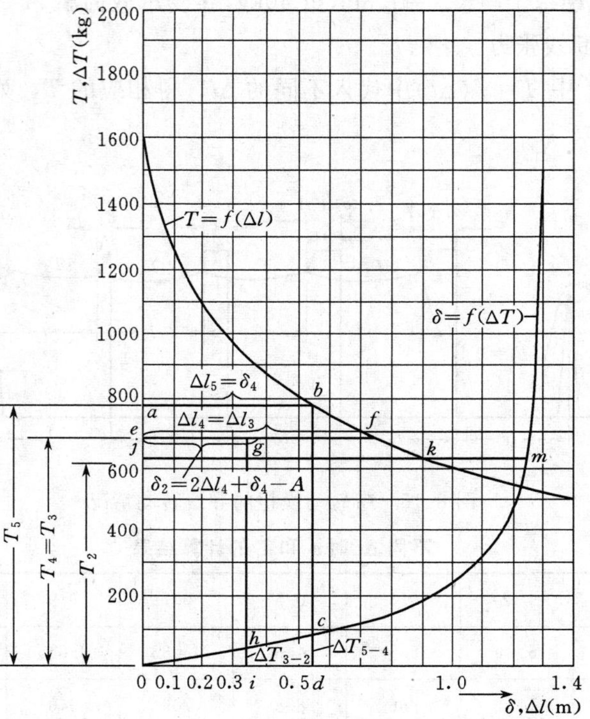

图 8-16　转动横担断线张力图解法

$\therefore\ \delta_2=\Delta l_3+\Delta l_4+\delta_4-A=2\Delta l_4+\delta_4-A=2\times0.77+0.55-1.75=0.34$（m）

$\Delta T_{3-2}=58.6$（kg）

$T_2=T_3-\Delta T_{3-2}=687.5-58.6=628.9$（kg）

$\Delta l_2=0.904$（m）

$\delta_1=\delta_2+\Delta l_2=0.34+0.904$（m）

$\delta_1=\delta_2+\Delta l_2=0.34+0.904=1.24$（m）

此时 δ_1 刚好落在曲线Ⅱ上，所以 T_2 即为所求的断线张力。

校验：1）$\Delta T_{5-4}=94.5\text{kg}<250\text{kg}$，故符合四号杆的横担不转动的假定。

2）$x=\Delta l_4+\delta_4=0.77+0.55=1.32<A=1.75$。

故横担转动部分角度，说明假定正确，因此所求得的 T_2 即为所求的断线张力。

（2）下横担（已知 $A=2.5$m，且不考虑正常相的导线的牵制作用，故曲线图不变，图解过程读者自行画出）。

设 $T_5=727$（kg），$\delta_4=0.65$（m），$\Delta T_{5-4}=11.75$（kg）

于是 $T_4 = T_3 = 727 - 117.5 = 609.5$（kg）

$\because \Delta l_4 = \Delta l_3 = 1.0$（m），$\delta_2 = 2\Delta l_4 + \delta_4 - A = 2\times 1.0 + 0.65 - 2.5 = 0.15$（m），$\Delta T_{3-2} = 22.8$（kg）

$\therefore T_2 = T_3 - \Delta T_{3-2} = 609.5 - 22.8 = 586.7$（kg）

$\Delta l_2 = 1.08$（m）

$\delta_1 = \delta_2 + \Delta l_2 = 0.15 + 1.08 = 1.23$（m）

此时 δ_1 也刚好落在曲线Ⅱ上，所以 T_2 即为所求的断线张力。

校验：1）$\Delta T_{5-4} = 117.5 < 250$，说明假设正确。

2）$x = \Delta l_4 + \delta_4 = 1.0 + 0.65 = 1.65 < 2.5$(m)，故三号横担转动距离小于横担长度，也说明假设正确。

断线张力的大小与断线后的剩余挡数以及横担转动个数有关。而横担转动个数的多少又与导线型号、计算挡距、气象条件、横担长度、控制螺栓起动力以及断线后剩余挡数等因素有关。因此，为了迅速准确求出断线张力，就需要先确定横担转动的个数，但这是比较困难的。

为此，建议参考下述的计算条件：当剩余挡数在二挡以下，则横担转动个数至少有一个，如果剩余挡数在 2～6 之间，则横担至少转动 2 个，如果剩余挡数在 6 挡以上，则横担转动的个数至少有 3 个。若为了安全，考虑到断线的冲击情况，还会有多转动一个横担的可能性。

采用转动横担的杆塔，其断线张力的计算工作量是很大的，在实际设计时，常采用预先制作好的通用计算曲线，或用计算机进行计算。图 8-17 上的曲线，就是用计算机计算出来的结果而绘成的。

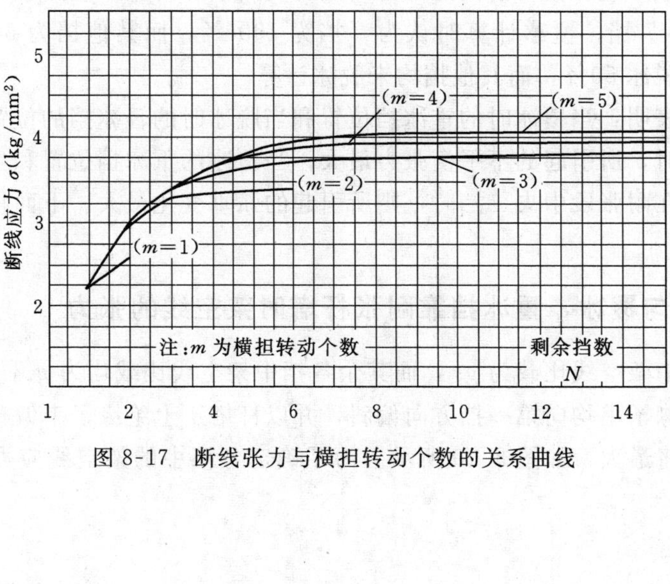

图 8-17 断线张力与横担转动个数的关系曲线

从图 8-17 上可以看出，断线后的剩余挡数一定时，断线张力随着横担转动个数 m 的增多而提高，且横担转动个数是随断线后剩余挡数的增多而增多的。这与前面讲的剩余挡数多则断线张力大的结论是一致的。

8.5　不均匀覆冰或不同时脱冰时不平衡张力的计算

前几节各种正常情况的不平衡张力中，耐张段各挡不均匀覆冰或不同时脱冰是常见的较严重的情况之一，特别是重冰区更是如此。不均匀覆冰或不同时脱冰时所产生的不平衡张力，有时可成为直线杆塔强度和稳定设计的控制条件；在重冰区的连续倾斜挡中，由于悬垂串偏移的结果，将可能造成导线对横担闪络的事故，如图 8-18 所示。因此，规程规定："对于重冰区的各类杆塔，尚应按三相导线及避雷线不均匀脱冰（一般取一侧冰重为 100%，另一侧冰重不大于 50%）所产生的不平衡张力进行验算。直线型杆塔，一般不考虑导线及避雷线同时产生不平衡张力；耐张杆塔应根据具体情况确定。"

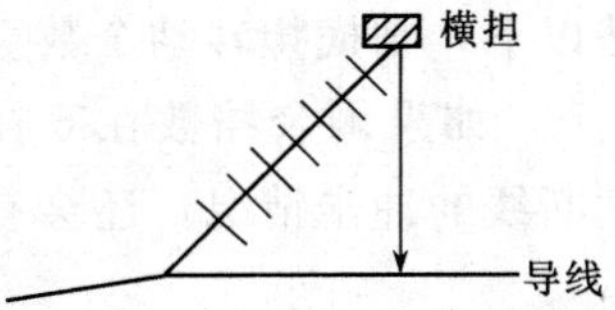

图 8-18　不均匀脱冰引起绝缘子串偏移

因影响不平衡张力的因素很多，例如耐张段内的挡数、挡距大小、脱冰和覆冰挡的多少和位置、绝缘子串长度和导线型号等。因此在不平衡张力计算中仍同断线张力计算一样要进行简化：认为各挡距等长、悬点等高、忽略架空线的弹性变形等。根据分析可知，在其他条件一定时，挡数多和挡距大时的不平衡张力大；耐张段内连续地有半数挡结冰，而另半数挡距脱冰的情况最严重。但目前尚无充分的运行资料引以为据，故除应按规定以外，挡数可仍使用 5～7 挡。覆冰计算时认为一挡为 100 %，而其他挡为 50%；脱冰计算时，认为一挡脱冰 50%，而其他挡均未脱冰计算。

计算结果表明：当覆冰时的重冰挡位置和当脱冰时的轻冰挡的位置发生在靠耐张杆塔的第一挡时，所引起的不平衡张力最大；当覆冰的重冰挡位置和当脱冰时的轻冰挡的位置发生在耐张段中央一挡时，则所引起的弧垂变化最大。下面将这两种情况各举一例示明。

8.5.1　不均匀覆冰，重冰挡靠耐张杆塔时架空线的张力

设第一挡中架空线比载为 g_m，而其余各挡中架空线比载均为 g_n，令 $g_m > g_n$，则各杆塔上的绝缘子串均向第一挡方向偏斜，并以杆塔 1 上绝缘子串偏移最大，因而第一挡的弧垂也将最大，如图 8-19 所示。为了确定各挡中的架空线应力，需绘制四条

曲线进行图解分析，如图 8-20。四条曲线的绘制方法如下：

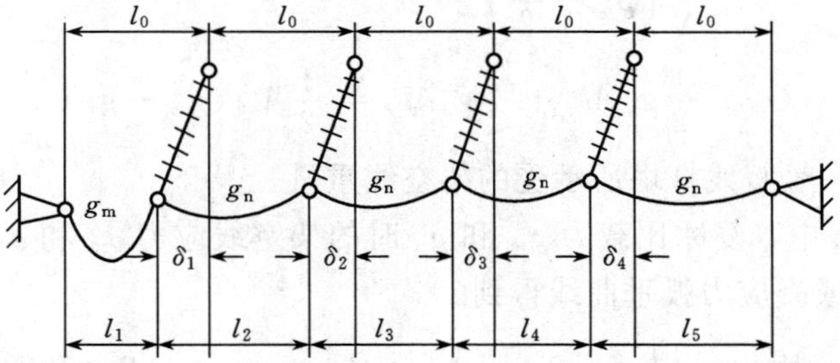

图 8-19 第一挡覆冰荷载较大情况

(1) 在第一挡中架空线张力随挡距的缩短而变化的关系，可由下列方程式计算，并绘制曲线Ⅰ（见图 8-20）。

$$T = A\sqrt{\frac{(l_0-\Delta l)^3 g_m^2}{24\Delta l+\dfrac{l_0^3 g_m^2}{\sigma_m^2}}} \qquad (8\text{-}8)$$

式中 σ_m、g_m——第一挡架空线的应力、比载；

其他符号同前。

(2) 其余挡架空线张力随挡距增长而变化的关系，可用下列公式计算，并绘制曲线Ⅱ，如图 8-20 所示。

$$T = A\sqrt{\frac{(l_0+\Delta l)^3 g_n^2}{\dfrac{l_0^3 g_n^2}{\sigma_n^2}-24\Delta l}} \qquad (8\text{-}9)$$

式中 σ_n、g_n——其余各挡的应力、比载。

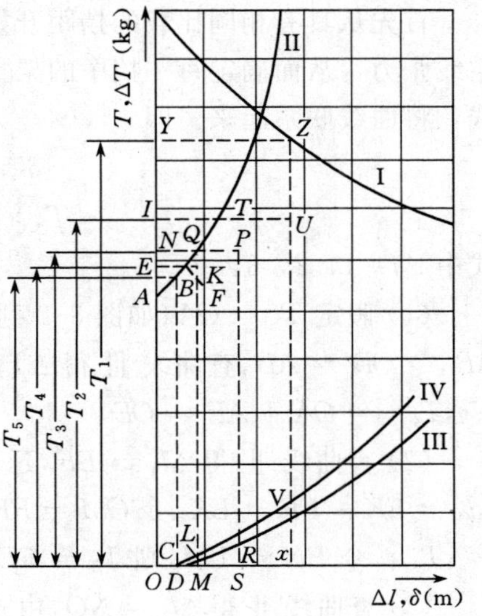

图 8-20 不均匀覆冰图解法

(3) 如图 8-20 所示，曲线Ⅲ是相邻挡的架空线具有相同比载时，绝缘子串偏移 δ 与架空线张力差 ΔT 的关系曲线，它和断线张力计算中的 $\delta=f(\Delta T)$ 曲线完全相同，即

$$\delta = \frac{\lambda\Delta T}{\sqrt{\left(G_n+\dfrac{G_J}{2}\right)^2+\Delta T^2}} \qquad (8\text{-}10)$$

式中 G_n——除一号以外的其他杆塔上的架空线重，且 $G_n = g_n A l_0$。

(4) 曲线Ⅳ是相邻具有不同比载时，绝缘子串偏移 δ 与架空线张力差 ΔT 的关系曲线。可按照下列方程画出

$$\delta=\frac{\lambda\Delta T}{\sqrt{\left(G_{pj}+\frac{G_J}{2}\right)^2+\Delta T^2}} \tag{8-11}$$

$$G_{pj}=\frac{1}{2}g_m A l_0+\frac{1}{2}g_n A l_0=\frac{1}{2}A l_0(g_m+g_n)$$

式中 G_{pj}——第一号直线杆塔所承受的架空线重量。

以上曲线方程中，复冰比载为 g_m 和 g_n 时的架空线应力 σ_m 和 σ_n，可用耐张段的代表挡距 l_D 计算或查应力弧垂曲线得到。

因为 $g_m>g_n$，故 $G_{pj}=\frac{1}{2}(g_m+g_n)Al_0>G_n=g_n=g_mAl_0$，故图中曲线Ⅳ在曲线Ⅲ之上。

画出曲线Ⅰ～Ⅳ之后，即可用图解法作图求解。

首先从具有相同比载的挡距开始，和断线张力图解法一样，先假定第五挡中的架空线张力，从而确定每一挡中的架空线张力。在图解中仍需用到前面得出的两个规律式，将曲线联系起来。即

$$\delta_{(i-1)}=\delta_i+\Delta l_i \tag{a}$$

$$T_{(i-1)}=T_i+\Delta T_{(i-1)i} \tag{b}$$

式中 $i=1，2，3，\cdots$。

(1) 假定 $T_5=OA$（如图 8-20 所示）查曲线 Ⅱ 得 $\Delta l_5=AB$，据式(a)$\delta_4=\Delta l_5=AB$，令 $OD=AB$，查曲线 Ⅲ 得 $\Delta T_{4-5}=CD$，令 $AE=CD=\Delta T_{4-5}$，据式(b)$T_4=T_5+\Delta T_{4-5}=OA+AE=OE$。

(2) 查曲线 Ⅱ 得 $\Delta l_4=EF$，延长 EF 至 K，使 $FK=AB=\delta_4$，据式(a) $\delta_3=\delta_4+\Delta l_4=FK+EF=EK$，令 $OM=EK=\delta$，查曲线 Ⅲ 得 $\Delta T_{3-4}=LM$，由式(b)$T_3=T_4+\Delta T_{3-4}$，令 $EN=LM$，则 $T_3=OE+EN=ON$。

(3) 查曲线 Ⅱ 得 $\Delta l_3=NQ$，由式(a) $\delta_2=\delta_3+\Delta l_3$，令 $QP=EK$，则 $\delta_2=NQ+QP=NP$，查曲线 Ⅲ 得 $\Delta T_{2-3}=RS$，则由式(b)$T_2=T_3+\Delta T_{3-4}=ON+NI=OI$。

(4) 再查曲线 Ⅱ 得 $\Delta l_2=IT$，延长至 U 使 $TU=NP=\delta_2$，据式(a)$\delta_1=\delta_2+\Delta l_2=TU+IT=IU$，令 $OX=TU=\delta_1$（注意：由于 δ_1 是一号杆塔的悬垂串在两侧挡距的导线比载不等时的偏移值，因此在按 δ_1 求 ΔT_1 时，应查曲线 Ⅳ），查曲线 Ⅳ 得 $\Delta T_{1-2}=xV$，令 $IY=xV=\Delta T_{1-2}$，则据式(b) 得 $T_1=T_2+\Delta T_{1-2}=OI+IY=OY$。

下列等式是判定答案是否正确的准则：

在图解的最后一挡（即图 8-19 中的第一挡），应满足条件 $\Delta l_1=\delta_1$，即第一挡的挡距缩短量 Δl_1 应等于一号直线杆塔上悬垂串的偏移值 δ_1。若由 T_1 在曲线 Ⅰ 上得的 $\Delta l_1=YZ$ 恰好等于 $\delta_1=IU$，则说明答案正确。否则应重新假定 T_5，重新另作图解计算，直到

$\Delta l_1 = \delta_1$时为止。

求得架空线的张力后，即可计算各挡的弧垂和悬垂串的偏斜角，有

$$\sigma_i = \frac{T_i}{A}; f_i = \frac{l_i^2 g_i}{8\sigma_i} = \frac{(l_0 \pm \Delta l_i)^2 g_i}{8\sigma_i}; \theta_i = \sin^{-1}\frac{\delta_i}{\lambda}$$

式中 σ_i、f_i、g_i、Δl_i、δ_i——所验算挡距的应力、弧垂、比载、挡距缩短量或增大量（决定于正负号）、杆塔上悬垂串的偏斜角。

例如第一挡架空线的应力、弧垂和绝缘子串偏移角为

$$\sigma_1 = \frac{T_1}{A}\ (\text{kg/mm}^2)$$

$$f_1 = \frac{l_1^2 g_m}{8\sigma_1} = \frac{(l_0 - \delta_1)^2 g_m}{8\sigma_1}\ (\text{m})$$

$$\theta_1 = \sin^{-1}\frac{\delta_1}{\lambda}\ (°) \tag{8-12}$$

8.5.2 不均匀脱冰、轻冰挡靠耐张杆塔时架空线的张力

图 8-21 所示为一个不均匀脱冰的耐张段，其中除第一挡已有脱冰，具有较轻比载 g_n 外，其他各挡均未脱冰并有 100%设计冰载，比载为 g_m。此时除轻冰挡距增大，其他各挡在 g_m 作用下，挡距均缩小，故第一挡的 $T=f(\Delta l)$ 关系曲线为曲线Ⅱ，而其余挡的 $T=f(\Delta l)$ 曲线则为曲线Ⅰ。耐张段中的直线杆塔除第一号杆塔由于两侧挡的比载不同，因而其 $\delta=f(\Delta T)$ 关系为曲线Ⅳ，其余各杆塔的 $\delta=f(\Delta T)$ 关系为曲线Ⅲ。因为 $g_m > g_n$，$G_{pj}=\frac{1}{2}(g_m+g_n)Al_0 < G_m = g_m A l_0$，故曲线Ⅲ的位置在曲线Ⅳ之上，这恰与上面讨论过的不均匀覆冰情况相反。

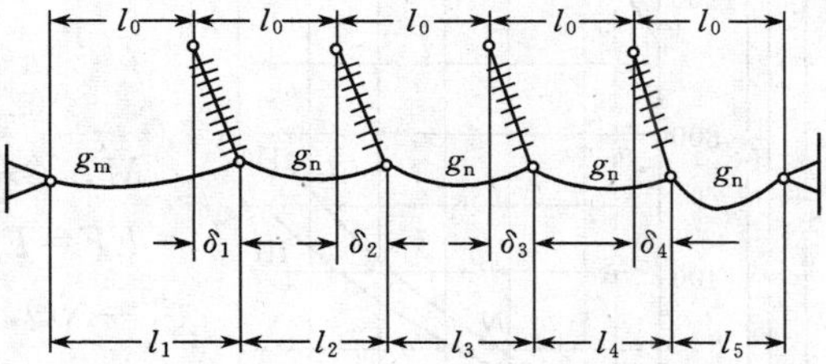

图 8-21 第一挡脱冰荷载较轻情况

图解过程与上面相仿，这里不再重复，留给读者自己练习。这里只把图解结论告诉大家：不均匀脱冰时和不均匀覆冰时一样，最大张力均发生在紧靠耐张杆塔并有100%冰载的一挡，而最大不平衡张力则均由两种比载交界的直线杆塔承受。

8.5.3 不均匀覆冰重冰挡位于耐张段中央时架空线的张力

当较大荷重比载 g_m 在第三挡中央发生时，所得的弧垂最大。其他各挡均为轻冰

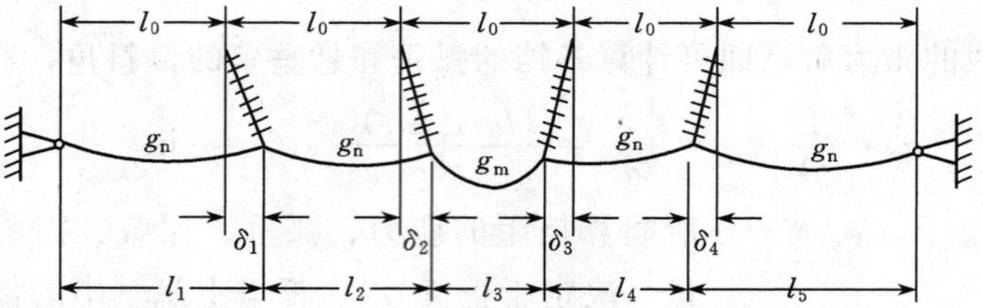

图 8-22 中间挡覆冰荷载较大情况

挡，比载为 g_n，因挡距相等，比载分布对中央一挡对称，故张力分布也对中央挡对称，因而绝缘子串的偏斜位置也对称，这样可只按耐张段的一半考虑，图解将简化。

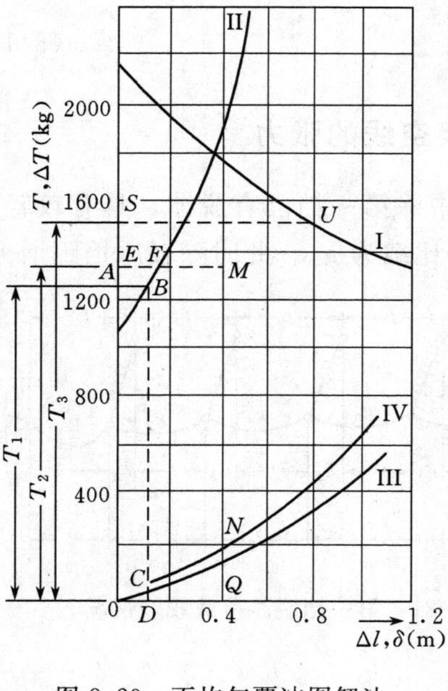

图 8-23 不均匀覆冰图解法

曲线Ⅰ、Ⅳ按 g_m 制作，曲线Ⅱ、Ⅲ按 g_n 制作，前者适用于第三挡和二、四号杆塔；后者适用于其余挡和其余杆塔。

图解过程如下（参见图 8-22 及图 8-23）：

（1）假设 $T_5=0A$，从图 8-23 曲线Ⅱ得 $\Delta l_5=AB$，$\because \Delta l_5=\delta_4$，令 $0C=AB=\Delta l_5$，查曲线Ⅲ得 $\Delta T_{5-4}=CD$，令 $AE=CD=\Delta T_{5-4}$，而 $T_4=T_5+\Delta T_{5-4}=0A+AE=0E$。

（2）用曲线Ⅱ查得 $\Delta l_4=EF$，延长 EF 至 M，令 $FM=AB=\delta_4$，则 $\delta_3=\delta_4+\Delta l_4=FM+EF=EM$，令 $0Q=EM$，从曲线Ⅳ 查得 $\Delta T_{4-3}=NQ$，则 $T_3=T_4+\Delta T_{4-3}=0E+NQ$，令 $ES=NQ$，则 $T_3=0E+ES=0S$。

挡距 3 的缩短量 Δl_3 与两倍的悬垂串的偏移量 $2\delta_4$（或 $\delta_4+\delta_3$）相等，应是判定答案正确与否的准则。因为 $SU=2EM$，故答案正确。

从图解结果可看出，有较大比载的中央一挡张力最大。两侧比载不同的杆塔所受的不平衡张力最大。但是它比上面重冰挡靠耐张杆塔者的值要小。

8.5.4 不均匀脱冰、轻冰挡在耐张段中央时架空线的张力

耐张段中央一挡脱冰 50%，其他挡仍有 100%冰载。前者比载为 g_n，后者为 g_m，曲线Ⅰ和Ⅲ应根据 g_m 制作，而曲线Ⅱ和Ⅳ应按 g_n 制作。

图解过程与上相仿，不再重复，请读者自己作出。

图解结论：不均匀脱冰的轻冰挡在耐张段中央时，靠耐张杆塔的一挡有较大的张力，两种比载交界处的杆塔受较大的不平衡张力。但是，它比上面第二种情况的不平衡张力要小些。

总结以上四种情况可得出一般结论：

(1) 不论不均匀覆冰或脱冰，重冰挡张力最大，弧垂也最大；轻冰挡张力最小，弧垂也最小。

(2) 两侧冰载不等的直线杆塔上受最大的不平衡张力，其悬垂串的偏斜角也最大。

(3) 从重冰挡和轻冰挡所在位置来说，位于耐张段两端挡者，靠近耐张杆塔的直线杆塔所受的不平衡张力较大；位于耐张段中央的轻冰挡弧垂变化量较大。

8.6 避雷线支持力的计算

在断导线时，由于耐张段中各挡距的残余张力不相等，使导线悬点偏移，对于柔性直线型杆塔（如无拉线的直线单杆和门型杆），除悬垂串的偏移外，杆顶梢部也将在导线不平衡张力的作用下产生挠曲。于是使避雷线的悬点产生位移，杆塔两侧的避雷线张力也随之改变，从而又给杆塔一个阻碍其挠曲的不平衡张力，这就是避雷线支持力。该支持力可达到断线张力的 40%～70%，其对电杆及基础设计的作用不可忽视。因此，在柔性直线型电杆计算时，应考虑此支持力对杆柱的支持作用（见第 11 章杆塔荷载计算部分），使杆塔设计得经济些。此时，不考虑其他未断导线的支持作用。

有避雷线的柔性直线型杆塔，当只有断线张力作用时，其受力形式为一端嵌固、另一端为弹性支承的超静定梁；若断线张力 T_D 及避雷线支持力 ΔT 同时作用，则可看作两个外力作用下的静定悬臂梁（如图 8-24 所示）。在不同高度的两个反向水平力作用下，电杆弯矩图见图 8-24 右方。

避雷线支持力的大小与耐张段中的挡数及断线挡的位置有关。挡数一般取 5～7 挡已足。计算表明，挡数再增加，避雷线支持力不再变化。至于断线挡的位置同避雷线支持力间的关系，恰同断线挡的位置与断线张力的变化规律相反，当断线发生在耐张段中央时，则断线挡两侧的电杆向相反方向变位，此时避雷线支持力因断线挡挡距的增长而加大，故避雷线承受最大支持力；当断线挡紧靠耐张杆塔时，则避雷线承受最小支持力。避雷线最小支持力用于计算主杆根部受弯（嵌固点处弯矩最大）及基础倾覆；避雷线最大支持力用于计算电杆头部的受弯（导线横担处弯矩）及受扭。图 8- 25 示出门型杆杆柱受扭情况。

若线路的一个耐张段由 n 基直线杆塔和 $n+1$ 挡组成，导线断线事故发生在第一挡内，如图 8-26 所示。这时，事故电杆(1 号杆）同时承受导线断线张力及避雷线支持力。在稳态情况下，根据主杆变位、地线线夹偏移、地线弹性变形与张力间的关系，可写出如下方程式：

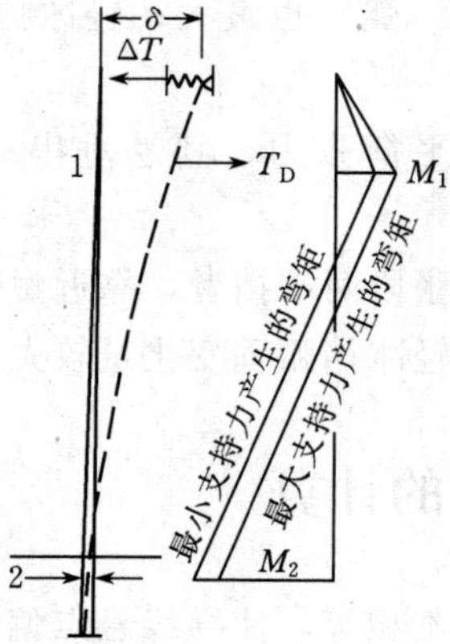

图 8-24 直线杆塔断线后受力情况

1—上横担与杆柱连接点；2—地下嵌固点；T_D—断线张力；ΔT—避雷线支持力；M_1—横担高度杆柱弯矩；M_2—嵌固点处弯矩

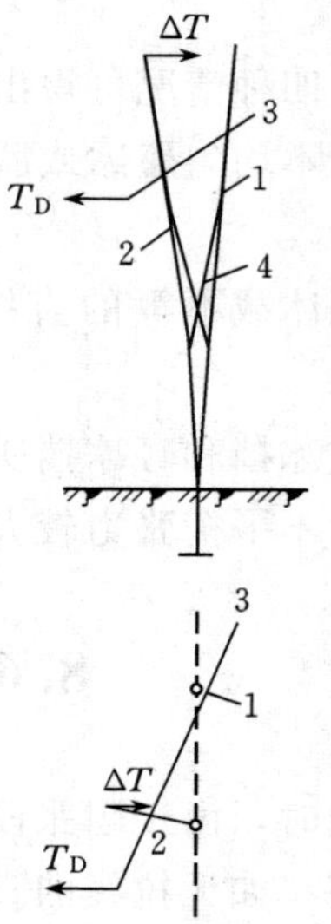

图 8-25 门型杆塔受扭情况

1—左杆柱；2—右杆柱；3—横担；4—叉梁；T_D—断线张力；ΔT—避雷线支持力

(1) 相邻两直线杆避雷线线夹间的距离变化与避雷线应力的关系

对第一挡，挡距伸长 $$\Delta l_i=\frac{l_i^3 g_B^2}{24}\left(\frac{1}{\sigma_0^2}-\frac{1}{\sigma_i^2}\right)+\frac{l_i}{E_B}(\sigma_i-\sigma_0) \tag{1}$$

对其余各挡，挡距缩短 $$\Delta l_i=\frac{l_i^3 g_B^2}{24}\left(\frac{1}{\sigma_i^2}-\frac{1}{\sigma_0^2}\right)+\frac{l_i}{E_B}(\sigma_0-\sigma_i) \tag{2}$$

(2) 避雷线线夹位移与其两侧应力差的关系（适用于除第一挡外的其余各挡）

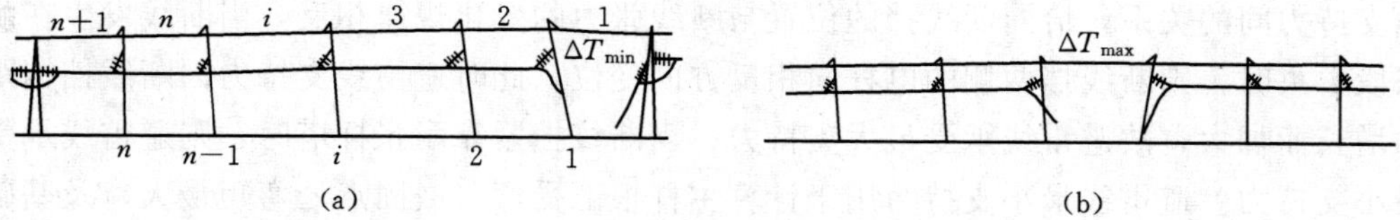

图 8-26 求避雷线支持力的计算图形

(a) 求最小支持力的计算图形；(b) 求最大支持力的计算图形

$$\delta_i = \delta_{\lambda i} + \delta_{\Delta\sigma i} = \frac{\lambda_B \Delta\sigma_i}{\sqrt{\Delta\sigma_i^2 + \left(\frac{G_B}{S_B}\right)^2}} + K_B \Delta\sigma_i A_B \quad (3)$$

（3）避雷线线夹位移与挡距变化间的关系

对第一挡有 $\delta_1 = \Delta l_1$

对其余各挡有 $\delta_{i-1} = \delta_i - \Delta l_i$ （4）

（4）相邻挡距避雷线应力间的关系（除第一挡外的其他各挡适用）

$$\sigma_{i-1} = \sigma_i - \Delta\sigma_{(i-1)i} \quad (5)$$

（5）第一基电杆的挠度方程（见图 8-27 ）为

$$\delta_\Sigma = \delta' - \delta_{\Delta\sigma} = C_2 K_D T_D - K_B \Delta\sigma_{1-2} A_B \quad (6)$$

以上式中 Δl——相邻直线杆避雷线线夹间距离（即避雷线挡距）的变化；

σ_0、σ——导线断线前、后的避雷线应力；

$\Delta\sigma$——直线杆两侧的避雷线应力差；

G_B、A_B、g_B——避雷线的重量、截面和比载；

λ_B、E_B——避雷线悬殊垂串长度、地线弹性模量；

δ、δ_λ——避雷线线夹位移、地线悬垂串的位移；

δ'、$\delta_{\Delta\sigma}$——断线张力、避雷线支持力引起的杆顶位移；

C_2——断线张力对二杆柱的分配系数；

K_D、K_B——断线张力、避雷线支持力作用下的杆顶挠度系数，cm/kg，且

$$K_D = \frac{K_M H^3}{B_B}, \quad K_B = \frac{K_N H^3}{B_B};$$

K_M、K_N——根据导线、避雷线的力作用点高度与杆顶高度 H 的比值 x 和刚度比 $\eta = \frac{B_B}{B_H}$ 值，由图 8-28 曲线查得的系数；

B_B、B_H——分别为杆柱地面处和杆顶的截面刚度，并 $B = \beta E_g F_g r_a^2$，$N \cdot mm^2$；

β——刚度系数，由图 8-29 曲线用杆柱配筋率（$n\mu = E_g F_g / E_h F_h$）查得；

F_g、E_g——电杆计算截面处的钢筋的截面积和弹性模量，N/mm^2；

F_h、E_h——电杆计算截面处的混凝土电杆的截面和弹性模量；

r_a——电杆计算截面处的纵筋布筋半径。

以上五个方程组共有 $4n+2$ 个方程式，而未知数也有 $4n+2$ 个（即 n 个 δ_i，n 个 $\Delta\sigma_i$，$n+1$ 个 Δl_i 以及 $n+1$ 个 σ_i）。但是，实用上上述方程组不宜用直接计算求得，一般使用图解法及简化计算法。

图解法同求不平衡张力相似，计算工作量相当大且易出差错，因而目前广泛使用

是有足够精确度的简化计算法。

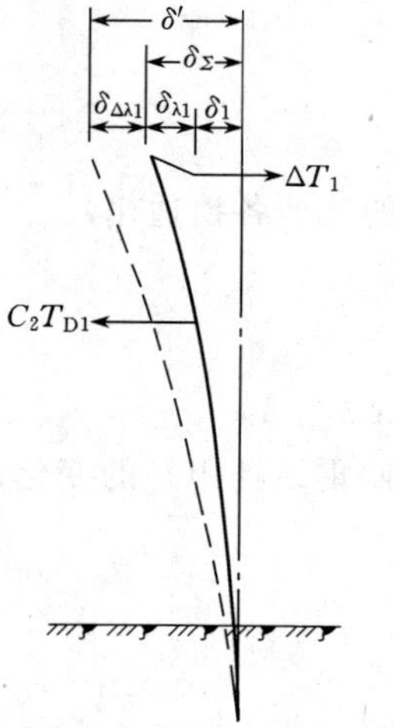

图 8-27 第一基杆塔的挠度方程

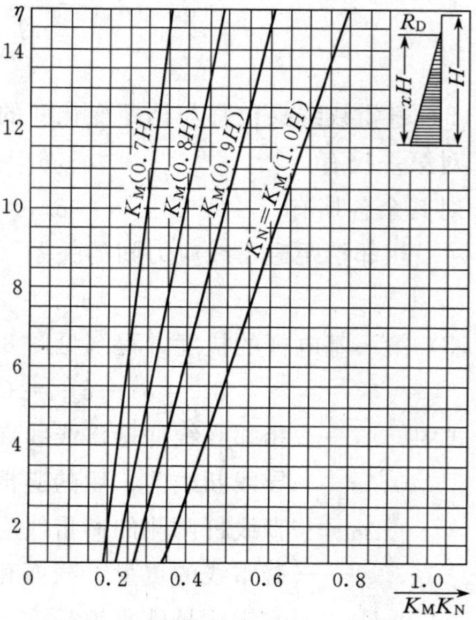

图 8-28 求系数 K_M、K_N 的曲线

简化计算法是将式（1）～式（5）递推出第一基杆的避雷线悬点位移 δ_Σ 与避雷线的支持力 ΔT 的函数关系

$$\delta_\Sigma \approx \lambda_B + F\Delta T \tag{7}$$

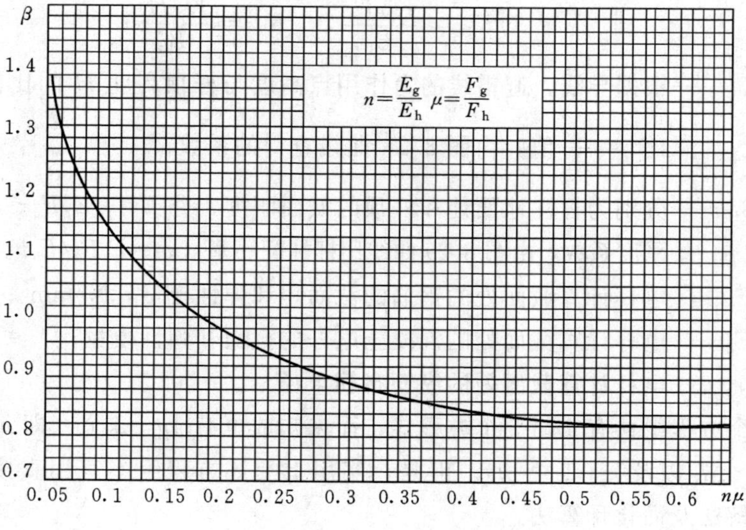

图 8-29 电杆刚度系数 β 的曲线

将式（7）与式（6）联立解得

$$\Delta T=\frac{C_2K_DT_D-\lambda_B}{K_B+F} \tag{8}$$

式（8）中的系数 F 与截面成反比，而系数 F 的通用曲线图 8-30 及图 8-31 是根据 GJ—35 钢绞线用计算机计算的，故任意截面的 F 值为 $\left(\frac{37.2}{A_B}F\right)$，于是地线支持力的计算公式为

$$\Delta T=\frac{C_2K_DT_D-\lambda_B}{K_B+\frac{37.2}{A_B}F}\ (\mathrm{kg}) \tag{8-13}$$

式中符号含义及计算查表方法同前面。

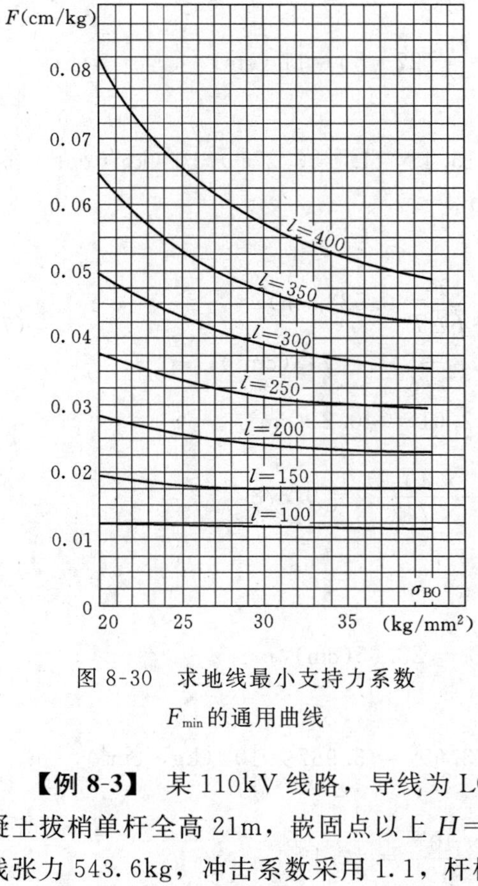

图 8-30　求地线最小支持力系数 F_{min} 的通用曲线

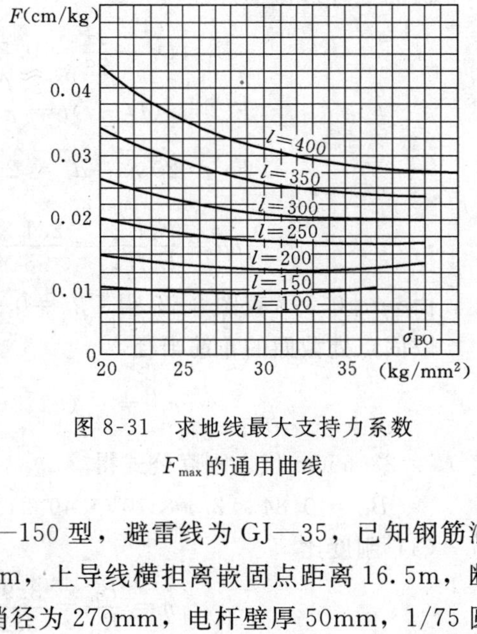

图 8-31　求地线最大支持力系数 F_{max} 的通用曲线

【例 8-3】 某 110kV 线路，导线为 LGJ—150 型，避雷线为 GJ—35，已知钢筋混凝土拔梢单杆全高 21m，嵌固点以上 H=19m，上导线横担离嵌固点距离 16.5m，断线张力 543.6kg，冲击系数采用 1.1，杆柱梢径为 270mm，电杆壁厚 50mm，1/75 圆锥度，混凝土标号为 300 号，杆顶配筋 10ϕ14，嵌固点配筋 20ϕ16，钢筋为 3 号钢材，

挡距为 250m，避雷线悬垂串长 $\lambda_B=20$cm，避雷线在断导线前的应为 $\sigma_{B0}=32.9$（kg/mm²）。试用简化计算法计算避雷线的最小、最大支持力。

解 1. 计算电杆刚度

（1）杆顶截面的刚度 $B_H=\beta E_g F_g r_a^2$

杆顶环形截面积 $F_h=\pi(D_0-t)t=\pi(27-5)\times5=345.6$（cm²）

钢筋截面积 $F_g=10\times\frac{\pi d^2}{4}=10\times\frac{\pi\times1.4^2}{4}=10\times1.54=15.4$（cm²）

300 号混凝土弹性模量 $E_h=3\times10^5(\text{kg/cm}^2)$

3 号钢材的弹性模量 $E_g=2.1\times10^6(\text{kg/cm}^2)$

配筋率 $n\mu=\frac{E_g F_g}{E_h F_h}=\frac{2.1\times10^6\times15.4}{3\times10^5\times345.6}=0.312$

根据 $n\mu=0.312$ 从图 8-29 上查得 $\beta=0.836$

杆顶截面的布筋半径 $r_a=\frac{1}{2}(D_0-t)=\frac{1}{2}(27-5)=11$（cm）

将 $r_a=11$cm 代入刚度公式得

$B_H=\beta E_g F_g r_a^2=0.836\times2.1\times10^6\times15.4\times11^2=3.271\times10^9(\text{kg}\cdot\text{cm}^2)$

（2）杆根嵌固处截面刚度 $B_B=\beta' E_g F_g' r_a'^2$

嵌固处环形截面外径

$$D=D_0+\frac{H}{75}=0.27+\frac{19}{75}=0.523\ (\text{m})$$

$$F_h'=\pi(D-t)t=\pi(52.3-5)5=743(\text{cm}^2)$$

$$F_g'=20\times\frac{\pi}{4}d^2=20\times2.01=40.21(\text{cm}^2)$$

$$n\mu=\frac{E_g F'_g}{E_h F'_h}=\frac{2.1\times10^6\times40.21}{3\times10^5\times743}=0.378$$

由 $n\mu=0.378$ 查图 8-29 得 $\beta'=0.84$

嵌固点处截面的布筋半径

$$r_a'=\frac{1}{2}(52.3-5)=23.65(\text{cm})$$

将 $r_a'=23.65$cm 代入刚度公式得

$$B_B=0.84\times2.1\times10^6\times40.21\times23.65^2=3.967\times10^{10}(\text{kg}\cdot\text{cm}^2)$$

（3）刚度比

$$\eta=\frac{B_B}{B_H}=\frac{3.967\times10^{10}}{3.271\times10^9}=12.13$$

2. 电杆的挠度系数

断线张力作用点在 $\frac{16.5}{19}H=0.868H$ 处，且知 $\eta=12.13$，查图 8-28 得 $K_M=0.51$，代入 $K_D=\frac{K_M H^3}{B_B}$式得

$$K_D=\frac{0.51\times 1900^3}{3.967\times 10^{10}}=0.88(\mathrm{cm/kg})$$

避雷线支持力作用点在 $1.0H$ 处，$\eta=12.13$，查图 8-28 得 $K_N=0.7$，代入 $K_B=\frac{K_N H^3}{B_B}$得

$$K_B=\frac{0.7\times 1900^3}{3.967\times 10^{10}}=1.21(\mathrm{cm/kg})$$

3. 求避雷线支持力

已知 $\sigma_{B0}=32.9\ (\mathrm{kg/mm^2})$，$l=250\mathrm{m}$，查图 8-30 得 $F_{min}=0.0305$；查图 8-31 得 $F_{max}=0.017$，代入式 $\Delta T=\frac{C_2K_DT_D-\lambda_B}{K_B+\frac{37.2}{A_B}F}$得

最小支持力 $$\Delta T_{min}=\frac{1.0\times 0.88\times 543.6-20}{1.21+\frac{37.2}{37.15}\times 0.0305}=369.5(\mathrm{kg})$$

最大支持力 $$\Delta T_{max}=\frac{1.0\times 0.88\times 543.6-20}{1.21+\frac{37.2}{37.15}\times 0.017}=373.56\ (\mathrm{kg})$$

复习思考题

8-1 什么是断线张力？计算断线张力的目的是什么？

8-2 断线张力的大小与哪些因素有关？

8-3 怎样确定断线张力的大小？

8-4 邻挡断线的断线张力和导线的断线张力的计算有什么不同？各在什么情况下使用？

8-5 导线不均匀覆冰或脱冰的计算条件是什么？

8-6 设有 110kV 线路架设于Ⅴ级气象区，各挡挡距为 220m，求导线 LGJ—150 的断线张力。已知悬垂串的长度 $\lambda=1.45\mathrm{m}$，导线断线前的应力 $\sigma_0=10.6\ (\mathrm{kg/mm^2})$，断线后的剩余挡数按五挡计算。

第 9 章

导线和避雷线的振动和防振

9.1 导线和避雷线振动的类型和特点

张紧在空间的导线，由于受到各种因素的影响，而引起导线的振动。目前，在架空导线上发生振动的类型主要有：微风振动、次挡距振荡、脱冰跳跃、横向碰击、电晕舞动、短路振荡和湍流振动等。下面简要叙述关于这些振动的特点、产生原因、危害程度和防止措施。

9.1.1 微风振动

微风振动是在风速为 0.5～10m/s 的均匀微风垂直吹向导线时，在导线背风面形成稳定的涡流。由于周期性涡流升力分量的作用，使导线发生振动，这是本章的重点。

9.1.2 舞动

当风速为 5～15m/s 左右的风力作用在非对称外形的导线上，最通常的情况是作用在覆冰厚度不对称的导线上时，由于风力作用角度的变化，而产生脉动风力，破坏了导线的静力平衡，而形成大幅度舞动。一般认为，在一个挡距中，舞动的起始点发生在弧垂较低的部位，而不是在导线悬挂点较高的部分。因为弧垂最低点受到的垂直重力和水平分力最小，故最容易被特定的风力举起，于是舞动振荡现象便会向全挡距传播。其特征是振动大、频率低、持续时间长（振幅在 10m 以下、频率为 0.1～1Hz）。在一个挡距中，往往会出现 1～4 个半的振动波。振动的持续时间可达数小时之久。在一个挡距中发生舞动时，常常波及到相邻挡。导线某一点的振动轨迹通常呈现椭圆形。

导线覆冰不均匀是导致导线舞动现象的最根本因素。通常发生在气温气象 0℃左右的平原或丘陵地区，而且粗导线比细导线、分裂导线比单导线，更容易引起舞动。舞动一旦发生，便会造成严重后果，不仅导线、绝缘子，金具或杆塔构件将受到损伤。而且可能引起相间或相对地的短路事故。舞动现象在线路上极少发生，防止舞动造成危害的主要措施是：增大线间距离、缩小挡距、采用防冰导线和研制舞动制止器等。

9.1.3 次挡距振荡

次挡距振荡是指发生在分裂导线相邻两间隔棒之间的挡距中的一种振荡。由于该振动的频率很低，故一般称为“振荡”。次挡距振荡在线路中较少出现，通常在风速为5～15m/s的风力作用下，由于迎风导线产生的紊流，影响到背风导线而产生气流的扰动，破坏了导线的平衡而形成振荡。它的表现形式，常常是各子导线不同期的摆动、周期性的分开和聚拢，导线在空间的运动轨迹呈现椭圆形状。次挡距振荡的振幅与次挡距长度、风速大小和分裂导线的结构形式有关，一般次挡距振荡的振幅相当于导线直径到0.5m，频率为1～3Hz，一个次挡距中可出现一个或数个半波。容易产生次挡距振荡的条件如下。

1. 分裂导线的间距与导线直径比值

要求导线间距与导线直径比值在15～18之间。若该比值小于10时，便可能产生严重的次挡距振荡。我国500kV超高压线路，采用的分裂导线为LGJ—300、LGJ—400型。LGJ—300型直径为25.2mm，子导线间距离应在378～453.6mm之间。LGJ—400型直径为27.68mm，子导线间距离应在415.2～459.8mm之间。加大子导线间距离的优点是减小尾流效应（指风吹子导线在背风面产生的涡流对相邻子导线的影响）。

2. 线路的地理条件

次挡距振荡与线路的地理条件有关，最严重的次挡距振荡总是发生在开阔地带。例如在近海或近湖区，或平坦开阔地带。原因是这些地区容易产生均匀的风速。

3. 次挡距大小

当次挡距较大时，容易产生次挡距振荡。次挡距振荡是分裂导线一种特定的主要振动，其危害和微风振动相同。可能造成导线、间隔棒、绝缘子和金具等损伤。

防止次挡距振荡的主要措施是对双分裂导线采用垂直布置，避免子导线间的尾流效应，或采用消振作用的阻尼间隔棒，以及增大子导线之间的间距等。

9.1.4 电晕舞动

电晕舞动现象发生在电位梯度超过2kV/mm，并且处于潮湿地区的高压线路中。

一般认为是由于电晕放电导致气流产生动力作用而形成电晕舞动。

电晕舞动的振幅通常在 1m 以下，频率很低，一般零点几赫兹至 1Hz。在一个挡距中可产生数个半波，导线振荡轨迹常呈现椭圆形状。电晕舞动可导致导线、绝缘子和金具等的损伤，同时又造成电晕电力损耗和对通信、无线电、电视等设施的干扰。防止电晕舞动的措施是采用较粗的导线或分裂导线。

9.1.5　横向碰击

横向碰击是由于周期性风速的变化，作用在导线的某一段上，所形成的来回摆动。摆动的幅度可达数米，在一个挡距内可发生一个半波长的基本波，其持续时间可达数小时。横向碰击易发生在山谷或水坝口等风力集中的地方，但极少发生。一旦发生横向碰击，首先造成线间短路，其次是绝缘子和金具等的损坏。防止措施是在选择线路路径时，注意避开风力集中的地段或增大线间距离。

9.1.6　短路振荡

短路振荡仅发生在分裂导线的线路上，短路时短路电流产生的电磁吸引力，使同相分裂的子导线间相互吸引，使每个次挡距内都会产生一个半波长的碰击振荡。其后果是造成间隔棒和导线的碰击损伤，改善措施是缩短间隔棒的间距和增加间隔棒的强度。

9.1.7　湍流振动

导线有时在强风作用下也会发生振动。曾观察到在 10m/s 风速时，测出的振动频率只有 20Hz 左右，振幅与微风振动的振幅相差甚微。湍流振动的波形，一般是在低频振动中寄生着高频振动波。

上述输电线路所有振动类型中，以微风振动发生的地区最普遍，发生的次数最频繁和振动持续时间最长。因而这是危及导线安全运行最为普遍的一种振动形式。

9.2　振动的基本理论

9.2.1　导线的振动和防振

9.2.1.1　振动的起因

架空输电线路的导线（或避雷线）受到稳定的微风作用时，便在导线背后形成以一定频率上下交替变化的气流旋涡，如图 9-1 所示，从而使导线受到一个上下交变的脉冲力作用。当气流旋涡的交替变化频率与导线的固有自振频率相等时，导线在垂直平面内产生共振即引起导线振动。

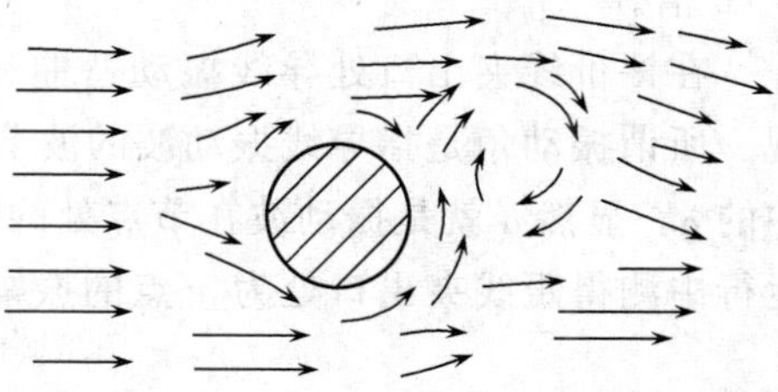

图 9-1 引起导线振动的气流旋涡

导线振动的波形为驻波，即波节不变，波腹上下交替变化，而且一年中导线振动的时间常达全年时间 30%～50%。无论导线以什么频率振动，线夹出口处总是一波节点，所以，导线振动使导线在线夹出口处反复拗折，引起材料疲劳。最后导致断股、断线事故，对线路的正常安全运行危害较大。

9.2.1.2 导线振动的特性和影响因素

1. 导线振动的特性

(1) 振动波形、振幅和振动角。导线的振动是沿整挡导线呈驻波分布的，即导线离开平衡位置的位移大小无论在时间上还是沿挡距长度上都是按正弦规律变化的。同时在同一频率下，波腹点 a（最大振幅）及波节点 b 在导线上的位置恒定不变。图9-2为某一频率时导线振动的波形示意图。O 为波节点，导线离开平衡位置 Ox 轴的距离 A_x 称为振幅，位移中最大者 A_m 称为最大振幅。

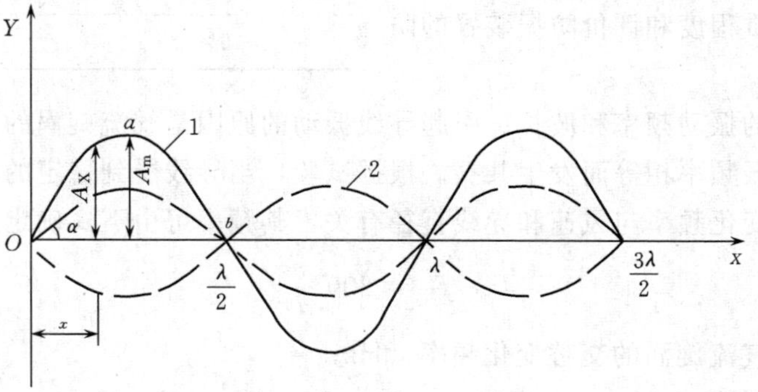

图 9-2 导线振动的波形

1—最大振幅时沿挡距的波形；2—非最大振幅时沿挡距的波形

试验表明，导线的振幅与导线应力的大小有关。当导线应力为导线破坏应力的8%时，振幅接近于零；当导线应力增加到导线破坏应力的 10%～15%时，振幅迅速增大；当导线应力增加到破坏应力的 20%以后，振幅趋于饱和而变化很小。

振幅的大小还与空气气流对导线的冲击形式和气流能量的大小有关，并与导线各股间的摩擦有关。波腹点的振幅与波长有关，且在相当于低频率振动又是最大波长时的振幅最大。实际中，振幅一般不超过导线的直径，最大振幅也不会超过导线直径的

2～3 倍。

在评价线夹出口处导线振动弯曲程度时，以线夹出口处的振动角来表示更为直观。所谓振动角是指导线振动波的波节点处，导线对中心平衡位置的夹角，如图 9-2 中的 α。显然 α 就是振动波在节点处的斜率角，且最大振幅时振动角也最大。如果在运行中测得距线夹出口处为 x 点的振幅为 A_x，则可按下式求得最大振动角 α_m 为

$$\alpha_m = \operatorname{arctg}\left(\frac{2\pi A_x}{\lambda \sin \dfrac{2\pi x}{\lambda}}\right) \tag{9-1}$$

式中　α_m——最大振动角；

λ——振动波波长，m；

x——测量点与线夹出口处的距离，m；

A_x——测量点振动波的振幅，m。

运行的线路上，导线的振动角一般 30′～50′之间，当振动特别强烈时接近 1°，这样大的振动角，不需要很长时间就会使导线断股，因此一般架空输电线路均需采取防振措施，且在导线紧线后应尽快安装防振器具，以使导线的振动角减小到允许范围之内。导线的允许振动角如表 9-1，这是衡量振动的严重程度和评价防振装置的防振效果的标准。

表 9-1　导线的允许振动角

平均运行应力	允许振动角
$\leqslant 25\%\sigma_p$	10
$>25\%\sigma_p$	5

(2) 导线的振动频率和波长。引起导线振动的原因是气流旋涡的交替变化频率与导线的固有自振频率相等而发生共振。根据试验，当导线受到稳定的微风作用时，气流旋涡的交替变化频率与风速和导线直径有关，其频率可由下式确定

$$f_F = 200\,\frac{v}{d} \tag{9-2}$$

式中　f_F——气流旋涡的交替变化频率，Hz；

v——风速，m/s；

d——导线直径，mm。

一个物体在振动过程中，如果没有能够影响它振动的力去干扰它，那么，它振动的振幅将保持不变，并只在回复力的作用下永远继续下去，这样的振动叫自由振动。物体作自由振动的频率叫做物体的固有自振频率。固有自振频率是由组成物体的系统本身决定的。输电线路的导线可以看成是两端固定的一条弦线，它的固有自振频率可用下式表示

$$f_D = \frac{1}{\lambda}\sqrt{\frac{9.81T}{W}} \tag{9-3}$$

或 $$f_D = \frac{1}{\lambda}\sqrt{\frac{9.81\sigma}{g_1}} \tag{9-4}$$

式中 f_D——导线的固有自振频率，Hz；

T——导线的张力，N；

W——导线单位长度的重力，N/m；

σ——导线的应力，N/mm^2；

g_1——导线的自重比载，$N/(m \cdot mm^2)$。

导线的振动是在气流旋涡引起的上下交变的冲力作用下维持的振动，因此是一种受迫振动。物体作受迫振动时，其振动频率总是等于策动力的频率，它的振幅与其固有自振频率和策动力的频率有关，当物体的固有自振频率和策动力的频率相等时，其振动的振幅最大，这种现象称为共振。我们所说的导线振动，就是指的导线固有自振频率和气流旋涡的交替变化频率相等时的振动，即 $f_F = f_D$。

由 f_F 和 f_D 计算式可知，导线固有自振频率 f_D 和导线应力 σ 有关，随着应力的变化，导线有不同的固有自振频率。而气流旋涡的交替变化频率 f_F 与风速 v 有关。因此，当气流旋涡的交替变化频率 f_F 与导线某一固有自振频率 f_D 相等时，导线在该频率下产生共振，此时振幅达到最大值。当风速变化致使 f_F 变化时，振幅将有所下降，同时导线应力也有所变化，导线固有自振频率也随之变化，有可能在另一频率下又实现 $f_F = f_D$，产生新的共振。因此，导线振动的频率不是惟一的。

根据共振的条件 $f_F = f_D$，则可以求出导线振动波的波长为

$$\lambda = \frac{d}{200v}\sqrt{\frac{9.81\sigma}{g_1}} \tag{9-5}$$

振动波的半波长为

$$\frac{\lambda}{2} = \frac{d}{400v}\sqrt{\frac{9.81\sigma}{g_1}} \tag{9-6}$$

2. 影响振动的因素

影响振动的因素主要有：风速、风向、挡距、悬点高度、导线应力以及地形、地物等。

(1) 风的影响。引起振动的基本因素是均匀稳定的微风。因为一方面导线振动的产生和维持需要一定的能量（克服空气阻力、导线股线间的摩擦力等所需的最小能量），而这些能量需由气流旋涡对导线的冲击能量转化而来。一般产生导线振动的最小风速可取 0.5～0.8m/s，风速再小就不会发生振动。另一方面，维持导线的持续振动，则其振动频率必须相对稳定，也即要求风速应具有一定的均匀性，如果风速不规

则地大幅度变化，则导线不可能形成持续的振动，甚至不发生振动。影响风速均匀性的因素有风速的大小、导线悬挂高度、挡距、风向和地貌等。当风速较大时，由于和地面摩擦加剧，使地面以上一定高度范围内的风速均匀性遭到破坏。如果挡距增大，则为保证导线对地距离，导线悬挂点必然增高。离地面越高，风速受地貌的影响越小，均匀性越好。所以必须适当选择引起导线振动的风速范围，防振设计中一般取表 9-2 所列数值。

表 9-2　　引起导线振动的风速范围

挡距（m）	悬挂点高度（m）	引起振动的风速范围（m/s）	
		下限 v_n	上限 v_m
150～250	12	0.5	4.0
300～450	25	0.5	5.0
500～700	40	0.5	6.0
700～1000	70	0.5	8.0

根据在平原开阔地区的观察结果表明，当风向和线路方向成 45°～90°夹角时，导线产生稳定振动；在 30°～45°时，振动的稳定性较小；夹角小于 20°时，则很少出现振动。

（2）导线的直径和挡距的影响。由波长计算式（9-5）可知，振动波的波长和导线直径有关；另一方面在振动过程中，挡距 L 中振动波的半波数 n 为整数，即

$$n = \frac{L}{\frac{\lambda}{2}} = \frac{2L}{\lambda}$$

则

$$\lambda = \frac{2L}{n}$$

将上式代入式（9-5）可得

$$n = \frac{L}{d} \times 400v\sqrt{\frac{g_1}{9.81\sigma}}$$

即当风速和导线应力不变时有

$$n \propto \frac{L}{d}$$

由上式可知，挡距越大、导线直径越小，挡中形成完整半波数的机会越多，也就是导线产生共振的机会越多，导线振动程度也越严重。实际观测证实：挡距小于 100m 时，很少见到振动；挡距在 120m 以上时，导线振动就多了一些；在跨越河流、

山谷等高杆塔大挡距的地方，可以观测到较强烈的振动。

综上所述，一般开阔地区易产生平稳、均匀的气流，因而，凡输电线路通过平原、沼地、漫岗、横跨河流和平坦的风道，认为是易振区；且线路走向和全年主导风向垂直或夹角大于45°时，有较强的振动。

(3) 应力对振动的影响。由前述已知，导线的应力是影响导线振动烈度的关键因素，且对导线振动的频带宽度有直接影响。静态应力越大，振动的频带宽度越宽，越容易产生振动。另一方面，导线长期受振动的脉动力，相当于一个动态应力叠加在导线的静态应力上，而导线的最大允许应力是一定的。因此可见，静态应力越大，振动越厉害，动态应力越大，对线路的危害越严重。而且，随着静态应力的增大，导线本身对振动的阻尼作用显著降低，更加重了振动的烈度，更易使导线材料疲劳，引起断股断线事故。

为此，在线路设计考虑防振问题时，选择一个导线长期运行过程中运行时间最多，最有代表性的气象条件，即年平均气温气象条件，并规定这个气象条件下导线的实际应力不得超过某一规定值，即年平均运行应力。根据运行经验，一般对架空输电线路的导线和避雷线的年平均运行应力和防振措施的规定如表9-3所示。

表9-3　架空输电线路的导线和避雷线的年平均运行应力和防振措施

情　　况	防振措施	年平均运行应力上限（瞬时破坏应力%）	
		钢芯铝线	钢绞线
挡距不超过500m的开阔地区	不需要	16	12
挡距不超过500m的非开阔地区	不需要	18	18
挡距不超过120m	不需要	18	18
不论挡距大小	护线条	22	—
不论挡距大小	防振锤（阻尼线）另加护线条	25	25

9.2.1.3 导线的防振措施

1. 防振措施

根据引起导线振动的原因及其影响因素和导线振动破坏机理，考虑防振措施可从以下两方面着手。

(1) 设法防止和减弱振动的方法有：

1) 设法从根本上消除引起导线振动的条件。如线路路径避开易振区；年平均运行应力降低到不易发生振动的程度等。但这些措施在实际工程中往往不易实现，甚至不可能。

2）设法利用线路设备本身对导线振动的阻尼作用，以减小导线的振动。如采用柔性横担、偏心导线、防振线夹等。

3）在导线上加装防振装置以吸收或减弱振动能量，消除导线振动对线路的危害。目前我国广泛采用的防振装置是防振锤和阻尼线。

（2）提高设备的耐振性能。因为导线振动对线路危害主要是引起线夹出口处导线断股断线，所以提高耐振性能的措施主要有：

1）在线夹处导线加装护线条或打背线，以增加线夹出口附近导线的刚性，减少弯曲应力及挤压应力和磨损，同时也能对导线振动起一定阻尼作用。钢芯铝绞线常用的护线条型式有锥形护线条和预绞丝护线条。图 9-3 为锥形护线条的组装示意图。打背线是用一段与导线材料相同的线材同导线一起安装于线夹中，并在其两端与导线扎固在一起，如图 9-4 所示。

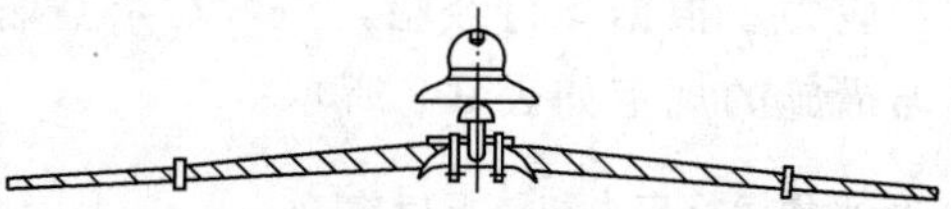

图 9-3　锥形护线条组装示意图

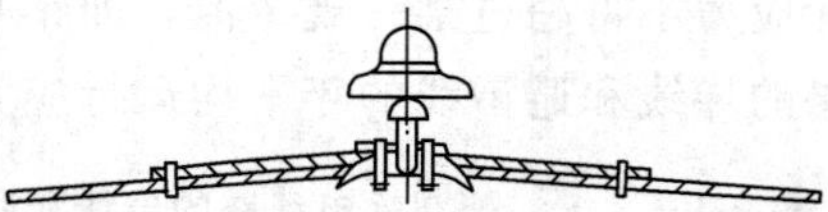

图 9-4　打背线

护线条应按导线型号选用相应的型号，打背线也不能在线夹出口处与背线端部之间进行扎固，否则将在护线条或背线端部形成新的波节点，引起该处断股断线。

2）改善线夹的耐振性能，如要求线夹转动灵活，从而线夹随着导线的上下振动能灵活转动，减小导线在线夹出口处的弯曲应力。

3）在技术经济条件许可的条件下，尽可能降低导线的静态应力。

在实际工程中，根据需要可选用一种防振措施或两种以上防振措施配合使用。如对一般输电线路普遍采用防振锤防振；有些线路采用防振锤同时加装护线条进行防振；对 500kV 线路的重要跨越挡距，有时需专门设计一套综合防振措施。如 500kV 平武输电线路跨越汉江和长江段，跨越塔上的防振装置是由导线线夹两侧各超出槽体鞍座 500mm 的 16 根预绞丝护线条、线夹两侧 5 个花边状弧垂的阻尼线、4 只释放型埋头无晕防振锤组成。

2. 防振锤的安装

最常用的防振锤形式如图 9-6（a）所示，它是由一段短的钢绞线在其两端各装一个重锤，中间有专为装于导线上使用的夹板组成。当导线振动时，夹板随着导线上下移动，由于两端重锤具有较大的惯性而不能和夹板同步移动，致使防振锤的钢绞线不断上下弯曲。重锤的阻尼作用减小了振动的振幅，而钢绞线的变形及股线间的摩擦则消耗了导线振动传给它的能量，从而减小了导线的振动。导线振动的振幅越大，防振锤的钢绞线上下弯曲挠度越大，则消耗的能量越多。振幅减小，防振锤消耗的能量随之下降，最后在能量平衡的条件下导线以很低的振幅振动。这就是防振锤的防振原理，从中我们可以看出，严格地说防振锤并不是防振，而是将振动限制到无危险的范围。

从防振锤的防振原理可见，要使防振锤能最大限度地消耗导线振动的能量，就要在防振锤选择和安装时，以防振锤的钢绞线能产生最大挠度为原则。

在选择防振锤型号时，首先防振锤的固有自振频率应与导线可能发生的振动频率范围相适应；其次防振锤的重量要适当，太轻则消振效果差，太重则可能在防振锤安装位置形成新的波节点；另外，还应与导线型号相配合。防振锤的选择一般可按表9-4进行。

表 9-4　　防振锤型号及适用绞线截面

型号	适用绞线截面（mm^2）		质量（kg）
	钢绞线	铝绞线或钢芯铝绞线	
FD—1		35～50	1.5
FD—2		70～95	2.4
FD—3		120～150	4.5
FD—4		185～240	5.6
FD—5		300～400	7.2
FD—6		500～630	8.6
FG—35	35		1.8
FG—50	50		2.4
FG—70	70		4.2
FG—100	100		3.9

在确定防振锤安装位置时，因为导线的振动是沿整挡导线呈驻波分布的，导线悬挂点处无论何种频率的振动均为一固定的波节点，因此，防振锤应安装在悬点附近；另外，防振锤应安装在波腹点附近，这样防振锤甩动幅度最大，消耗振动能量最多。然而，导线振动的频率和波长并非是惟一的，而是在一定范围内变化，为使防振锤的安装能对各种频率和波长的振动都能发挥一定的防振作用，就应照顾到出现最大及最小半波长时，都能起到一定的防振作用，如此自然对中间波长的振动具

有更好的防振效果。

综上所述，当安装一个防振锤时，其安装位置的确定原则是：在最大波长和最小波长情况下，防振锤的安装位置在线夹出口处第一个半波范围内，并对这两种波长的波节点或波腹点具有相同的接近程度，即在这两种情况下防振锤安装点的“相角”的正弦绝对值相等。即 $|\sin\theta_m| = |\sin\theta_n|$，如图 9-5 所示。

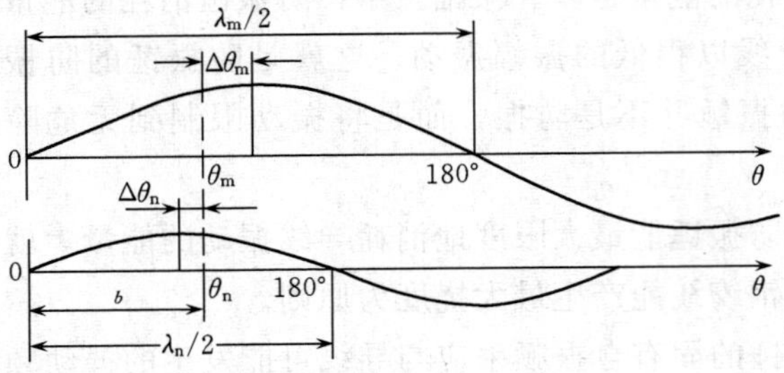

图 9-5　防振锤安装位置

根据上述原则，可以推得防振锤安装距离计算式为

$$b = \frac{\frac{\lambda_m}{2} \times \frac{\lambda_n}{2}}{\frac{\lambda_m}{2} + \frac{\lambda_n}{2}} \tag{9-7}$$

$$\frac{\lambda_m}{2} = \frac{d}{400 v_n} \sqrt{\frac{9.81\sigma_m}{g_1}} \tag{9-8}$$

$$\frac{\lambda_n}{2} = \frac{d}{400 v_m} \sqrt{\frac{9.81\sigma_n}{g_1}} \tag{9-9}$$

式中　b——防振锤的安装距离，m；

λ_m——振动波的最大波长，m；

λ_n——振动波的最小波长，m；

σ_m——最低气温时导线应力，N/mm²；

σ_n——最高气温时导线应力，N/mm²；

v_m——振动的上限风速，m/s；

v_n——振动的下限风速，m/s。

防振锤的安装距离 b，对悬垂线夹来说，是指自线夹出口至防振锤夹板中心间的距离；对耐张线夹来说，当采用一般轻型螺栓式或压接式耐张线夹时，也指自线夹出口至防振锤夹板中心间的距离，如图 9-6（b）和（c）所示。

当导线挡距较大，悬点高度较高，风的输入能量很大而使导线振动强烈时，安装一个防振锤不足以将此能量消耗至足够低的水平，这时就需装多个防振锤。实际工程中，挡距两侧各需安装的防振锤个数一般可按表 9-5 确定。

多个防振锤一般均按等距离安装，即按前述方法计算得第一个防振锤的安装距离 b，则第二个为 $2b$，第三个为 $3b$，如图 9-6 所示。

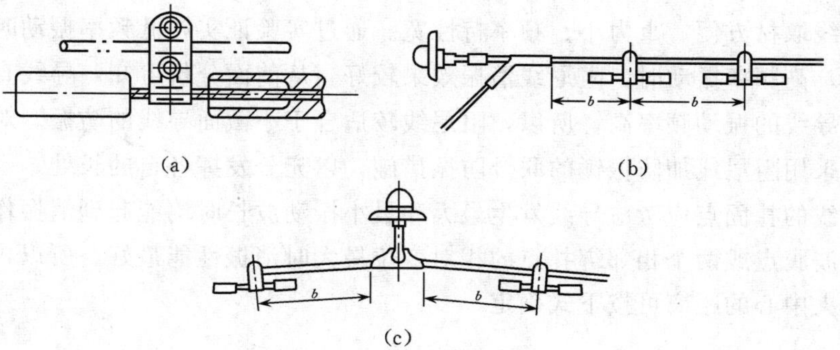

图 9-6 防振锤安装

(a) 防振锤；(b) 耐张杆上的安装；(c) 直线杆上的安装

表 9-5 防振锤安装个数

挡距 (m) / 导线直径 (mm)	防振锤安装个数		
	1	2	3
<12	≤300	300～600	600～900
12～22	≤350	350～700	700～1000
22～37.1	≤450	450～800	800～1200

3. 阻尼线的安装

阻尼线是一种消振性能很好的防振装置，它采用一段挠性较好的钢丝绳或与导线同型号的绞线，平行地敷设在导线下面，并在适当的位置用 U 形夹子或绑扎方法与导线固定，沿导线在线夹两侧形成递减型垂直花边波浪线，如图 9-7 所示。

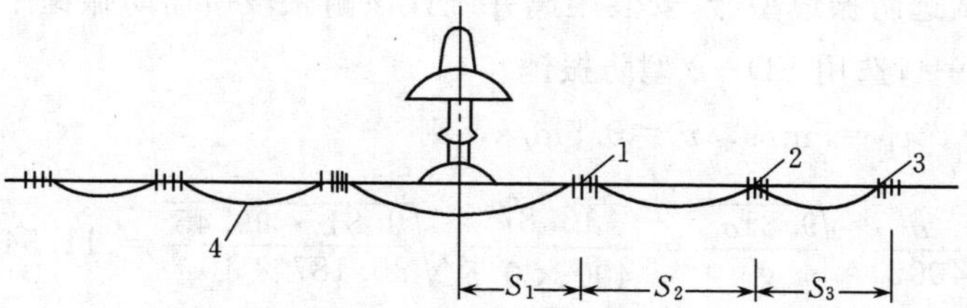

图 9-7 阻尼线安装示意图

1、2、3—扎固点；4—阻尼线

阻尼线的防振原理一方面相当于多个联合防振锤，使一部分振动能量被架空导线本身和阻尼线股之间的摩擦所消耗；另一方面，在阻尼线花边的连接点处，使振动传来的能量产生分流，振动波在折射（并有少量反射）过程中能量被消耗，并有部分通过花边传到了线夹另一侧，因此，传递至线夹出口处的振动能量很小。

阻尼线取材方便、重力小、频率特性宽。通过实验证实，低频率振动时，防振锤效果较好，高频率振动时，阻尼线消振效果较好。从前面分析可知，导线直径小，悬挂点高，导线的振动频率高；所以，阻尼线较适合于小截面导线的防振。对大跨越挡距则往往采用阻尼线加防振锤的联合防振措施，以充分发挥各自的长处。

阻尼线的扎固点应考虑导线发生最大和最小振动波长时均能起到消振作用。当扎固点位于波腹点或两个相邻绑扎点的相对变位最大时消振性能最好。所以，阻尼线扎固点到线夹中心的距离可按下式确定

$$\left.\begin{aligned} s_1 &= \frac{\lambda_n}{4} = \frac{d}{800v_m}\sqrt{\frac{9.81\sigma_n}{g_1}} \\ s_1 + s_2 + s_3 &= \left(\frac{1}{4} \sim \frac{1}{6}\right)\lambda_m = \left(\frac{1}{4} \sim \frac{1}{6}\right)\frac{d}{200v_n}\sqrt{\frac{9.81\sigma_m}{g_1}} \\ s_2 &= s_3 \end{aligned}\right\} \tag{9-10}$$

式中符号意义见式（9-7）～式（9-9）。

阻尼线花边的个数一般随挡距大小而定。对一般的挡距，悬点每侧采用两个花边（三个扎固点）；500m以上挡距采用3～5个花边。花边弧垂大小对消振效果影响不大，一般取50～100mm，从工艺上要求，一般各花边弧垂按图9-7形式布置，并做成线夹两侧对称。

【例9-1】 某架空输电线路中，有一耐张段各挡挡距分别为200、360、273m，导线为LGJ—95/20型，导线直径为13.87mm，自重比载 $g_1 = 35.187\times10^{-3}\text{N/(m}\cdot\text{mm}^2)$，代表挡距 $l_0 = 300\text{m}$，已知导线最高气温时应力为 68.55N/mm^2，最低气温时的应力为 99.45N/mm^2。试选防振锤型号、安装距离并统计该耐张段所需防振锤个数。

解 由表9-4，选用FD—2型防振锤。

选振动风速，$v_m = 5\text{m/s}$，$v_n = 0.5\text{m/s}$，则

$$\frac{\lambda_m}{2} = \frac{d}{400v_n}\sqrt{\frac{9.81\sigma_m}{g_1}} = \frac{13.87}{400\times0.5}\sqrt{\frac{9.81\times99.45}{35.187\times10^{-3}}} = 11.548(\text{m})$$

$$\frac{\lambda_n}{2} = \frac{d}{400v_m}\sqrt{\frac{9.81\sigma_n}{g_1}} = \frac{13.87}{400\times5}\sqrt{\frac{9.81\times68.55}{35.187\times10^{-3}}} = 0.959(\text{m})$$

$$b=\frac{\frac{\lambda_m}{2}\times\frac{\lambda_n}{2}}{\frac{\lambda_m}{2}+\frac{\lambda_n}{2}}=\frac{11.548\times 0.959}{11.548+0.959}=0.89(\mathrm{m})$$

由表 9-5，该耐张段所需防振锤个数如表 9-6。

表 9-6　　　防振锤安装表

杆　号	1		2		3		4	
挡距（m）		200		360		273		
防振锤个数		3	3	6	6	3	3	
安装距离（m）	0.89							

复习思考题

9-1　导线振动的类型有几种？影响线路振动的主要类型是什么？

9-2　影响线路振动的因素有哪些？

9-3　防止和减弱导线振动影响有哪几种方法？

9-4　叙述阻尼线的优缺点？

9-5　防振锤安装在什么地方消振效果比较好？

9-6　在什么情况下采用防振锤防振？在什么情况下采用阻尼线防振？在什么情况下采用防振锤、阻尼线联合防振？

9-7　某架空输电线路中，有一耐张段各挡挡距分别为 310、370、380m 和 320m，导线为 LGJ－95/20 型，导线直径为 13.87m，自重比载 $g_1=35.187\times10^{-3}\mathrm{N/(m\cdot mm^2)}$，已知导线最高气温时应力为 $70.61\mathrm{N/mm^2}$，最低气温时的应力为 $96.39\mathrm{N/mm^2}$。试选防振锤型号、安装距离并统计该耐张段所需防振锤个数。

第10章

杆塔型式的选择

10.1 杆塔型式的分类

10.1.1 按杆塔受力特点分类

1. 直线杆塔

直线杆用于线路的直线段上，线路正常运行时有垂直荷载及水平荷载，能支持断线或其他顺线路方向的张力。在顺线路方向张力作用下，直线杆塔的悬垂绝缘子允许偏斜。杆塔也允许有一定的挠度。直线杆塔有直线杆、直线带转角杆(目前在超高压线路上已广泛使用，经济效益显著)、直线换位杆等。

2. 耐张杆塔

耐张杆塔除承受垂直荷载和水平荷载之外，还能承受更大的顺线路方向的张力，如支持杆塔断线时的张力，或施工紧线时的张力。耐张杆塔使用耐张绝缘子串，在断线时能耐受断线张力，限制断线事故范围，起隔离事故的作用。耐张杆塔有耐张直线杆(一般兼有小于5°的小转角)、耐张转角杆(为了减少杆型，又分5°～30°、30°～60°、60°～90°三种转角杆)、终端杆(有直线和转角两种)、耐张换位杆塔、终端换位杆塔等。

3. 终端杆塔

终端杆塔用于线路首末端，可以是耐张型的或转角型的，受力特点与耐张、转角杆塔相同，但在正常运行情况下需承受单侧顺线路张力。

4. 特种杆塔

特种杆塔用于特种场合，有直线耐张分支杆、换位杆、大跨越杆塔等。

10.1.2 按材料类别分类

1. 钢筋混凝土电杆

钢筋混凝土电杆有普通钢筋混凝土电杆，材料多采用 Q235、Ⅳ钢等；预应力钢筋混凝土电杆，多采用冷拉Ⅳ级钢筋、冷拔低炭钢丝等。

2. 铁塔

铁塔多采用角钢，材料为 Q235、16 锰钢，也有采用钢管、特殊断面型钢如 T 型钢等，国外还采用过铝合金制造的铝合金塔。

10.1.3 按回路数分类

按回路数有单回路、双回路、多回路杆塔。目前，由于购地困难，特别是在人烟稠密的居民、工业区、征用土地和青苗赔偿等投资额很高。目前，国内外的输电线路已向双回路或多回路方向发展，因为它所占用的土地面积和走廊宽度要比单回路少得多。例如，西德的多回路高压线有 400 kV 四回路铁塔，走廊宽度仅 72 m；一座有 400/220/110kV 的六回路铁塔线路已投入使用，而且塔头尺寸很小，被称之谓紧凑型线路。

10.1.4 按导线排列方式分类

1. 单回路杆塔

最常用的单回路杆塔有水平排列，如图 10-1(h)、(j)、(m)、(q)所示；正三角

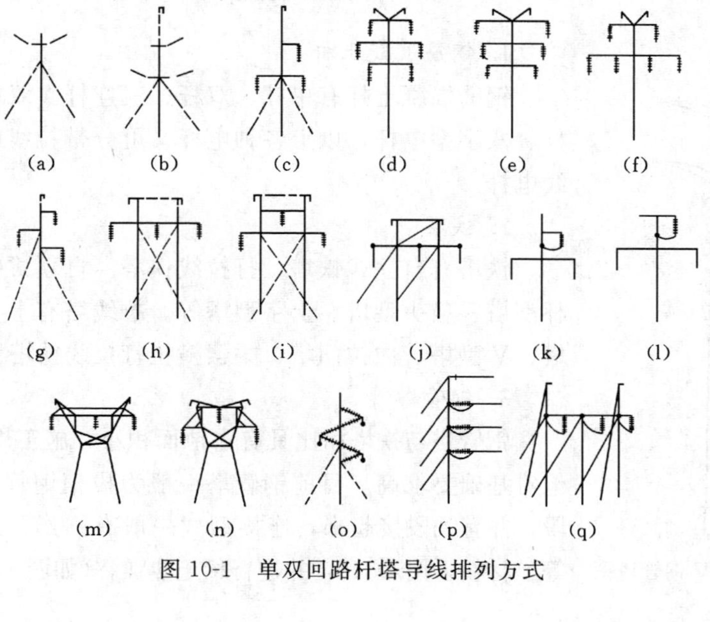

图 10-1 单双回路杆塔导线排列方式

形排列，如图 10-1(a)、(i)、(n)所示；上字形排列，如图 10-1(b)、(c)所示；斜三角形排列，如图 10-1(o)、(q)所示；垂直排列，如图 10-1(p)所示；三角形排列，如图 10-1(k)、(l)所示。

2. 双回路杆塔

最常用双回路杆塔有六角形(鼓型)排列，如图 10-1(d)所示；倒伞形排列，如图 10-1(e)所示；双正三角形排列，如图 10-1(f)所示。

3. 压缩型杆塔

目前由于征用土地困难，为了压缩线路走廊，发达国家都在大力发展压缩型杆塔，即尽量减小杆塔头部尺寸，如图 10-2 所示。

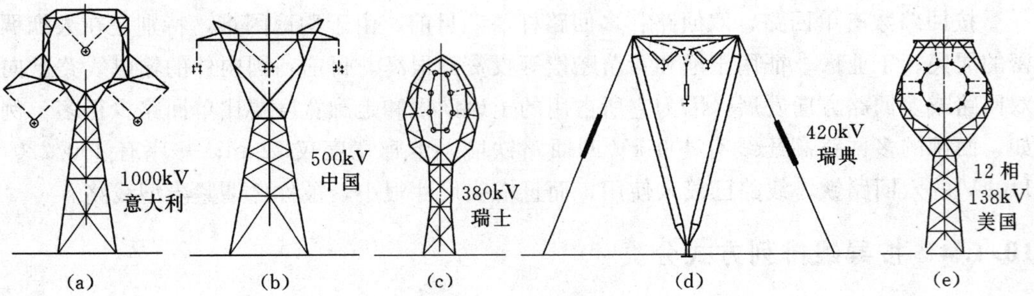

图 10-2　国内外压缩型杆塔导线

10.1.5　按结构型式分类

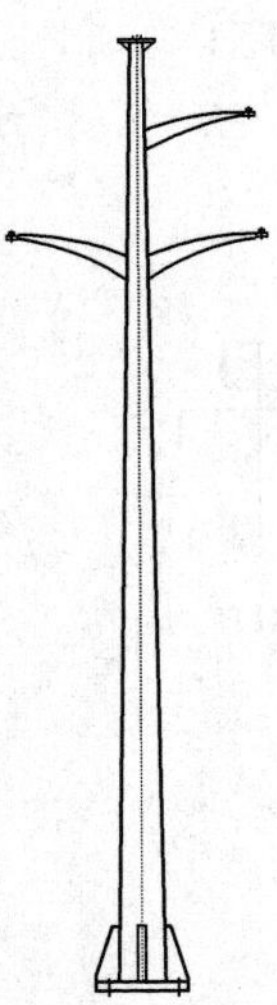

图 10-3　35kV 钢管塔图

1. 钢筋混凝土杆

钢筋混凝土杆有单杆、双杆、三连杆。双杆中又分门型杆、八字型电杆。以上各种电杆又可分带拉线电杆和不带拉线电杆。

2. 铁塔

铁塔有自立式铁塔、打拉线铁塔。自立式铁塔主要有酒杯型塔、猫头型塔、上字型塔等。拉线塔有上字型塔、门型塔、V 型塔、内拉门塔、柔索横担打拉线铁塔等。

3. 钢管塔

钢管塔与铁塔相比具有占地面积小，施工周期短的特点，但对基础要求高。目前钢管塔一般为拔梢钢管塔，可分成几段，并有几段接起来，连接型式一般有圆形、正十二边插接等，材料采用 Q345，并进行稀土热镀锌(如图 10-3 所示)。

10.2 常用杆塔型式的优缺点

10.2.1 从杆塔采用的材料方面来比较

钢筋混凝土电杆比铁塔有以下优点：

(1) 杆结构型式简单，因此，设计、施工、制造都比较简单。

(2) 节省钢材和投资，特别是预应力电杆。

(3) 运行维护工作量少，除横担等部分铁附件外，一般不需要采取防腐措施。

(4) 目前，可大量按定型设计大规模地工厂化生产，生产工艺也比较简单。

钢筋混凝土电杆比铁塔有以下缺点：

(1) 钢筋混凝土电杆的重力大。因此施工组立和运输工作量较大，而且容易出现裂缝，特别是对丘陵、山区、水稻田和泥沼等交通不便地区，会给施工带来更大的困难。另外它对基础的下压荷载也较大。

(2) 由于钢筋混凝土耐张转角杆一般都需要有拉线，因此在居民拥挤地带以及山区都不能使用。

(3) 钢筋混凝土电杆一般不能承受较大的荷载。因此目前在国内外特别是在国外超高压线路上很少使用。

钢管塔的特点：钢管塔用在交通便利的地方(便于起重设备的吊装)，结构、设计、施工、制造都比较简单，并兼有铁塔的优点，现在广泛用于城市电网。

10.2.2 无拉线单杆和双杆比较

单杆比双杆有以下优点：

(1) 单杆比双杆结构简单，便于加工制造和施工。

(2) 采用小截面导线的线路上，能节约钢材、水泥等材料和投资。

(3) 单杆线间距离小，可以减少线路所占走廊。

单杆比双杆有以下缺点：

(1) 一般单杆采用单根避雷线，因此它的防雷性能比较差。

(2) 导线为上字形或斜三角形排列的单杆，杆身两侧的垂直荷载不等，会引起杆塔向双导线侧产生永久性变形，对导线截面大或垂直挡距大的杆塔，则更为突出。

(3) 导线为上字形或斜三角形排列的单杆，由于上横担短，垂直线间距离不宜过大，因此给带电检修带来困难。

(4) 在重冰区，单杆难以保证有足够的垂直线间距离和水平偏移，所以当上、下导线出现不均匀覆冰或脱冰时，容易发生跳跃碰线，造成闪络事故。单杆的垂直荷载不平衡力很大，故不能在重冰区使用。

10.2.3 从杆塔有无拉线的角度来比较

有拉线杆塔比无拉线杆塔有以下优点：

(1) 有拉线杆塔承受的弯矩较小，所以节约钢材、水泥等材料和投资，在超高压线路中更为显著，因此国内外多采用之。

(2) 一般情况下杆塔基础无倾覆力，拉线基础只承受拉力，杆塔基础只承受下压力，基础受力简单。

有拉线杆塔比无拉线杆塔有以下缺点：

(1) 拉线占地面积大，且影响农业机械化耕种。

(2) 为了保证导线对拉线有足够的安全空气间隙，因此线间距离较大。

(3) 对拉线需维护、更换和调整，因而增加了运行检修人员的工作量。

10.2.4 从导线排列方式来比较

单回路杆塔导线水平排列比三角形排列有以下优点：

(1) 导线水平排列，在杆塔两侧的导线垂直荷载平衡，因此塔身的弯曲变形不明显。

(2) 导线水平排列，在导线不均匀覆冰或脱冰时，不易发生碰线闪络事故，适用于重冰区线路。

(3) 导线水平排列，一般采用双避雷线，因此有较好的防雷性能，适用于多雷地区。

(4) 导线水平排列，带电检修方便，运行维护工作量少。

单回路杆塔导线水平排列比三角形排列有以下缺点：

(1) 线路所占走廊宽。

(2) 小截面导线线路，采用双杆比单杆用的钢材、水泥等材料多，投资大。

10.2.5 各种型式双回路杆塔的比较

1. 六角形（鼓型）排列

六角形排列的优点是：上横担较短，相应避雷线支架可以低一些，因此节省材料。缺点是：中横担较长，架设上导线时要绕过中横担，对架线不利。

2. 倒伞形排列

倒伞形排列的优点是：对中层横担导线的防雷保护性能较好，施工架线方便。缺点是：上横担较长，为满足防雷保护角的要求，避雷线支架高大，因此材料消耗量较大。

3. 双正三角形排列

双正三角形排列的优点是：在导线悬挂点与其他双回路杆塔相同的情况下，塔高较低，节省投资，大跨越线路多采用之。其缺点是：架设导线困难，线路所占走廊较宽。

10.2.6 压缩型杆塔

压缩性杆塔的优点是线路走廊窄，占地少，所以经济，缺点是运行维护检修困难。在发达国家如德国、美国、意大利等国已大量采用。

10.3 选用杆塔型式的注意事项

10.3.1 应充分了解拟建输电线路的情况

(1) 导线和避雷线的规格。

(2) 气象条件。应了解线路所经地区属于几级气象区，共有几个气象区，线路气象区的分段情况，是否能套用典型气象区等。特别是对导线的覆冰厚度、最大风速、雷电日等气象情况，应列为重点调查研究项目。

(3) 导线和避雷线的安全系数。

(4) 杆塔的设计挡距。杆塔的水平、垂直、最大允许挡距均应小于或等于选用定型 杆塔的设计值，任一项不合格均应对所选用的定型杆塔进行验算，无问题后才能选用。

(5) 地形条件。应了解线路所经过的地形，如平地、丘陵、山区，根据不同地形，分别选用适合该地形条件的杆型。

(6) 线路所经地区的地质概况。应了解线路所经地区地质情况，如岩石、流砂、一般土或湿陷性大孔性黄土、永久性冻土、土质有无腐蚀性等。应了解土的容重、上拔角、计算抗剪角、地耐力、地下水位高度。还应了解跨越河流的流量、流速和冲刷深度，常年洪水位与最高洪水位，洪水漫延的范围等。

(7) 运输条件。应了解线路所在地区铁路、公路、船舶运输情况，还应了解修路、桥梁加固、人力抬运、索道运输等工程量。

(8) 加工和施工条件。应了解所选用杆塔的加工厂是否能承担任务、保证供应，对施工是否方便等。

(9) 运行维护条件。应了解运行维护巡视、检修、管理等是否方便，保线站设置地点。还应了解检修、维护的工器具及交通工器具情况及事故备料的情况。

(10) 材料来源和价格。应了解材料供应有无问题，价格是否合理等。

10.3.2 掌握杆塔的优缺点

必须清楚地掌握各种杆型的优缺点，以及它的适用范围。

10.3.3 合理选用杆型

根据地形条件，规划出合理的挡距和常用的杆塔型式。特别是对直线杆塔的型式，应选用最经济合理的塔型和高度。

此外对杆塔，还应从各种具体条件要求综合考虑，参考类似工程所用杆塔，拟出杆型方案，提出代表性杆塔，进行全面的技术经济比较。

选用杆塔的水平、垂直、最大允许的挡距均小于或等于选用定型杆塔的设计值，任一项不合格时均应对所选用的定型杆塔进行验算，无问题后才能选用。

应采用材料(主要是钢材、水泥)消耗量较少的杆塔。应尽量简化杆型尺寸和种类，材料品种不宜过多，以利工厂、施工管理和运行维护、检修。

应尽量选用定型杆塔，以减少设计、加工、施工的工作量。

10.4 杆塔头部尺寸设计

杆塔设计应作到安全、经济、美观。杆塔头部尺寸的决定是否得当，是杆塔结构设计经济、合理的重要因素之一。如果杆塔头部设计过大，在导线出现不平衡张力(如断线、不均匀覆冰或脱冰等)时，会增加塔身的扭矩以及对横担的弯矩。避雷线支架设计的过高会增大塔身的弯矩，加大使用材料规格，浪费材料。同时使线路走廊宽度增大，电磁污染环境加大。如果杆塔头部设计过小，又会对线路安全运行以及带电检修等带来不便等。

10.4.1 确定杆塔外形尺寸的基本要求

杆塔外形尺寸的确定，应符合以下基本要求：

(1) 确定杆塔高度时，应满足导线对地面及交叉跨越物的距离要求。

(2) 导线与塔身的距离应满足内、外过电压及正常工作电压的间隙要求，并满足带电作业的间隙要求。

(3) 导线间的水平距离或垂直距离应满足挡距中央接近程度所需的距离(包括由

于风吹引起的不同期摆动，或不均匀覆冰的影响等)。

(4) 避雷线的布置应满足导线防雷保护的要求。

10.4.2 杆塔呼称高的确定

杆塔的最下层导线绝缘子串悬挂点到地面的垂直距离 H，称为杆塔的呼称高，如图 10-4 所示。杆塔的呼称高 H 按下式计算

$$H=\lambda+f_{\max}+h+\Delta h \tag{10-1}$$

式中 H——杆塔的呼称高度，m；

λ——悬挂绝缘子串的长度，m；

$f_{\max}$——导线的最大弧垂，m；

h——导线最大弧垂时至地面的最小距离，m；

Δh——考虑地形断面测量误差及导线安装误差等留的裕度，m，一般对 110kV 及以下线路、挡距 200～350 m 时可取 $\Delta h=0.5\sim0.7$m。

由式(10-1) 可知，对一定电压等级的架空线路，其 λ、h 及 Δh 均为定值。显然，随着设计挡距的增加，导线弧垂加大，所用杆塔的呼称高也随之加大，但每公里的杆塔数量可减少；反之，设计挡距减小，杆塔呼称高降低，但杆塔总数量将增多。因此，对某一电压等级的线路，必然存在着一个经济的呼称高和相应的挡距，使线路总投资最低。此时，相应的呼称高度称为经济呼称高。各电压等级线路的杆塔的经济呼称高见表 10-1 所示。

表 10-1 输电线路杆塔的经济呼称高(m)

线路电压(kV)	钢筋混凝土电杆	铁塔
35～60	10～12	15
110	13	15～18
154	17	18～20
220	21	23

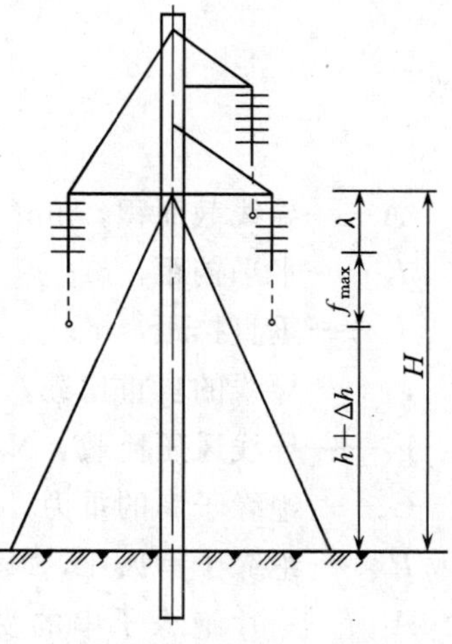

图 10-4 杆塔的呼称高

10.4.3 杆塔头部尺寸的确定

杆塔的头部尺寸主要决定于电气方面的要求，这些要求可以从两方面来满足，即杆塔头部各种空气间隙的检查和挡中各种线间距离的验算。

1. 空气间隙的校验

在内外过电压及正常工作电压情况下，绝缘子串风偏后导线对杆塔接地部分的空气间隙不得小于表 10-2 的数值。

表 10-2 带电部分与杆塔构件的最小间隙(m)

线路电压(kV)	35	60	110	154	220	330
外过电压间隙 e_1	0.45	0.65	1.00	1.40	1.90	2.60
内过电压间隙 e_2	0.25	0.50	0.70	1.10	1.45	2.20
运行电压间隙 e_3	0.10	0.20	0.25	0.55	0.55	1.00

注 1. 按运行电压校验间隙时，采用最大风速及相应气温。

2. 110 kV 小接地电流电力网，内过电压的间隙不应小于 0.8m，运行电压的空气间隙不应小于 0.4m。

3. 按内过电压和外过电压校验间隙时，采用相应的风速及气温。

4. 表中间隙值适用于海拔不超过 1000 m 的情况，对海拔超过 1000 m 地区，海拔每增加 100 m 时，内过电压和正常工作电压的间隙，均应较表中所示数值增大 1%。

直线杆塔的绝缘子串的受力情况如图 10-5 所示。绝缘子串风偏角 θ 可按式(10-2)计算，即

$$\mathrm{tg}\theta = \frac{0.5P_j + g_4 A l_h}{0.5G_j + g_1 A l_v} \tag{10-2}$$

$$P_j = 9.8(n+1)\ A_j \frac{v^2}{16} \tag{10-3}$$

式中 A——导线截面积，mm^2；

l_h——水平挡距，m；

l_v——垂直挡距，m；

g_1——导线的自重比载，$N/(m \cdot mm^2)$；

g_4——导线风压比载，$N/(m \cdot mm^2)$；

G_j——绝缘子串的重力，N；

P_j——绝缘子串风压，N；

A_j——一片绝缘子串的受风面积，m^2，一般单裙绝缘子取 $0.03m^2$，双裙绝缘子取 $0.04m^2$；

n——每串绝缘子的片数，金具零件按一片绝缘子的受风面积考虑；

v——计算情况下的风速，m/s。

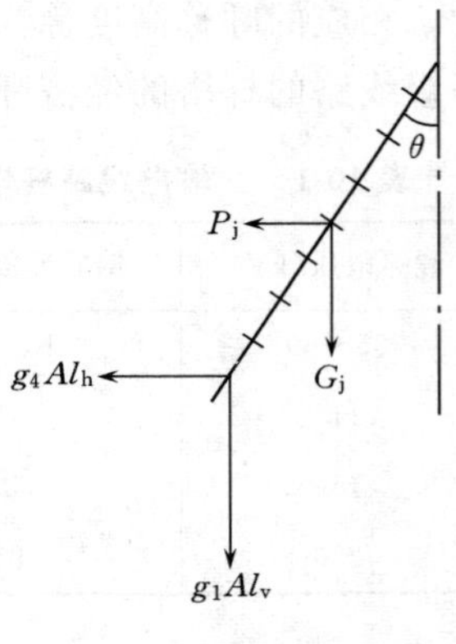

图 10-5 绝缘子串受力情况

在外过电压、内过电压及正常工作电压情况下，分别求出绝缘子串的风偏角 θ_1、θ_2、θ_3，然后绘制出间隙圆图，如图 10-6 所示。由图中的间隙距离 e_1、e_2、e_3，即可

得知各种情况下空气间隙是否满足表 10-2 所列数值。

三种情况的间隙圆图中，对杆身间隙起控制作用的一般为内过电压或外过电压两种情况。从图 10-6 可以看出，内过电压的间隙图，对下导线横担起控制作用，而正常情况风速较大，绝缘子串风偏角较大，对杆身间隙不起控制作用，但在强风地带须校验此时对横担下沿的间隙。

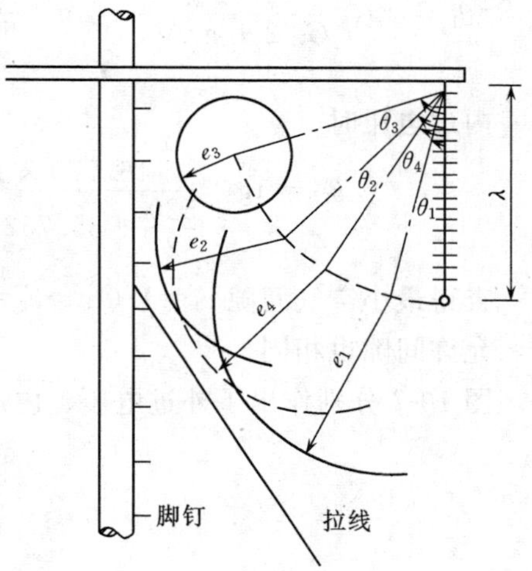

图 10-6　间隙圆图

为了带电检修的需要，有时还需给出带电作业的间隙圆图（见图 10-6 中的 e_4）。带电作业的杆塔，其带电部分对接地体风偏后的间隙应满足表 10-3 的距离要求。其相应的气象条件为：气温＋15℃、风速 10m/s、无冰（与外过电压情况同）。

对于带电作业的人员停留或工作的部位，还应考虑人体的活动范围 0.3～0.5m。

表 10-3　　**带电部分与接地体的最小距离**（m）

电压(kV)	35	60	110	154	220	330
距离(m)	0.6	0.7	1.0	1.4	1.8	2.4

2. 导线的线间距离和避雷线布置

导线水平排列时的最小水平线间距离、垂直排列的垂直距离和水平偏移以及避雷线布置按第 6 章第 2 节的规定设计。

【例 10-1】 某 110 kV 线路，导线为 LGJ—150/20 型，避雷线为 GJ—35 型，Ⅳ气象区，杆塔采用带拉线的等径水泥杆，如图 10-7 所示，杆径 ϕ300mm，水平挡距 l_h ＝300m，垂直挡距 l_V＝250m，导线间水平距离 5m，垂直距离为 3.5m，导线与避雷线间的垂直距离为 2.6m，保护角不大于 22°，导线悬垂串长 1.45m，重力为 520N，避雷线金具长 0.182m，导线最大弧垂 f_{max}＝6.9m。考虑带电检修，试校验电杆头部外形尺寸。

解　1. 校验头部间隙

根据Ⅳ气象区查表 2-5 可得有关气象参数，从附录中查得 LGJ—150/20 型导线 A ＝164.5mm²、g_1＝35.752×10⁻³N/(m·mm²)，$g_{4(10)}$＝7.453×10⁻³N/(m·mm²)、$g_{4(15)}$＝16.770×10⁻³N/(m·mm²)，P_j 忽略不计，则外过电压时

$$\theta_1 = \text{tg}^{-1}\frac{g_4 A l_h}{G_j/2 + g_1 A l_v} = \text{tg}^{-1}\frac{7.453\times10^{-3}\times164.5\times300}{\dfrac{520}{2}+35.752\times10^{-3}\times164.5\times250} = 12°$$

内过电压时

$$\theta_2 = \text{tg}^{-1}\frac{16.770\times10^{-3}\times164.5\times300}{\dfrac{520}{2}+35.752\times10^{-3}\times164.5\times250} = 25.56°$$

查得最小空气间隙 $e_1=1.0$m、$e_2=0.7$m，带电检修时风速与外过电压时风速相同，允许间隙也相同。

图 10-7 分别作出了外过电压、内过电压两种情况的间隙圆图。

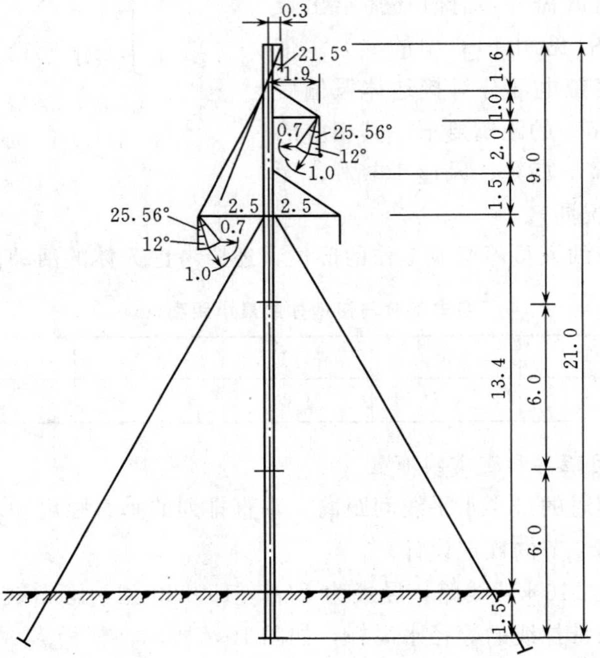

图 10-7　杆型校验

从上导线横担的间隙圆图看出，以上两种情况下导线风偏后对杆身的间隙是满足的，而带电作业时的间隙圆图(与外过电压的间隙圆图相同)，对人体活动范围尚显不足。

下导线对拉线的间隙圆图受内过电压控制。因拉线不在悬垂绝缘子串摇摆角平面内，故图上间隙圆对拉线的距离实为该距离的投影。从图上可见，间隙圆与拉线投影尚未相切，故合格。

2. 校验挡中的线间距离

(1) 导线的水平线间距离。导线的水平线间距离按式(6-6) 计算

$$D = 0.4\lambda + \frac{U_N}{110} + 0.65\sqrt{f_{max}} = 0.4 \times 1.45 + \frac{110}{110} + 0.65\sqrt{6.9}$$

$$= 3.29 < 5\text{m}(合格)$$

上下导线间的等效水平线间距离按式(6-7) 计算

$$D_x = \sqrt{D_P^2 + (\frac{4}{3}D_Z)^2} = \sqrt{(2.5 - 1.9)^2 + (\frac{4}{3} \times 3.5)^2}$$

$$= 4.70\text{m} > D = 3.29\text{m}\ (合格)$$

(2) 校验垂直线间距离。根据线路电压 110kV，查表 6-2 得最小垂直线间距离为 3.5m，与该杆的垂直线间距离相等，合格。

(3) 导线与避雷线的距离。这里只校验保护角。避雷线对上导线的保护角一般不应大于 30°，该杆的保护角为 21.5°，所以满足防雷保护要求。

(4) 上下导线间和导线与避雷线间的水平偏移校验。线路通过Ⅳ级气象区，覆冰厚 5mm。表 6-3 中冰厚 10mm 地区线间最小偏移值 0.5m，而已知该杆的两种偏移均大于此值，满足要求。

根据题目要求，各校验项目均合格。

复习思考题

10-1　杆塔的型式有哪些？各适用于什么情况？

10-2　钢筋混凝土电杆和铁塔各适用于什么地形？

10-3　导线的各种排列方式各适用于什么情况？有什么优缺点？

10-4　杆塔头部尺寸设计决定于哪些电气方面的要求？

10-5　决定杆塔头部尺寸时应考虑哪些角度？

10-6　决定横担的长度时应考虑哪些因素？

10-7　决定垂直线间距离时应考虑哪些因素？

第 11 章

杆塔荷载计算

11.1 荷载种类及计算条件

11.1.1 荷载分类

根据荷载在杆塔上的作用方向，如图 11-1 所示，可将其分为：

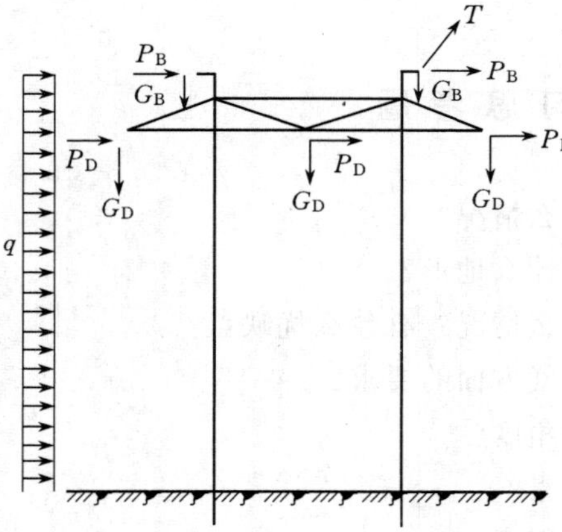

图 11-1　杆塔荷载

（1）水平荷载。杆塔及导线、避雷线的横向风压荷载，转角杆塔导线及避雷线的角度荷载。

（2）纵向荷载。杆塔及导线、避雷线的纵向风压荷载，事故断线时的顺线路方向张力，导线、避雷线的顺线路方向不平衡张力，安装时的紧线张力等。

（3）垂直荷载。导线、避雷线、金具、绝缘子、覆冰荷载和杆塔自重，安装检修人员及工具重力，使用拉线时由拉线产生的垂直分力。

11.1.2 荷载的计算条件

各类杆塔，一般均应计算线路正常运行、断线、安装及特殊情况的荷载。各类杆塔的荷载的计算条件列于表 11-1，以备查用。

表 11-1　　各类杆塔的荷载计算条件

<table>
<tr><th>杆塔类别</th><th>运行情况</th><th>断线情况</th><th>安装情况</th><th>特殊情况</th></tr>
<tr><td>直线杆塔</td><td>(1) 最大风速、无冰、未断线
(2) 覆冰、相应风速、未断线</td><td>(1) 断一相导线、避雷线未断、无冰、无风
(2) 一根避雷线有不平衡张力、导线未断、无冰、无风
断线检修考虑附加荷载</td><td rowspan="2">(1) 各类杆塔应按安装方法、相应风速、无冰条件计算
(2) 一般采用无冰、风速为 10m/s
(3) 对终端杆塔应按进线挡已架设及未架设两种情况计算</td><td rowspan="2">重冰区各类杆塔的断线张力，应按覆冰、无风、气温 −5℃ 计算，断线情况覆冰荷载不应小于运行情况计算覆冰荷载的 50%
重冰区的各类杆塔，尚应按三相导线及避雷线不均匀脱水(即一侧冰重 100%，另一侧冰重 50%)所产生的不平衡张力进行验算；直线杆塔一般不考虑导线及避雷线同时产生不平衡张力；耐张杆塔应根据具体情况确定
地震烈度为 9 度以上地区的各类杆塔均应进行抗震计算。设计烈度采用基本烈度，验算条件：风速取最大风速的 50%、无冰、未断线</td></tr>
<tr><td>耐张型杆塔</td><td>(1) 最大风速、无冰、未断线
(2) 覆冰、相应风速、未断线
(3) 最低气温、无冰、无风、未断线</td><td>(1) 同挡内断两相导线、避雷线未断、无冰、无风
(2) 断一根避雷线、导线未断、无冰、无风
(3) 单回路终端杆塔应按断一相导线、避雷线未断、无冰、无风条件计算</td></tr>
</table>

11.1.3 荷载系数

在杆塔强度计算中，由于各类荷载出现的几率不同，其荷载作用的时间长短不同，为了设计的经济性，其相应的安全可靠性亦要求不同。此外，由于耐张型杆塔发生事故的后果比直线杆塔要严重得多，所以当它们同样受事故荷载作用时，要求耐张型杆塔有较高的可靠性。为了能采用同一标准进行受力的比较和尺寸选择，用荷载系数 k_H 来表征各种情况的荷载对杆塔安全可靠性的要求。

将运行、断线及安装情况的荷载(称为计算荷载)分别乘以相应的荷载系数 k_H，就得到各种情况的设计荷载。按设计荷载进行杆塔强度的计算时，采用同一安全系数，可以简化杆塔强度的计算。各类杆塔的荷载系数可按表 11-2 所列。

表 11-2　　各类杆塔的荷载系数 k_H

计算情况	运行情况	断线情况		安装情况	验算情况
		直线型杆塔	耐张型和特高杆塔		
荷载系数	1.0	0.75	0.9	0.9	0.75

11.2 各种挡距的确定

在计算杆塔荷载时，需首先确定各种杆塔的标准挡距、水平挡距和代表挡距，以便计算导线的风压、重力和张力。

11.2.1 标准挡距

与杆塔的经济呼称高相应的挡距，称为标准挡距。在平地标准挡距 l_b 为

$$l_b=\sqrt{\frac{8\sigma}{g}(H-\lambda-h-\Delta h)} \tag{11-1}$$

式中的符号意义同式(10-1)。

11.2.2 水平挡距

水平挡距是计算导线、避雷线风压荷载的主要数据之一。杆塔的水平挡距应等于杆塔经济呼称高决定的标准挡距，但考虑到实际地形变化，在平原地区，取水平挡距较标准挡距大 10%左右，在山区线路的水平挡距变化较大，可据具体情况，设计几种不同的水平挡距及杆高。

11.2.3 垂直挡距

垂直挡距决定于杆塔的垂直荷载，其大小直接影响横担及吊杆的强度。垂直挡距一般取水平挡距的 1.25～1.7 倍，通常取 1.5 倍左右，或按比水平挡距大 50～100m 来设计。

11.2.4 代表挡距

导线、避雷线的张力与代表挡距有关，据统计分析，绝大多数的代表挡距小于标准挡距。一般在计算直线杆塔的风偏角时，取代表挡距 $l_D=0.8l_b$；计算耐张杆塔导线、避雷线的张力时，可取 $l_D=0.7l_b$。当杆塔标准挡距接近临界挡距时，可取标准挡距等于临界挡距。

11.3 荷载确定及荷载图

11.3.1 垂直荷载的计算

$$G=gAl_v+G_j \tag{11-2}$$

式中 G——导线或避雷线的垂直荷载，N；

g——导线或避雷线的垂直比载（g_1 或 g_3），N/(m·mm²)；

A——导线或避雷线截面，mm²；

l_v——垂直挡距，m；

G_j——绝缘子串总重力，N；当设计冰厚 10mm 时，每片绝缘子的覆冰重力取 20N；5mm 取 10N；金具零件的覆冰重力按一片绝缘子覆冰重力计算。

无论是安装情况或断线情况，需有相当的工作人员在杆塔上作业。因此在计算安装情况及断线情况荷载时，应考虑工作人员登杆作业时的附加荷载（工人及工具重力）。其值如表 11-3 所示。另外提升导线时应考虑冲击系数 1.1～1.2。

表 11-3　附加荷载（kN）

电压（kV）＼附加荷载	导线	避雷线
110	1.5	1.0
220	3.5	1.5

11.3.2 水平荷载的计算

1. 杆塔的风压荷载

当风向与线路方向垂直时，杆塔风压荷载按下式计算

$$P_a = CF\frac{v^2}{1.63} \tag{11-3}$$

式中 P_a——风向与线路垂直时的杆或塔身风压，N；

v——设计风速，m/s；

F——风压方向杆（塔）身侧面构件的投影面积，m²；

C——风载体形系数，对环形截面电杆取 0.6，矩形截面电杆取 1.4，角钢铁塔取 $1.4(1+\eta)$，圆钢铁塔取 $1.2(1+\eta)$；

η——空间桁架背风面的风压荷载降低系数，一般采用表 11-4 所列的数值。

表 11-4　空间桁架背风面的风压荷载降低系数 η

b/h ＼ F/F_h	≤0.1	0.2	0.3	0.4	0.5	0.6	1.0
≤1	1.0	0.85	0.66	0.50	0.33	0.15	0.15
2	1.0	0.90	0.75	0.60	0.45	0.30	0.30

注　F_h——桁架的轮廓面积；b——桁架的前后距离；h——桁架迎风面的宽度。

对于高杆塔，杆(塔)身风压应分段计算，每段风速可按基本设计风速乘以增大系数 K_z，如表 11-5 所示。

表 11-5　　风速高度变化系数

距地高度(m)	10	15	20	30	40	50	60	70	80	90	100	150	200	250
K_Z	0.87	1.0	1.09	1.23	1.34	1.42	1.49	1.55	1.60	1.65	1.70	1.90	2.07	2.2

同理，导线、避雷线风压荷载的计算风速也按其悬挂平均高度 $\left(H_p=H-\dfrac{2}{3}f_m\right)$进行修正。

另外，60m 以上杆塔，还应考虑阵风的振动作用，杆(塔)身风压荷载应乘以风振系数 β，铁塔的风振系数取 1.5，拉线杆塔取 1.25。

2. 导线、避雷线的风压荷载

导线、避雷线的风压荷载用下式计算

$$P=gAl_h\sin^2\frac{\theta}{2}+P_j \tag{11-4}$$

式中　P——导线或避雷线的风压荷载，N；

θ——风向与线路方向夹角，(°)；

g——导线或避雷线的风压比载(g_4 或 g_5)，N/(m·mm²)；

l_h——水平挡距，m，断线故障时，断线相计算水平挡距取 $l_h/2$；

P_j——绝缘子串风压，N，计算式见式(10-3)，工程计算中常忽略。

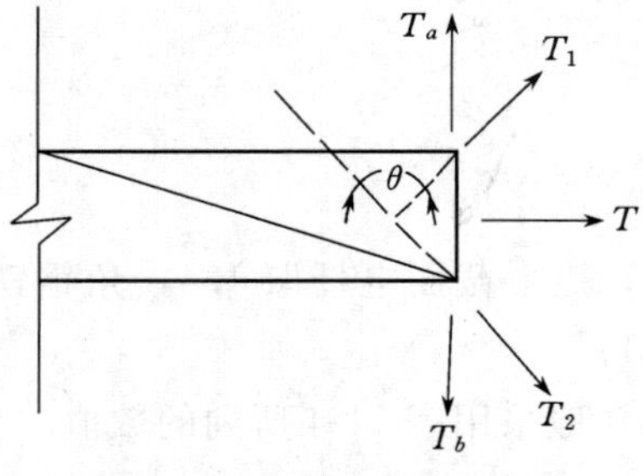

图 11-2　线路转角示意图

3. 导线、避雷线的角度荷载

当线路转角时，杆塔承受顺横担方向的合力 T(如图 11-2 所示)为

$$T=(T_1+T_2)\sin\frac{\theta}{2} \tag{11-5}$$

式中　T_1、T_2——杆塔两侧张力，N，断线故障时，断线张力为 0；

θ——线路转角，(°)。

11.3.3　顺线荷载的计算

1. 导线、避雷线的不平衡张力、断线张力

各类杆塔的导线或避雷线的断线张力和不平衡张力可分别取各自最大使用张力的一个百分数，见表 11-6、表 11-7 所示。安装时的紧线张力，须视施工方案而定。

表 11-6　　断线张力(取最大使用张力的百分数)

<table>
<tr><td colspan="3">导线截面(mm²)</td><td>95 及以下</td><td>120～185</td><td>240 以上</td></tr>
<tr><td rowspan="4">直线杆塔</td><td rowspan="2">单导线</td><td>铁　塔</td><td>40</td><td>40</td><td>50</td></tr>
<tr><td>钢筋混凝土拉杆、拉线铁塔</td><td>30</td><td>35</td><td>40</td></tr>
<tr><td rowspan="2">两分裂导线</td><td>平地杆塔</td><td colspan="3">40(一根的)</td></tr>
<tr><td>山地杆塔</td><td colspan="3">50(一根的)</td></tr>
<tr><td rowspan="2">耐张杆塔</td><td colspan="2">导线</td><td colspan="3">70</td></tr>
<tr><td colspan="2">避雷线</td><td colspan="3">80</td></tr>
<tr><td colspan="3">大跨越杆塔</td><td colspan="3">60</td></tr>
</table>

表 11-7　　避雷线的不平衡张力(取最大使用张力的百分数)

杆塔类型	钢筋混凝土杆	拉线铁塔	铁塔
不平衡张力	15～20	30	50

2. 避雷线支持力

避雷线支持力的计算方法见第 8 章第 6 节。

3. 顺线风荷载

杆塔、导线、避雷线在顺线路方向的风荷载总和，可取为导线在垂直线路方向的风荷载的 20%～50%。

【例 11-1】 110kV 单回直线杆的呼称高为 13.4m，导线为 LGJ—150/20 型，避雷线为 GJ—35 型，标准挡距 260m，水平挡距 300m，垂直挡距 350m，气象条件如表 11-8。试计算该直线杆的荷载，并画出荷载图。

表 11-8　　气象条件

计算条件 \ 气象参数	温度(℃)	风速(m/s)	冰厚(mm)
正常大风	−5	25	0
正常覆冰	−5	10	5
安　装	−10	10	0

解　导线、避雷线的参数、比载，以及绝缘子串、金具的重力，可查附录及表 11-9。

表 11-9 导线、避雷线的有关参数

项 目	GJ—35 型	LGJ—150/20 型
截面积(mm^2)	$A_B=37.15$	$A_B=164.5$
应力(N/mm^2)	$\sigma_{BO}=294.2$	$\sigma_O=100$
比载($N/m\cdot mm^2$)	$g_{1B}=83.997\times10^{-3}$ $g_{3B}=131.7647\times10^{-3}$ $g_{4B}(25)=82.038\times10^{-3}$ $g_{4B}(10)=15.443\times10^{-3}$ $g_{5B}(5,10)=35.241\times10^{-3}$	$g_1=32.752\times10^{-3}$ $g_3=51.016\times10^{-3}$ $g_4(25)=39.596\times10^{-3}$ $g_4(10)=7.453\times10^{-3}$ $g_5(5,10)=11.924\times10^{-3}$

避雷线金具无冰时重力 G_{JB} 和覆冰时重力 G'_{JB}

$$G_{JB}=50N, G'_{JB}=70N$$

绝缘子串无冰时重力 G_J 和覆冰时重力 G'_J

$$G_J=530N, G'_J=600N$$

忽略金具及绝缘子串的水平风压。

由表 11-1 可知，该杆塔需计算以下七种荷载：

(1) 运行情况Ⅰ。由表 11-1 可，其气象条件为：最大设计风速、无冰(v=25m/s，t=－5℃，b=0)。

避雷线重力

$$G_B=g_{1B}A_Bl_v+G_{JB}=83.797\times10^{-3}\times37.15\times350+50=1142N$$

避雷线风压 $P_B=g_{4B(25)}A_Bl_h=82.04\times10^{-3}\times37.15\times300=914N$

导线重力

$$G_D=g_1Al_v+G_J=32.752\times10^{-3}\times164.5\times350+530=2416N$$

导线风压 $P_D=g_{4(25)}Al_h=39.596\times10^{-3}\times164.5\times300=1954N$

(2) 运行情况Ⅱ。覆冰情况，取相应风速(v=10m/s，t=－5℃，b=5mm)。

避雷线重力

$$G_B=g_{3B}A_Bl_v+G_{JB}=131.76\times10^{-3}\times37.15\times350+70=1785N$$

避雷线风压 $P_B=g_{5B}A_Bl_h=35.241\times10^{-3}\times37.15\times300=393N$

导线重力

$$G_D=g_3Al_v+G'_J=51.016\times10^{-3}\times164.5\times350+600=3537N$$

导线风压 $P_D=g_5Al_h=11.924\times10^{-3}\times164.5\times300=588N$

(3) 断线情况Ⅲ、Ⅳ。断上、下导线时，其组合气象条件为无冰、无风。

避雷线重力 G_B=1142N

未断相导线重力 G_D=2416N

断线相导线重力

$$G'_D = g_1 A \frac{l_v}{2} + G_J = 32.752 \times 10^{-3} \times 164.5 \times \frac{350}{2} + 530 = 1473\text{N}$$

断线张力 $T_D = 0.35 \frac{\sigma_p A}{K} = 0.35 \times \frac{283}{2.5} \times 164.5 = 6517\text{N}$

(4) 避雷线张力差Ⅴ。其组合气象条件为无冰无风。

避雷线重力 $G_B = 1142\text{N}$

导线重力 $G_D = 2416\text{N}$

避雷线张力 $\Delta T_B = 0.2\sigma_{B0} A_B = 0.2 \times 294.2 \times 37.15 = 2187\text{N}$

(5) 安装情况Ⅵ。起吊导线时，一般取无冰、风速 10m/s。起吊上导线一般按避雷线已安装，下导线未安装考虑。

避雷线重力 $G_B = 1142\text{N}$

避雷线风压 $P_B = g_{4B(10)} A_B l_h = 15.443 \times 10^{-3} \times 37.15 \times 300 = 172\text{N}$

导线重力 $G_D = 2416\text{N}$

导线风压 $P_D = g_{4(10)} A l_h = 17.453 \times 10^{-3} \times 164.5 \times 300 = 368\text{N}$

上导线的起吊安装示意图见图 11-3，导线越过下横担时须向外拉，其拉力 T_2 与水平线的夹角设为 20°，并假设上、下横担间导线被水平拉出 1.3m。根据静力平衡条件，列平衡方程

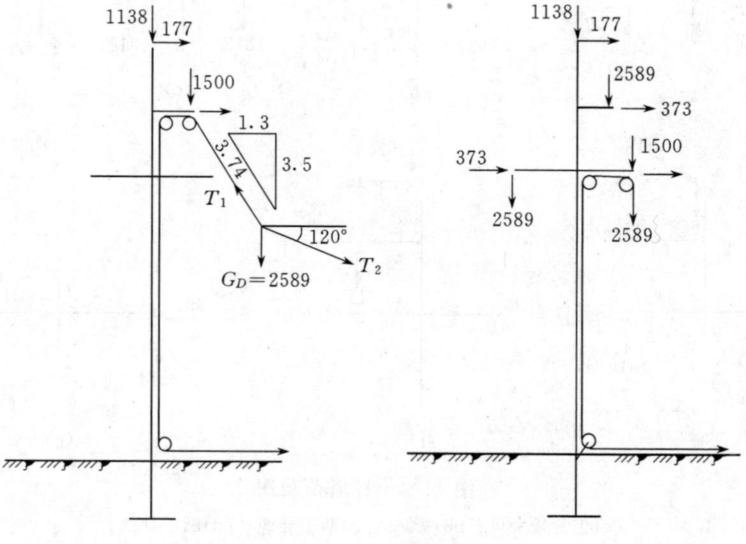

图 11-3 起吊安装示意图

取$\sum X=0$ $$\frac{1.3}{3.74}T_1=T_2\cos20°$$

$$T_1=2.7T_2$$

取$\sum Y=0$ $$\frac{3.5}{3.74}T_1=G_D+T_2\sin20°$$

$$T_1=\frac{3.74}{3.5}(2416+0.342T_2)$$

联立解上二式得 $$T_1=2986\text{N}$$

$$T_2=1106\text{N}$$

杆头荷载通过横担传递至主杆

$$G_{T1}=2986\times\frac{3.5}{3.74}=2794\text{N}$$

$$P_{T1}=2986\times\frac{1.3}{3.74}=1038\text{N}$$

$$\Sigma G=1.1\times2794+1500=4573\text{N}$$

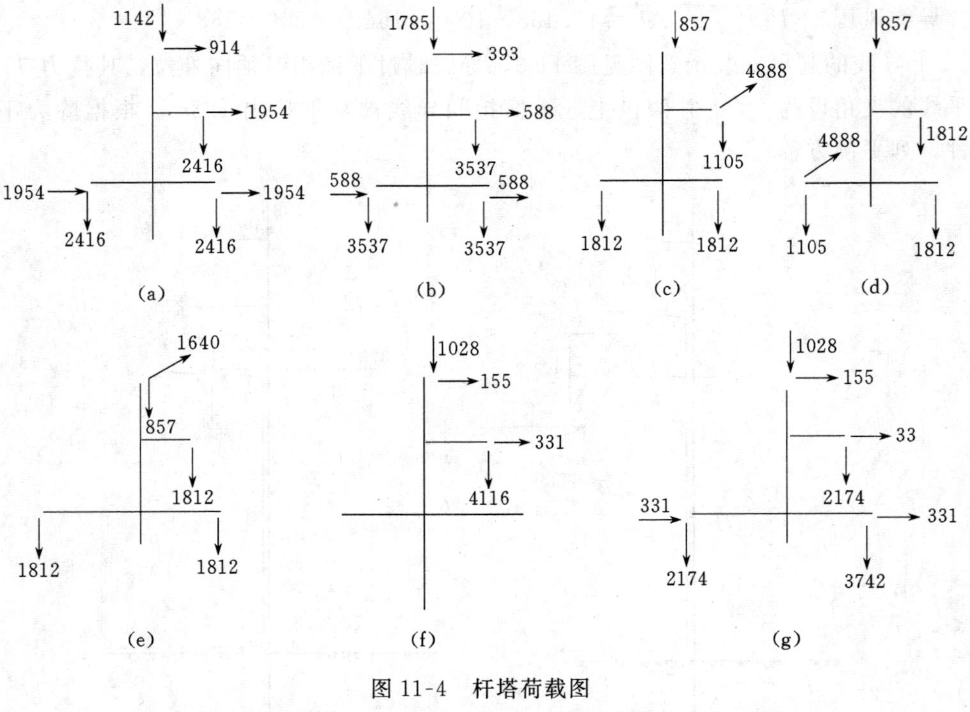

图 11-4 杆塔荷载图

(a)正常最大风；(b)覆冰；(c)断上导线；(d)断下导线；

(e)避雷线张力差；(f)起吊上导线；(g)起吊下导线

(6) 安装情况Ⅶ。起吊下导线。避雷线和导线的重力及风压均同(5)。

正在安装的下导线横担处的总荷载为

$$\Sigma G = 1.1G_D + 1500 = 1.1 \times 2416 + 1500 = 4158\text{N}$$

(7) 荷载图。把相应的荷载组合，考虑荷载系数后标在杆头上，即为杆塔设计荷载图(见图 11-4)，以供杆塔设计校验时使用。

11.4 杆塔荷载计算的注意事项

(1) 计算条件必须符合规程规定，并尽可能接近具体工程的实际情况，从荷载方面保证杆塔的安全和经济。

(2) 在开列杆塔荷载时，可根据计算结果，取偏大值接近于 5N 整数，对避雷线金具串和防振设施等的风压可忽略不计。

(3) 本章中所介绍的计算方法，未考虑以下情况：

1) 相邻两挡的挡距不等，高差不等时在山区直线杆塔上出现的不平衡张力。

2) 连续挡内各挡覆冰或脱冰不均匀时在重冰区直线杆塔上出现的不平衡张力。

3) 由于施工安装允许悬垂绝缘子串偏斜不超过 5°，在山区直线杆塔上出现的不平衡张力。

4) 重冰区各类杆塔的断线张力，还应按覆冰、无风、气温－5℃计算。断线情况覆冰荷载不应小于运行情况计算覆冰荷载的 50%。

5) 由于施工误差在转角耐张杆塔两侧引起的导线或避雷线的不平衡张力。

6) 单双避雷线变换时在杆塔两侧引起的不平衡张力，以及水平和垂直荷载在杆塔两侧引起的变化。

(4) 当验算基础上拔力时，应补充计算在实际工程中可能出现，或杆塔定位后已经出现的最小垂直挡距(有时会出现负值)时的荷载。

(5) 当安装方法不同时，必须按照实际情况分析计算安装情况的荷载，并对施工单位提出安装要求。

(6) 转角耐张杆塔的转角范围的转角度数较小时，如为 5°～30°的转角杆塔，还必须计算反方向的水平荷载，验算钢筋混凝土双杆的基础埋深，对铁塔应验算其内角受压，及基础受反向风荷载由受压而变为受拉时，其尺寸及埋深是否满足设计要求。

(7) 荷载图中要用箭头表示各种荷载的方向，注意方向不能搞错。例如：垂直荷载的箭头向下表示下压力，向上表示上拔力；水平荷载向右对转角杆塔表示正向风荷载，向左则表示反向风荷载，纵向荷载在同侧表示杆塔承受弯矩，若两边线的荷载箭头相反，则表示杆塔承受扭矩。

(8) 杆塔荷载计算表和荷载图是杆塔设计的重要依据，其原始数据必须整理保存，以供查考。

必须按照实际情况分析计算安装情况的荷载，并对施工单位提出安装要求。

复习思考题

11-1 杆塔的荷载怎样分类？怎样计算？

11-2 荷载系数是怎样定义的？用途是怎么？

11-3 杆塔荷载计算时应注意哪些事项？

第 12 章

线路的路径选择和初步设计

12.1 输电线路的路径选择

12.1.1 路径选择的原则

选择线路的路径，应在做好充分调查研究的基础上，尽量少占耕地，综合考虑运行、施工、交通条件和路径长度等因素，认真与有关单位协商，根据统筹兼顾，合理安排的原则，进行方案技术经济比较，确定出最佳的方案。

对发电厂或变电所的进出线走廊，应根据电力系统规划和厂所总体布置进行设计。当受到地形限制时，进出线可采用双回路或多回路杆塔。

线路路径选择的基本原则是：

(1) 路径力争选得最短，转角少，特殊跨越少。

(2) 尽量避免高山、宽河、湖泊、沼泽、林区、矿区、滑坡区、塌方区、冲刷区、重冰区、重雷地、强烈地震区以及居民区。

(3) 便于施工、便于运行、便于检修。

(4) 尽量减少线路沿线对各种通信线路、弱电设备、各种用途调幅台和调频台以及机场的影响。

12.1.2 路径方案的选定

输电线路路径选择的目的是在线路起止点之间选出一个既安全可靠、又经济合理，符合国家各项方针政策和设计技术条件的线路路径。因此，路径的选择必须建立在对线路沿线进行广泛细致的调查研究的基础上。路径的选择分两步：第一步是图上选线，第二步是野外选线。本节叙述图上选线，野外选线见 12.4。图上选线在万分之一或五万分之一的地形图上进行，地形图式样如图 12-1 所示。从地形图上我们可以明确一个区域内的地形特征和房屋、道路、河流、已有输电线路及其他各种建筑物的分布状况。

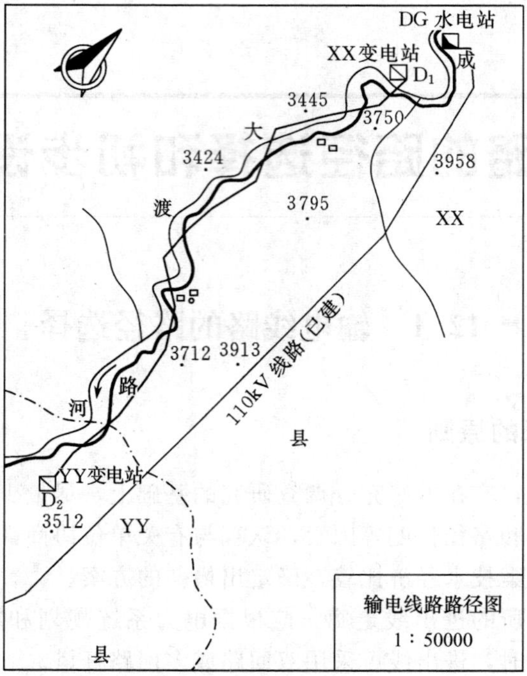

图 12-1 输电线路路径图(1∶50000)

图上选线由设计和测量人员共同进行，并在图上标出以下内容：

(1) 路的起止点的变电站(发电厂)位置，如果考虑线路在中途引入其他变电站时，亦应标出引入点位置。

(2) 用不同的颜色标出不同路径方案的走径并注明线路的全长。

(3) 拟建的巡线站、检修站的位置。

(4) 沿线附近电信线的位置及杆面布置图。

(5) 标出已运行的送电线路走径、电压、回路数及主要杆塔型式。

(6) 铁路、公路、河流改建发展规划。

(7) 城市发展规划，新建拟建厂矿及其他建筑物的范围。

(8) 线路通过矿区时，应描绘出矿区范围及塌陷区范围。

(9) 控制线路走径的其他设施位置和范围。

图上选线时，将地形图拼贴在平整的大图板或墙上，先将线路的起止点、中间必经点(如 T 接点)标在图上。然后根据地形图和已有地形、地质、水文等资料逐段分析，分别标出一切可能走线方案的转角点。再沿每个方案的走向，将转角点用不同颜色的线分别连接起来，即构成数个路径方案。对这些方案，再结合已有资料作进一步认真分析，淘汰明显不合理的方案，留出 2～3 个较优方案待野外踏勘后决定取舍。

12.2 输电线路的勘探及线路路径方案的比较

12.2.1 输电线路的勘探

12.2.1.1 线路勘探的必要性

由于地形图的局限性和地形地貌的变迁，且图上选线时所掌握的资料未必齐全，因此对图上所选路径还必须到现场进行踏勘核对，并沿线进一步广泛搜集有关资料。野外踏勘一般分三种情况：

(1) 对较长的线路一般采用重点踏勘。即在图上选线时进行认真分析，明确全线地形地质概况，列出线路通道和转角点位置有限制、地形地质条件复杂，大河流、铁路、公路、重要通信线等重要交叉跨越点，交通运输有困难等地段作为野外踏勘的重点，而对地形地质条件较好，线路通道较开阔的地段可不踏勘。如此可减少野外作业工作量又不影响路径的合理性，从而可缩短设计周期。

(2) 对较短的线路一般采用全线踏勘。

(3) 对沿线情况较复杂，如重要交叉跨越段、村庄密集地段、地形地质条件较复杂地段等，这些地段对线路走向限制较严，此时需用仪器进行初测，将线路走向基本确定下来。

12.2.1.2 线路勘探之前需搜集的资料

(1) 搜集电力系统的电压等级、回路数、导线型号、线路的起止点和中途拟引入的变电站位置及其进出线方向等资料。

(2) 按照 5～10 年的电力系统远景发展规划计算短路电流，以便计算输电线路对电信线路的危害影响。

(3) 了解两端变电站(或发电厂)的位置，进出线回路数及每回路的位置，变电站(发电厂)附近地上、地下设施及对终端杆塔位置的要求。

(4) 搜集沿线可能经过地区的地形图，比例尺为 1/50000 或 1/25000，对城市规划区、居民区及拥挤地段，其地物地貌比较复杂，应取比例尺较小的地形图(1/1000 或 1/2000)。

(5) 向邮电、铁路、军事等有关单位搜集了解沿线附近已建或拟建的电信线路的位置和性质，以便计算输电线路对电信线路的危害影响。

(6) 根据室内选线的初步路径方案，进行大地电阻的测量，并搜集沿线附近已运行输电线路曾经测量的大地导电率数值。

(7) 初步估算送电线路对电信线路的危害影响，并与有关单位进行原则协议，为室内选线提供资料。

(8) 搜集铁路远景和近期发展规划，铁路的路径，沿线车站及编组站的位置，铁路通信信号线的位置和使用特性。

(9) 了解沿线城市和当地的发展规划及其对线路路径的要求。

(10) 根据室内选线的路径方案，搜集沿线的水文资料，对跨越的河流应搜集五年一遇的洪水淹没范围及 30～50 年河岸冲刷变迁情况。

(11) 搜集通航河流的通航情况，对通航河流应搜集五年一遇洪水位、最高航行水位及最高航行水位时的最高船桅顶高度。对不通航的河流应搜集百年一遇的洪水位及冬季结冰情况。

(12) 搜集了解沿线河流规划改道整治情况。

(13) 了解搜集矿区的采矿范围，地层地质结构，矿藏分布塌陷范围及其对线路杆塔的危害情况。

(14) 搜集沿线坐标点位置，标高和坐标值以便线路与其联系。

(15) 搜集了解沿线附近已建输电线路的原始档案资料，包括线路电压、回路数、线路走径、交叉跨越情况、沿线气象资料、地质水文资料、对电信线路的影响及其保护措施等。

(16) 向运行单位搜集沿线已运行线路的情况，以便选线设计参考。

12.2.1.3 现场勘探测量各专业人员的主要工作

现场勘探测量，通常由设计勘察、施工、运行等单位的有关工作人员组成一小队，由于各专业所需要的资料不同，各专业人员的主要工作如下。

1. 测量方面

(1) 根据室内选线的路径方案，进行现场踏勘，确定经济合理的路径方案。所谓踏勘就是利用室内选线的地形图，按照地形图上的路径进行现场调查了解，鉴定图上选择的路径是否符合选线技术要求，线路能否畅通无阻。一般可根据现场的地物，先确定转角点的位置，然后目测两转角点之间的线路沿线情况。当线段较长，或遇有障碍物，两端不能通视时，可在线路中间的高处，目测线路前后通过的情况。

(2) 详细记录各个路径方案的优缺点，并提出可行的修改方案。

(3) 在规划区、居民区、拥挤地段以及地物地形比较复杂的地段，或对线路走径要求严格的地方，采用目测方式难以确定路径的准确性时，可采用仪器走线的方法测量线路的准确位置，然后判断是否满足有关要求，并找出可行的路径方案。

(4) 选择安全的跨河位置，并测量各个跨河方案的平、断面，以便进行技术经济比较。

(5) 当交叉跨越角度接近允许值时，应采用仪器测量交叉角度，并在现场确定满足交叉角度的路径方案。

(6) 对可能有影响的设施(如无线电台、雷达、导航台等)，当输电线路与其距离接近允许值时，应用仪器进行现场测量，以便判断该距离是否满足要求。

(7) 搜集并核对现场的坐标点、水准点位置并绘制草图，以便终勘时查找。

(8) 补测地形图上没有的地物地貌，如绿化地带、积水区、水库、工矿厂房、居民点、架空灌渠、地下电缆、公路、采石场、电台和仓库等。

(9) 测量发电厂或变电站两端进出线平面图，其比例尺为1/500或1/2000，以便布置进出线走径。

(10) 测量拥挤地段平面图，其比例尺为1/5000或为1/20000。

(11) 山区线路遇有大高差、大挡距或地形复杂的地段时，应测量平、断面图，以确定杆塔型式。

(12) 向当地居民搜集了解历史上出现的最大风、结冰、雷害等情况，作为确定线路设计气象条件参考。

2. 电信线相对位置调查小组的主要工作

(1) 调查并核对在影响范围内的电信线走径是否与有关部门提供的位置相符合，把正确的位置标绘在地形图上。

(2) 将现场新出现的电信线走径标绘在地形图上。

(3) 电信线的相对位置，一般可以依据地物、地貌的相对关系，用目测的方式标注在地形图上。对接近输电线路距离较近的电信线，应采用仪器测量其相对位置，以保证准确性。

(4) 向沿途各县、区邮电部门及电信线的运行单位搜集电信线的等级、使用性质、有无增客站、线条数量及材料、杆面线条布置型式、分支点等。如已安装保护措施，应了解其运行情况。

(5) 搜集电信明线改为电缆的地点及电缆规格型号。

(6) 绘制输电线路与电信线路的相对位置图，比例尺为1/5000或1/100000。

3. 施工运行方面

为便于编制施工组织和施工准备工作，以及线路的运行管理，在初勘测量过程中，外线、运行小组的主要工作有：

(1)了解线路走径是否合理，是否便于施工和运行维护，以保证线路安全运行。

(2) 了解沿线地形地貌情况、大跨越、大挡距和一般交叉跨越情况，以便考虑施工方法。

(3) 了解哪些地段施工比较困难，并提出解决的措施或对线路走径提出合理的改进方案。

(4) 调查沿线交通运输及道路的分布情况，掌握主干公路通往线路各点的最佳运输路线和各道路分岔口位置，以便施工、运行检修及运输。

(5) 掌握了解沿线铁路、公路的桥梁、涵洞的承载能力及其隧洞可能通过的最大高度和宽度，以便确定运输方式和车辆。

(6) 掌握了解火车站的位置、装卸能力和方式，选定材料到货的车站并选定沿线材料站以便材料的集中和小搬运。

(7) 选择巡线站和检修站的位置。一般应选在靠近居民区，生活供应、交通、供电、通信等方面比较方便，并便于线路的维护检修的地点。

4. 概算专业方面

该小组可由概算编制人员和施工人员组成，其主要工作内容有：

(1)调查全线交通运输道路的情况，确定需要修桥补路的数量及加固方法。

(2) 调查砂石材料的来源、价格、质量及生产情况，运输距离和运输方式。

(3) 确定沿线地形分类的长度和范围，如高大山岭、一般山地、丘陵地、平地、泥沼地等的分布情况。

(4) 确定沿线材料运输方式和距离，如汽车运输、马车运输或人力搬运、架空索道运输、水路运输等。

(5) 详细记录沿线拆迁房屋的数量、种类及其他需要搬迁的设施。

(6) 详细记录沿线需要砍伐的树木种类、高度、直径、数量及单价。

(7) 详细调查沿线赔偿青苗的种类、数量和价格。

(8) 确定现场材料站的位置。

(9) 了解沿线路各种地质情况，如流砂、泥水坑、岩石、粘土等的范围。

5. 水文调查方面

初勘测量时，水文调查的主要内容有：

(1) 调查了解沿线路的水文情况、积水区范围、深度、积水的季节性及冬季结冰厚度。

(2) 调查山洪排泄途径、排洪量和排洪时期、范围以及对线路路径影响情况。

(3) 调查了解山区河道供水范围、冲刷情况、河道变迁情况。

(4) 调查水库泄洪河道的水流范围、水位标高，以便确定杆塔位置和对水面的距离。

(5) 对跨越的河流，应调查五年一遇洪水淹没范围及30～50年的河岸冲刷变迁情况，以便确定跨越杆塔的位置和型式。

(6) 对于通航河流，应调查五年一遇的洪水位及最高航行水位和相应的最高船桅顶高度，以便确定导线对最高洪水位和船桅杆的距离。

(7) 对不通航的河流，应调查百年一遇洪水位和冬季结冰表面标高，以确定导线对洪水位和结冰表面的距离。

(8) 调查洪水时河流漂浮物的大小及其堆积面积和地点，春季流冰的冰块大小及其对河岸或河中建筑物的破坏情况，以便考虑河中立杆塔时对基础的影响。

(9) 调查河流横向冲刷范围和纵向冲刷深度，水流速度，冲刷土壤颗粒的大小，以便确定杆塔基础型式和埋深。

(10) 调查河床的变迁情况，河岸坍塌、河湾、边滩、沙滩移动范围，以便考虑跨越河流杆塔的位置。

6. 地质调查方面

线路初勘测量时的地质工作，是对不良地质的地段和跨河段进行地质调查或局部钻探对其他的地段只做一般了解，待终勘测量时再对全线进行地质钻探。初勘测量地质工作的主要内容有：

(1) 进行全线地貌的了解调查，记录沿线地形分布范围；调查沿线不良地质分布范围，如冲沟、滑坡、崩塌、岩堆、湿陷性土壤等的形成和发展情况；判断对杆塔基础安全稳定的影响程度，提出防护措施，或修改线路走径。

(2) 详细调查了解煤矿的采空区分布范围及地面的变化发展情况。

(3) 调查山区岩石的风化程度和范围。

(4) 了解沿线地下水深度及土壤冻结深度。

(5) 调查跨河两岸地质稳定情况和土壤类别，必要时对拟跨河的杆塔位置进行地质钻探，提出土壤的力学特性，以便为设计跨河杆塔的基础提供较可靠的资料数据。

(6) 根据沿线地质情况，对全线路径方案进行评价，并提出可行的修改方案。

(7) 根据现场初步调查了解的情况，分段确定沿线地质类别和土壤的力学特性数据，如地容量、地耐力、地下水深度等。

12.2.2 线路路径方案的比较

在图上选线留下的2～3个方案，再通过野外踏勘，对图上所选路径方案进行必要的修改，并根据搜集到的沿线工矿企业、邮电通讯、城镇建筑、文化古迹、交通运输以及军事设施等详尽资料，弄清相互影响情况，从整体利益出发，经过与有关方面共同协商，提出一个较合理的路径方案作为推荐方案，如图 12-1 中所示。

路径方案比较时，一般包括如下内容：

(1) 线路的长度。

(2) 通过地段的地势、地质、地物条件以及对作物和其他建设的影响。

(3) 交通运输及施工、运行的难易程度。

(4) 对杆型选择的影响。

(5) 大跨越及不良地形、地质、水文、气象地段的比较。

(6) 通过地段的生态环境影响。

(7) 技术上的难易程度，技术政策及有关方面的意见等。

(8) 线路总投资及主要材料，设备消耗量的比较等。

12.3 初 步 设 计

输电线路主要的设计原则，均应在初步设计中明确。主要是指通过调查研究和技术经济比较确定重大的技术原则，并与有关单位订立原则协议，以使下阶段的技术施工设计能顺利开展，并使施工图的设计能建立在可靠的基础上，避免不必要的返工，造成人力物力上的浪费和工作的混乱。

12.3.1 初步设计的工作

(1) 确定路径方案。路径方案是指大的走向方面，一般需要经过踏勘、协议、然后以路径方案图的形式提出。

(2) 确定气象条件。

(3) 编制导线的机械应力计算原则(指安全系数、平均运行应力等)及应力弧垂曲线。

(4) 选择杆塔型式及计算常用杆塔荷载。除标明结构形式和尺寸外，还应注明其使用条件及估算的材料量。

(5) 选择绝缘子串和金具。

(6) 计算通信干扰及危险影响。根据实测或估计的大地导电率进行计算，为确定路径方案提供依据。

(7) 制订原则协议。

(8) 提出线路技术经济指标。

(9) 开列材料清单。

(10) 提出工程概算书。

(11) 其他特殊问题。根据工程的具体情况，可能包括：①考虑采用新技术或新的标准；②特殊大跨越的设计原则；③为了配合路径方案的选择，进行有关通信干扰及危险影响的计算；④与导线使用应力相适应的导线防振措施；⑤防雷措施及接地计算；⑥避雷线的绝缘和利用；⑦导线的换位问题；⑧污秽地区的选择等。

关于导线的截面以及其他一些与系统有关的问题，一般应在接受任务时明确，但有时也需要在设计纲要中重新加以考虑。至于导线的结构型式，当然应在设计中结合当地的地理环境、气象条件和地形状况加以综合考虑确定。

12.3.2 初步设计工作的程序

(1) 接受任务时，应明确高压架空线路建设的目的以及在系统运行中的作用，还要明确线路起迄点及支接点、电压等级和导线截面等。

(2) 接受任务后，首先着手搜集地形图。根据已掌握的资料在图上进行路径方案的初选。经过大的方案比较，在图上确定几个可行的较优方案，然后进行工作。

(3) 针对图上选定的几个方案进行搜集资料、踏勘和协议工作。

(4) 根据图上选定的几个方案进行大地导电率的测量(或估计)，估计通信干扰及危险影响的程度，提出对路径选择的注意事项(接受任务时，应要求系统方面尽快提出单相接地短路电流曲线)。

(5) 在上述工作的基础上选定路径方案。

(6) 在搜集气象资料的基础上选定工程设计采用的气象条件，并编制导线及避雷线的特性曲线。

(7) 经过对选取路径的初步踏勘，在对线路经过地区地形特点有初步认识的基础上，定出工程中采用的基本杆型。为了提出线路的技术经济指标，需计算杆塔的荷载条件，便于进行常用杆塔的设计(在一般为35～110kV输电线路中，所应用的杆型，均可套用现有标准设计或其他工程使用过的杆型，故在初步设计中，一般都不进行杆型的具体设计和计算)。

(8) 金具和绝缘子串的设计。

(9) 开列材料清单。

(10) 提出线路的技术经济指标。

(11) 提出说明书及有关附图。

以上所述的初步设计程序只是一个概况，在实际工程中一定会有不少交叉和反复。

12.4 野 外 选 线

12.4.1 路径选择的技术要求

输电线路的路径选择，是线路设计中一项十分重要的工作，它关系到线路建设和运行是否经济合理，安全可靠。所以无论室内选线还是现场初勘测量，对所选择的路径，除了符合现行各种规程的要求之外，并应尽量做到所选的路径，长度最短、少占农田，转角点最少而且转角要小，避开重冰区和地质恶劣的地带。此外，线路路径应尽量靠近公路、铁路、水路等交通方便的地带，以便施工和检修。

沿线地形地质条件的优劣，直接影响杆塔和基础的造价，同时影响施工的难易程度和运行的安全，在地质恶劣的地带，杆塔的基础设计和施工就很困难。因此，选线时，应对地质情况详细调查，尽量避开地形、地质恶劣的地带。

选线时还应满足与地下、地上各种设施（如电台、雷达站、油罐、打靶场、导航台、地震台、易爆易燃物品的仓库以及对线路有腐蚀的工矿企业等）安全距离的要求。

以上是选择线路路径时总的要求，下面分别介绍在各种情况下，选择路径时的其他要求。

1. 线路通过山区

(1) 通过山区的线路，应尽量选在地形平坦的山谷地段架设，避免沿较陡的山坡通过。

(2) 应尽量避免出现大挡距、大高差的地段。但也要避免出现挡距过小的现象，以便有效地利用杆塔。

(3) 避免出现相邻挡距差过大，以减少顺线路方向的不平衡张力。

(4) 线路走径应尽量避开风口、强风地带和气象条件恶劣雷害频繁的地区。

(5) 线路穿过山脊时，应在低凹处，且山脊较宽的地方通过，以保证有足够的施工基面、减少开土石方量。

(6) 避开山林地带，以保证线路安全运行。

(7) 满足采石场、矿山开发爆破范围的安全距离的要求。

(8) 线路在铁路、公路的隧洞上面交叉通过时，应考虑在隧洞上面能否立杆塔的可能性。

(9) 应避免线路在山洪口、泥石流附近通过。亦应远离山沟的枯干河道，以免遭受山洪冲刷。

(10) 山区果树较多，选线时应尽量避开大面积的果林和经济作物区。

(11) 线路路径要避开悬崖、峭壁、陡坡、崩塌、岩滩、滑坡冲沟等不稳定地带。

崩塌是指在陡峭斜坡上的巨大岩块，在外力作用下失去平衡翻滚坠下，在坠落过程中，岩块互相撞击破碎而堆积在山脚下的平缓地方亦称山崩。如线路在这样的地带通过，将遭到很严重的破坏。

岩滩，是由于处在陡坡的岩石受到强烈风化使大块岩石破碎失去平衡，沿山被滚下来堆积在山脚下。岩堆的范围较大，极不稳定，对杆塔基础影响严重。

滑坡，系指斜坡上的岩体受地下水等自然条件作用或人为挖方等造成岩体向下滑动，从而危及线路的安全运行。

2. 线路通过平原地区

(1) 尽量避开涝洼积水区、沼泽地、水草地、芦苇塘等不良地带。必须绕过冬季结冰的积水区，以防结冰挤毁杆塔基础。

(2) 尽量远离或绕过盐碱地区及有腐蚀性的污源和化工厂、水泥厂、砖瓦厂等，以防对线路处的腐蚀影响。

(3) 线路的耐张段长度一般不超过 3～5km，并应尽量利用转角点做耐张段，以减少耐张杆塔的数量。

(4) 线路在煤矿区附近通过时，应绕过矿藏区及爆炸和蹋陷区范围，或采取必要的安全措施。

(5) 了解沿线的机耕情况及使用的收割机尺寸、机耕范围。

(6) 线路在农田灌溉机井水泵房附近通过时，应对机井保持一定的安全距离，以保证能够将地下水管拔出，在地面检修安装。

(7) 线路通过绿化地带、果园等应尽量绕行或选择砍伐树木较少的最佳方案。

(8) 线路在水库放水口下游通过时，应注意放水的淹没范围和冲刷情况对杆塔可能造成的危害程度。

(9) 线路通过河网地区时，应尽量与河道、沟渠垂直交叉，避免斜平行接近交叉，以保证杆塔基础距河道、沟渠边缘的安全距离。

3. 转角点的选择

(1) 转角点应尽量选在开阔平原地带，并应考虑施工紧线时所必须的场地面积。

(2) 选择转角点时，应满足杆塔的拉线布置所需占地面积和拉线基础稳定等要求。拉线距铁路、公路、电力线和电信线等应保持足够的安全距离。

(3) 山区线路的转角点可选取在山谷低处，以便杆塔上拔时兼做耐张杆塔使用；但不选在深沟的边缘地方。此外，转角点不得选在相邻两侧挡距相差较大的地方，以免承受过大的不平衡张力。

(4) 为了避开村庄等障碍物需要转角时，其转角点角度，不宜大于 15°。

(5) 挡距较大的跨越两侧，不宜选为转角点，以便降低杆塔的荷载。

(6) 转角点不得妨碍行人、车辆的来往通行，也不得有碍居民的出入通路。

(7) 转角点应尽量选在交叉路越需要设置耐张杆塔的地方，以便利用转角杆塔兼做耐张杆塔、节约投资。

(8) 若在交叉地下电信电缆附近转角时，转角点距电信电缆应保持一定的安全距离，以免线路的接地装置影响电缆的安全。

(9) 跨越河流的转角点应避开河岸冲刷变迁的范围，以保证杆塔的安全。

4. 交叉跨越

(1) 线路与电信线、铁路等交叉跨越时，首先应满足交叉角的要求，而且不得在电线杆顶或配电线路的变压器上方跨越，以免影响被跨越物的检修。

(2) 线路与河流交叉跨越时，应在河道最窄，跨越挡距最小，河道顺直、河岸稳固且不受洪水淹没冲刷的地方和地质较好的地方跨越。

(3) 线路不得在码头船舶停靠的地方跨越河流。

(4) 跨河点应避开支流入口处、河道转弯处和主流经常变迁的地方。

(5) 跨越河流时，线路路径应尽量靠近摆渡和公路桥梁，以便施工、运行检修的通畅。但线路不得在其上方跨越。

(6) 尽量与河流垂直交叉跨越以缩短跨越挡距降低造价。

(7) 线路不得在铁路进出站的信号装置及车站站界范围以内跨越铁路，否则应取得有关部门同意。

(8) 当线路与河道、干枯河沟、公路等外交叉时，应注意两侧立杆塔的可能性，尽量避免平行接近斜交叉，以防杆塔基础落在河道或沟内。

5. 线路通过居民区

(1) 线路走径必须征得当地政府和有关规划部门的同意，尽量不拆迁房屋或其他建筑物，并应通过技术经济比较，尽量绕过房屋和建筑物。

(2) 选择路径时应考虑将来发展的情况，并预留线路走廊。

(3) 发电厂变电站进出线走廊宽度，应满足各回路之间的安全距离。线路走径与电厂的油罐、冷却水塔、除灰管道等地上、地下设施，应保持一定的安全距离。线路不宜在冷却水塔迎风面的下侧通过，以防冬季覆冰严重，影响线路安全运行。

12.4.2　现场选线

图上选线是在输电线路的初步设计阶段进行的，现场选线一般在定线定位工作(施工图设计阶段)之前进行的，也可与定线测量工作合并进行，需视线路条件的复杂程度而定，现场选线的目的是将图上最后选定、并经上级有关部门批准的线路路径在现场具体落实，为定线、定位测量工作确定线路的实际走向，并检验、纠正和补足图上选线的不完全性。

现场选线根据其目的可知，必须将全线通道打通，并埋设转角桩及线路前后通视用的方向桩和标志。因此，根据地形、地物及交叉跨越等情况。常用的选线方法有如下几种，当然在实际工程中往往是交叉使用的。

1. 越角选线法

在选线人员确定了某一转角点位置后，线路前进方向地势较高，下一转角点位置选择余地较大，此时可在已选定的转角点设立标志，然后到线路前进方向选一线路路径上的制高点架设仪器。用经纬仪后视转角点，同时观察该段路径的地形、地物、交叉跨越及线路与建筑物的接近距离等情况。随后倒转望远镜，又可观察线路前进方向的路径情况，如前后无特殊障碍，结合已掌握的地形资料即可确定这段路径。如遇有障碍物，则可移动仪器重新选定路径，直到前后均无障碍达到满意为止。

2. 角度修正法

如图 12-2 所示，从转角点 Y 测到 A 处碰到房屋建筑等障碍物，此时可修正转角点 Y 的转角度数，取新的路径方案。如图 12-2 所示，在现场取一点 B 使新路径 YB 能避开障碍物。然后垂直原路径 YA 量取 BA 的长度，并从地形图上量取 YA 的长度，则可用下式计算出修正角 α 的数值为

$$\alpha = \frac{BA}{YA}\rho$$

式中　α——线路转角修正值，(′)；

　　　ρ——换算系数，3438′。

3. 交角法

当线路通过山区、房屋建筑或架空线路拥挤地段、大跨越或其他限制条件较多的复杂地段，如选线人员对前面一段路径走向没有把握，或者为避开大批建筑物，选线人员可先到前面踏勘，然后从前面复杂的地段向回测定直线，再与已选定的路径交会出转角点 J，如图 12-3 所示，这种选线方法就称交角法。采用交角法选线时应注意转角点应选在平原开阔地带，这样可使交会点有足够的活动余地，同时便于施工组立杆塔。

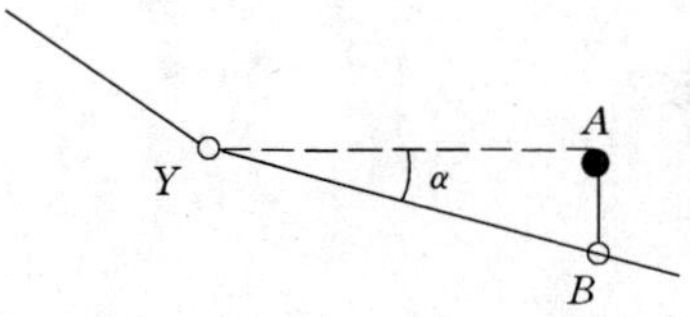

图 12-2　转角度数的修正

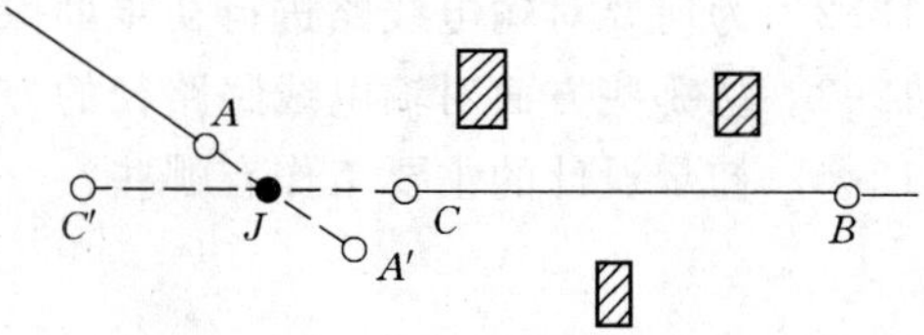

图 12-3　交角法选线

4. 趋近法

当线路在山区通过，如图 12-4 所示，若 A、B 两控制点相距较远又互不通视。此时可在 AB 之间地势较高处试选一点 C，尽量使其接近在 AB 直线上，且与 AB 都能通视。这时，安置经纬仪(红外仪)于 C 点。对准后视 A，固定水平度盘后倒转望远镜看前视目标 B，如果目标 B 不与望远镜中的中丝重合，说明 C 不在 AB 直线，需移动经纬仪(红外仪)重新选择一点 C。再对准后视 A，倒转望远镜看前视目标 B，如图 12-4 所示则表示移得太多，需将经纬仪(红外仪)往回移。如此反复，直至经纬仪移(红外仪)到 AB 直线上，即可在经纬仪(红外仪)旁指挥打桩，以标定路径方向。

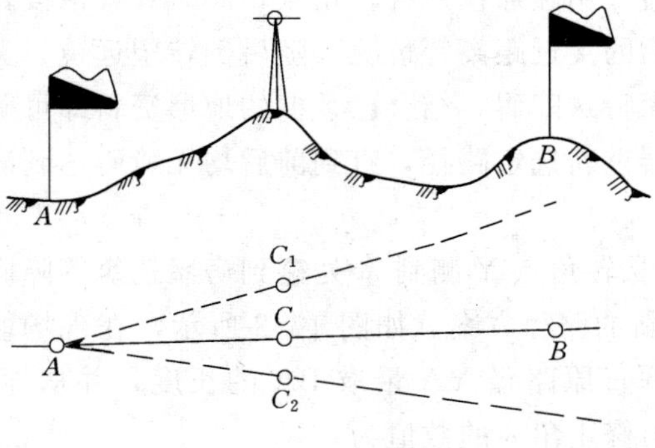

图 12-4 趋近法选线

采用这种方法是一逐步趋近的过程，要注意当目标 B 已在望远镜镜筒内后，因望远镜内所见是一倒像，所以经纬仪(红外仪)移动方向恰与镜筒中所见相反。比如从望远镜中所见目标在中丝左侧，则经纬仪(红外仪)应向右移，反之则向左移。当中丝已接近目标后，可松开经纬仪(红外仪)底座螺栓，在仪架上移动经纬仪(红外仪)以精确对准目标。

复习思考题

12-1 输电线路路径选择的原则是什么?

12-2 为何要对输电线路进行初步勘探?

12-3 从哪些方面对输电线路路径的方案进行比较?

12-4 初步设计的主要工作有哪些?

第13章

杆塔定位和施工图设计

13.1 杆塔定位原则

13.1.1 杆塔定位

杆塔定位分为室内定位和室外定位。室内定位是用弧垂曲线模板在线路勘测中所得的平、断面图上排定的杆塔位置和型式。室外定位是把在断面图确定的杆塔位置到现场复核校正，并用标桩固定下来。

13.1.2 杆塔定位的原则

杆塔位置选择得是否恰当，直接影响线路运行的安全可靠性和建设的经济合理性。定位时应注意以下原则：

（1）孤立挡，尤其是挡距较小的孤立挡，易使杆塔的受力情况变坏，施工困难，检修不便，应尽量避免。

（2）打拉线的杆塔应注意拉线的位置，在平地时，应避免打在路边或泥塘洼地，山地应避免因顺坡面而使拉线过长，无论哪种情况都不能将拉线打在道路中。

（3）杆塔定位时，除考虑边坡外，尚需注意施工时应为焊接排杆、立杆、临时打拉线、紧线等留有足够的位置。

（4）杆塔定位于陡坡时，应注意其基础受冲刷情况，必要时，应采取防护措施。

（5）在重冰区定位时，应尽量避免大挡距，并使杆塔布置得均匀一些。

（6）当不同杆型或不同的导线排列方式相邻时，挡距的大小应考虑挡中导线的接近情况。

（7）注意杆位与地下电力电缆、电信电缆、管道、索道、公路等的安全距离。

（8）挡距的布置应最大限度的利用杆塔的设计挡距。

(9) 在跨越电力线路时，低电压等级的线路必须在高电压等级的线路下方。

(10) 杆塔定位时还必须注意尊重当地少数民族的风俗习惯。

(11) 尽量少占农田，减少土石方开挖量。

13.1.3 杆塔定位的方法

1. 定位前的准备工作

在定位之前，杆塔的位置和挡距尚未确定，因此还不知道每一个耐张段的代表挡距是多少。所以在定位之前应制作几个不同的代表挡距的模板；其次列出各种杆塔的技术特性(杆塔型式及代号、导线及避雷线悬点高度，最大设计水平挡距和垂直挡距，拉线基础占地位置及主要经济指标等)；列出各种杆塔的定位高度 h_D；制作好必须的定位校验曲线。

杆塔的定位高度，可按下式计算

$$h_D = H - (d + \Delta d) = H - \alpha \tag{13-1}$$

式中 h_D——杆塔的定位高度，m；

H——杆塔的悬点高度，m；

d——允许的导线对地最小距离，m；

Δd——考虑各种误差而采取的裕度，m。

Δd 按下表 13-1 考虑。

表 13-1　　不同挡距的 Δd

挡距(m)	<200	200～350	350～600	>600
Δd(m)	0.5	0.5～0.7	0.7～0.9	1.0

2. 模板定位的操作方法

在平断面图上利用模板定位时，首先将必须设立杆塔的地点(如转角点，山头地形较高的地点，交叉跨越附近)初步标在图上；然后在这些杆位点之间根据使用杆塔可能施放的挡距，把各杆塔的定位高度 h_{D1}、h_{D2}、h_{D3} 等画在断面图上，如图 13-1(a)所示。

这时，将定位模板平放在断面图上，使模板曲线与相邻两杆塔的定位高度 a 点和 b 点相连，如模板曲线某一点已与地面相切，其他部分均在地面以上，则认为所定之杆位点基本满足要求。若导线对地距离裕度太大，或不满足对地距离时(即模板曲线的某一点在地面以下)，可调整杆位或杆高至到满足要求而又经济合理为止。按照这种方法将一个耐张段的杆(塔)位确定完毕后，就可以求出该耐张段的代表挡距。如果使用模板的代表挡距与该代表挡距接近，则认为该耐张段所定杆位合适；否则应更换与该代表挡距相接近的模板，重新校验导线对地距离是否满足要求。这样，反复定位就可以确定一个耐张段的杆位。当杆塔立在山坡上时，需要降低施工基面(如 0.3m)，此时杆塔的定位高度应当减去降低施工基面的距离，如图 13-1(b)所示。杆位确定后，应在平断面图上注明所定的杆号、杆型代号、挡距、代表挡距、耐张段长度和施工基面等。

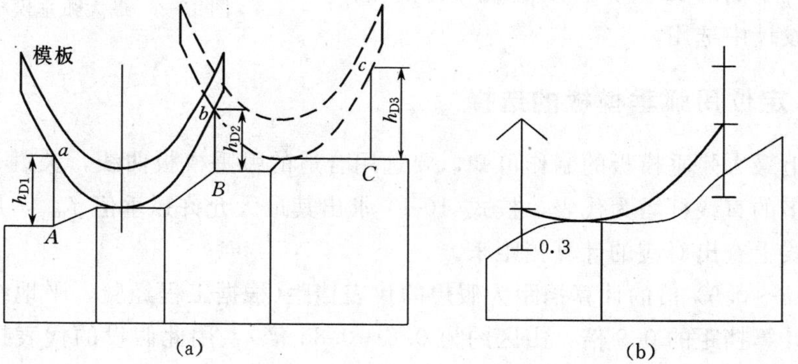

图 13-1　模板定位操作

13.2　定位用弧垂模板的制作及选择

13.2.1　定位用弧垂模板的制作

直线杆塔的室内定位，是根据不同挡距的最大弧垂绘制成的模板排定的。用最大弧垂绘制的模板称为最大弧垂模板又简称弧垂模板。

已知导线弧垂按抛物线方程式计算为

$$f_{max} = \frac{g}{2\sigma}\left(\frac{l}{2}\right)^2 \tag{13-2}$$

令纵坐标 $y=f$，横坐标 $x=\frac{l}{2}$，常数 $K=\frac{g}{2\sigma}$，则上式为

$$y = Kx^2 \tag{13-3}$$

式中　g——最大弧垂时的导线比载，若最高气温时出现最大弧垂 $g=g_1$；若覆冰无

风时出现最大弧垂 $g=g_3$；

σ——最大弧垂时的导线应力，N/mm^2；

l——挡距，m。

用式(13-3) 按平断面图相同的比例尺画出该抛物线曲线，此曲线即为最大弧垂模板曲线。将此曲线刻在透明胶板上，即得工程中所用的最大弧垂模板(见图 13-2) 。

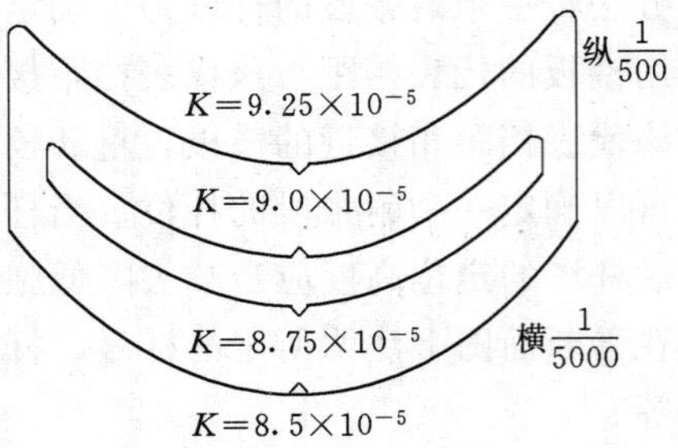

图 13-2　最大弧垂模板

取各种不同的 K 值，可以制成一套模板，以供工程设计中选用。

13.2.2　定位用弧垂模板的选择

从以上最大弧垂模板的制作可知，要选用合适的弧垂模板曲线，关键是定 K 值。以全线最多的直线杆塔为代表，按式(10-1) 求出其最大允许弧垂值 f_{max}，用 f_{max} 在应力弧垂曲线上查出对应的计算挡距来。

取(0.8～0.9) 倍的计算挡距为假想的代表挡距(根据工程经验，平地线路的代表挡距约为计算挡距的 0.9 倍，山区约为 0.8～0.85 倍)，用此假设的代表挡距在弧垂应力曲线上查出最大弧垂时的导线应力，计算 K 值$\left(K=\dfrac{g}{2\sigma}\right)$，用此 K 值从成套制好的标准模板中选出所需要的模板来。

13.3　杆塔定位后各部分设计条件的检查或校验

13.3.1　杆塔的各种设计条件检查

杆塔的机械荷重条件包括水平挡距、垂直挡距、最大挡距、转角度数等应不超过杆塔的设计允许值。

(1) 杆塔的水平挡距和垂直挡距，可由定位后的平断面图上直接量得。但图上量得的垂直挡距系最大弧垂时的数值，当此值接近杆塔设计条件时，应换算至杆塔设计资料气象条件(如大风、覆冰或低温)下的数值。

(2) 最大挡距常受线间距离和断线张力等控制。按水平线距考虑，最大挡中可先用式(6-6) 算出 f_{max}，然后用下式求得

$$l_{max}=\sqrt{\frac{8\sigma_0 f_{max}}{g_1}} \tag{13-4}$$

式中 σ_0——最大风速时的导线应力，N/mm^2。

定位的挡距均应小于此 l_{max}。若挡距两端杆塔的线距不等时，可用线距平均值进行计算。

(3) 转角杆塔的转角度数超过设计值时，应变动杆位或校核转角杆塔的强度，必要时更换杆塔。

此外两侧挡距、高低悬殊的直线杆塔和两侧代表挡距相差悬殊或两侧气象条件、安全系数不同的耐张型杆塔，还应验算不平衡张力。

13.3.2 杆塔定位后的校验

13.3.2.1 直线杆塔摇摆角的校验

当导线和绝缘子串受风压作用时，悬垂绝缘子串将发生摇摆，其偏斜的角度称摇摆角，如图(13-3) 所示。

1. 最大允许摇摆角的确定

当已知直线杆塔的头部尺寸和绝缘子串的长度时，可按一定的比例尺，用作图的方法求出满足正常大风、内过电压、外过电压三种情况下最小空气间隙 e_1、e_2、e_3。此时最大摇摆角分别为 θ_1、θ_2、θ_3。

图 13-3 所示，挂有重锤的绝缘子的最大摇摆角可用式(13-6) 计算。

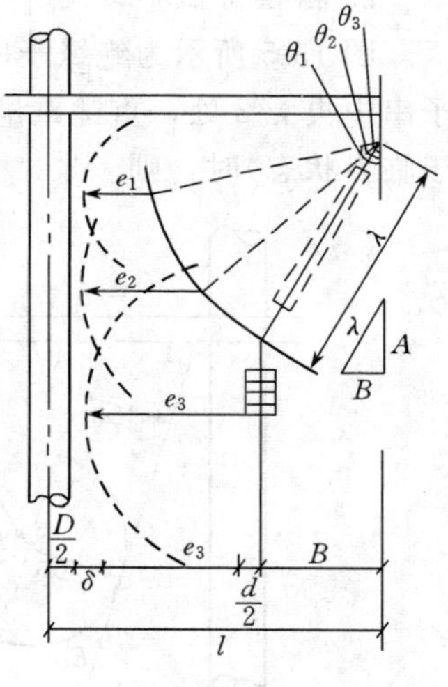

图 13-3 最大允许摇摆角

设电杆的外径为 D，间隙裕度为 δ，重锤直径为 d，横担长度为 l，则当最小空气间隙为 e_3 时，绝缘子串的最大水平偏移 B 为

$$B = l - \left(\frac{D}{2} + \delta + e_3 + \frac{d}{2}\right) \tag{13-5}$$

这时的最大摇摆角 θ 为

$$\theta = \sin^{-1}\frac{B}{\lambda} \tag{13-6}$$

式中 λ——绝缘子串的长度，m。

在正常最大风情况下，绝缘子串最大摇摆角还可能受悬挂点处第一片绝缘子与横担下缘相碰撞，这时最大摇摆角 θ'_1 可用作图确定。另外，在正常最大风情况下，绝缘子串的风偏角还有可能受导线至横担的最小空气间隙 e_1 控制。这时绝缘子串的最大摇摆角 θ''_1 可按下式计算

$$\theta''_1 = \cos^{-1}\left(\frac{e_1 + \delta}{\lambda}\right) \tag{13-7}$$

在正常最大风情况时，绝缘子串的最大摇摆角应取上述最小值，作摇摆角临界曲线计算。对于打四方拉线的杆塔，绝缘子串的最大摇摆角可按作图法求得。当不考虑重锤时，作图步骤如图 13-4 所示。

(1) 作 AE 线为拉线在杆塔平面的投影线。

(2) 作 $A'E'$ 线平行 AE，且两平行线的垂直距离为 $e+\delta$。

(3) 以 O 为圆心，λ 为半径，作圆弧与 $A'E'$ 相交于 F 点，连接 OF，则 OF 和过 O 点垂线的夹角 θ，即为绝缘子串的最大摇摆角。

2. 摇摆角临界曲线

图 13-5 所示为绝缘子串受力图。设绝缘子串的自重 G_j 和其风压 P_j 集中在绝缘子串中央 $\lambda/2$ 处，重锤重量 W 作用于导线悬点处，当摇摆角达到最大允许值 θ(即处于临界状态)时，则

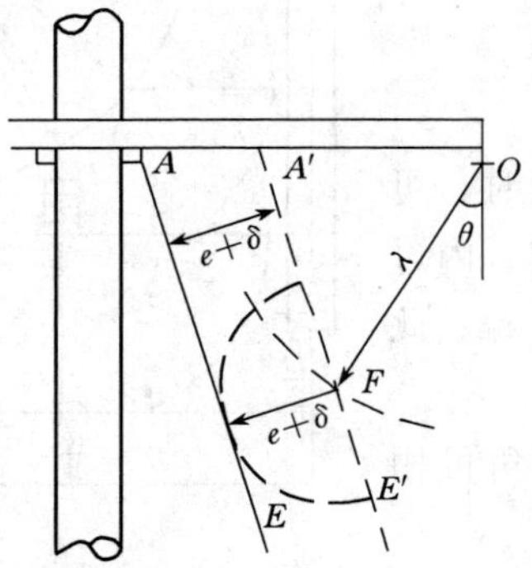

图 13-4　打四方拉线的电杆的最大摇摆角

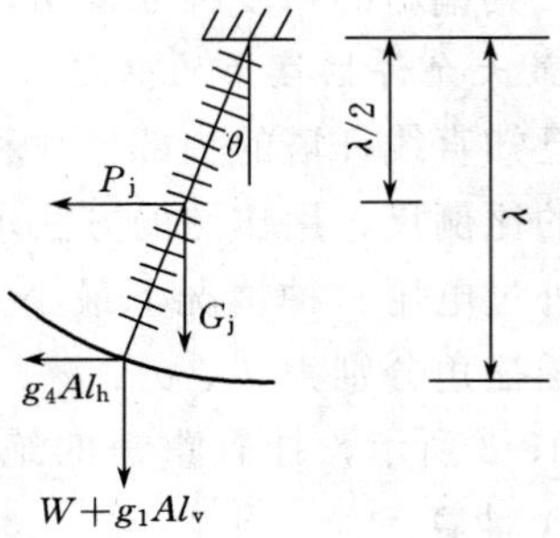

图 13-5　悬垂绝缘子串受力图

$$\mathrm{tg}\theta = \frac{P_j/2 + g_4 A l_h}{G_j/2 + g_1 A l_v + W}$$

$$l_v = \frac{1}{g_1 A}\left[\frac{P_j + 2g_4 A l_h - G_j \mathrm{tg}\theta}{2\mathrm{tg}\theta} - W\right] \tag{13-8}$$

式中　l_v——校验条件下的垂直挡距，m；

l_h——水平挡距，m；

A——导线截面积，mm²；

g_1——导线垂直比载，N/(m·mm²)；

g_4——导线风压比载，N/(m·mm²)；

θ——最大允许摇摆角，(°)。

将校验条件下的垂直挡距 l_v 换算为定位条件的 l_{v0}，则 l_{v0} 为

$$l_{v0} = \frac{\sigma_0}{g_0 A\sigma}\left[\frac{P_j - G_j \mathrm{tg}\theta}{2\mathrm{tg}\theta} - W + \left(\frac{g_4 A}{\mathrm{tg}\theta} + \frac{\sigma g_0 A}{\sigma_0} - g_1 A\right) l_h\right] \tag{13-9}$$

式中 g_0、σ_0——分别为定位条件的比载和应力；

σ——校验条件的应力，N/mm^2；

g_1——校验条件的导线比载，$N/(m \cdot mm^2)$；

l_{v0}——定位条件的垂直挡距，m；

l_h——定位条件的水平挡距，m。

式(13-9) 即为定位条件下的绝缘子摇摆角临界曲线计算式。

当已知运行电压(即最大风情况)、内过电压、外过电压情况绝缘子串的最大允许摇摆角 θ 后，给出不同的 l_h，将 θ 角和 l_h 代入式(13-9) 就可以求出上述三种情况的绝缘子串摇摆角临界曲线。如图 13-6 所示，图中曲线 2 为加装重锤时内过电压情况的绝缘子串摇摆角临界曲线，曲线 1、3、4 分别为不加装重锤时内过电压、运行电压、外过电压三种情况的绝缘子串摇摆角临界曲线。

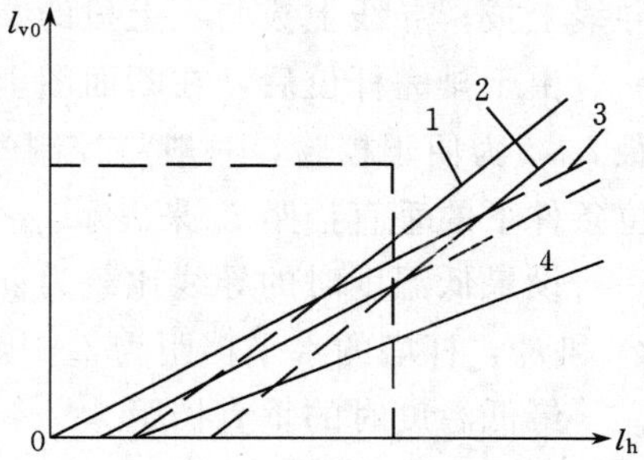

图 13-6 绝缘子串摇摆角临界曲线

曲线上方为安全区，下方为非安全区。校验杆塔绝缘子串摇摆角的方法是：从断面图上量出被校验杆塔的垂直挡距 l_{v0} 和水平挡距 l_h，然后把 l_{v0} 和 l_h 标在临界曲线图上，若交点落在曲线 1 的上方则表示不需加重锤且安全；如落在曲线 1 和 2 之间，则表示需加重锤才安全；如落在曲线 2 以下，则表示即使加重锤也不安全。

在实际设计时，一般可按加装 20kg、40kg 的重锤计算临界曲线，以便设计选用。

13.3.2.2 直线杆塔上导线上拔校验

导线作用在杆塔的垂直荷载为

$$G = gAl_v \tag{13-10}$$

式中 g——计算气象条件下，导线或避雷线的垂直比载，$N/(m \cdot mm^2)$；

A——导线或避雷线的截面积，mm^2；

l_v——计算气象条件下，导线或避雷线的垂直挡距，m。

对相邻杆塔悬点高差很大的直线杆，在最不利的气象条件下，可能使避雷线的垂直挡距出现负值，即 $l_v<0$；根据式(13-10) 导线作用于杆塔的垂直荷载 G 亦变为负值。此时作用于绝缘子串的垂直荷载是方向向上的上拔力，这种现象称为导线或避雷线的上拔。

导线上拔时，将使横担承受向上的弯曲力矩，从而影响横担的机械强度和稳定。此外，由于导线上拔，使绝缘子串的风偏角增大，造成导线对杆塔的空气间隙不足，危及安全运行。因此必须对已定的杆位及杆型进行其导线和避雷线的上拔校验，以便采取措施。

导线和避雷线的垂直挡距与其比载和应力有关，由于导线的应力和比载随气象条件变化，故导线的垂直挡距较小，但仍为正值垂直挡距的直线杆塔，当气象条件变为最低气温时，由于导线冷缩、弧垂减小，可能使该垂直挡距变为负值，引起导线上拔。显然，控制导线上拔的气象条件是最低气温情况。在最低气温时，若 $l_v<0$，则导线上拔；导线上拔与不上拔的临界条件上最低气温时，导线的垂直挡距 $l_v=0$。

由于排完杆位后，在断面图上只能知道最大弧垂时(即定位条件下)的导线垂直挡距 l_{v0}，为便于校验，一般将控制气象条件(最低气温情况)下的垂直挡距 l_v 换算为定位条件下的垂直挡距 l_{v0} 来表示。

设最低温度时的导线比载为 g，应力为 σ，最大弧垂时的导线比载和应力分别为 g_0 和 σ_0，杆塔的水平挡距为 l_h，则该两种气象条件下的垂直挡距分别为：

最低温度时的垂直挡距

$$l_v=\frac{\sigma}{g}\left(\pm\frac{\Delta h_1}{l_1}\pm\frac{\Delta h_2}{l_2}\right)+l_h \tag{13-11}$$

最大弧垂时的垂直挡距

$$l_{v0}=\frac{\sigma_0}{g_0}\left(\pm\frac{\Delta h_1}{l_1}\pm\frac{\Delta h_2}{l_2}\right)+l_h \tag{13-12}$$

由式(13-11) 和式(13-12)，可得两种气象条件的导线垂直挡距换算式为

$$l_{v0}=\frac{\sigma_0 g}{g_0\sigma}(l_v-l_h)+l_h \tag{13-13}$$

当导线处于上拔临界状态时，即最低温度时的垂直挡距 $l_v=0$，这时利用公式(13-13) 可以得到。当导线处于上拔临界状态时，在最大弧垂时的垂直挡距 l_{v0} 为

$$l_{v0}=\left(1-\frac{\sigma_0 g}{g_0\sigma}\right)l_h \tag{13-14}$$

对于某一耐张段的代表挡距为 l_D 时，其导线的 g_0、σ_0 及 g、σ 均为已知数，此时以 l_h 为自变量，即可利用式(13-13) 计算出一系列的 l_{v0} 值，将它们绘在以 l_h 为横坐标，以 l_{v0} 为纵坐标的平面上，并连成曲线，就得出代表挡距为 l_D 时的导线上拔临界曲线，如图 13-7 所示。同理可以制作其他代表挡距时的导线上拔临界曲线。

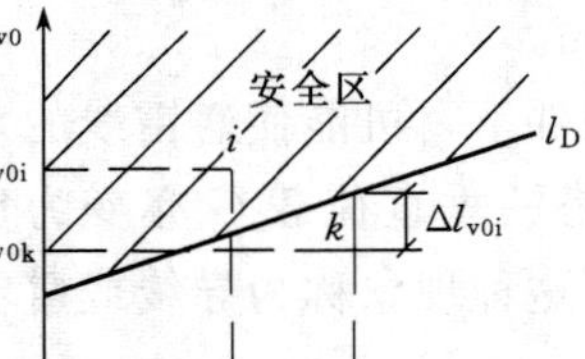

图 13-7　导线上拔临界曲线

利用图 13-7 所示的临界曲线，校验导线是否上拔的方法如下：

(1) 根据被校验杆塔所处的耐张段的代表挡距，选取一条临界曲线，在该曲线的上方区域为安全区(即不上

拔区），曲线下方为非安全区（即上拔区）。

（2）将被校验杆塔的水平挡距 l_{ki} 和垂直挡距 l_{v0i} 标在校验曲线平面图上，若 i 点落在安全区，则表示不上拔，若 i 点落在非安全区则表示导线上拔，若 i 点恰巧落在曲线上则表示导线即不上拔也不下压，处于临界状态。

（3）若 i 点落在上拔区 K 点时，设 K 点至临界曲线的垂直距离为 Δl_{v0i}，则最低温度时导线的上拔为

$$W = g_0 A \Delta l_{v0i} \tag{13-15}$$

式中　W——导线的上拔力或为抵偿上拔力应安装的重锤的重量，N；

A——导线截面积，mm^2；

g_0——导线最大弧垂时的比载，$N/(m \cdot mm^2)$。

当导线上拔力较大，需要安装的重锤过重，杆塔结构不允许时，可调整杆位或将直线杆塔改为耐张杆塔。

13.3.2.3　耐张绝缘子串倒挂校验

如图 13-8 所示，耐张杆 A 的垂直挡距 $l_v = l_{v1} + l_{v2}$，其中 l_{v1} 和 l_{v2} 分别为杆的前后两侧挡距的垂直挡距分量。

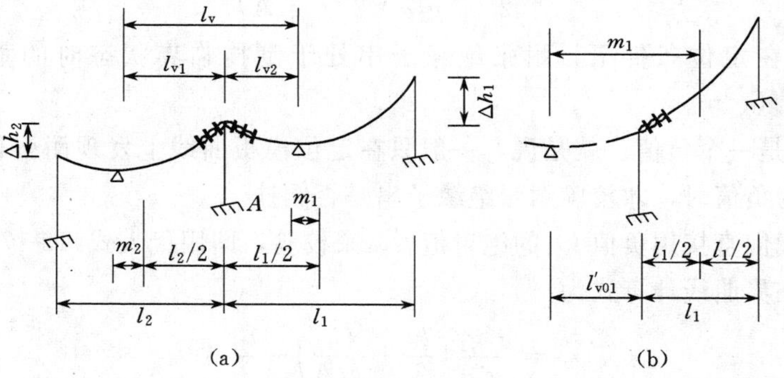

图 13-8　耐张绝缘子串倒挂计算图

当耐张杆 A 的导线悬点高度低于相邻杆的导线悬点高度时[见图 13-8(a)]，则耐张杆该侧的导线垂直挡距分量为

$$l_{v1} = \frac{l_1}{2} - m_1 = \frac{l_1}{2} - \frac{\sigma_{01} \Delta h_1}{g l_1}$$

若悬挂点高差 Δh_1 过大，将使耐张杆 A 的垂直挡距分量 l_{v1} 为负值，这时该侧导线对杆 A 的拉力具有上拔力[见图 13-8(b)]。当上拔力大于一侧耐张绝缘子串的重量时，耐张绝缘子串将处于向上翘的状态，从而将引起绝缘子瓷裙积水污秽，降低绝缘强度。为防积水，往往将耐张绝缘子串倒挂处理。

判别耐张绝缘子串倒挂的临界条件，取年平均运行应力气象条件下(即年平均气温条件)，杆塔一侧导线的垂直荷载等于耐张绝缘子串的重量 G_j，即

$$l_{v1} g_1 A = -G_j \qquad 或 \qquad l_{v1} = -\frac{G_j}{g_1 A}$$

因为校验耐张绝缘子串是否上拔，也是在定位条件下进行的，故应将年平均气温条件下的垂直挡距分量 l_{v1} 换算为定位条件下的垂直挡距分量 l_{v01}。根据前述的垂直挡距换算式推导方法，可得导线在两种气象条件下垂直挡距分量换算式

$$l_{v01} = \frac{l_1}{2} - \frac{\sigma_0 g_1}{g_0 \sigma}\left(\frac{l_1}{2} - l_{v1}\right) \tag{13-16}$$

式中　σ——年平均气温条件的导线应力，N/mm^2；

g_1——年平均气温条件的导线比载，$N/(m \cdot mm^2)$；

l_1——一侧的水平挡距，m。

当耐张绝缘子处于倒挂临界条件时，将 $l_{v1} = \frac{-G_j}{g_1 A}$ 代入式(13-16)，可求得定位条件下耐张绝缘子串倒挂临界垂直挡距分量为

$$l_{v01} = \frac{l_1}{2} - \frac{\sigma_0 g_1}{g_0 \sigma}\left(\frac{l}{2} + \frac{G_j}{g_1 A}\right) \tag{13-17}$$

式中　l_{v01}——在定位条件下，耐张绝缘子串处于倒挂临界状态时的垂直挡距分量，m。

实际上 l_{v01} 是一个负值。就是说，一般只在定位模板曲线上发现耐张杆某一侧的垂直挡距分量为负值时，才校验耐张绝缘子串是否倒挂。

为了方便我们直接用负值 l_{v01} 的绝对值 l'_{v01} 来校验，即用代入式(13-17) 得出耐张绝缘子串倒挂临界曲线计算式为

$$l'_{v01} = \frac{\sigma_0 g_1}{g_0 \sigma}\left(\frac{l_1}{2} + \frac{G_j}{g_1 A}\right) - \frac{l_1}{2} \tag{13-18}$$

据式(13-18) 相应于某一代表挡距为 l_D 时，即可计算并绘制出一条耐张绝缘子串的倒挂临界曲线，如图 13-9 所示。

实际上耐张绝缘子串的倒挂临界曲线是一条直线，直线上方为耐张绝缘子串的倒挂区，直线下方为正挂区。

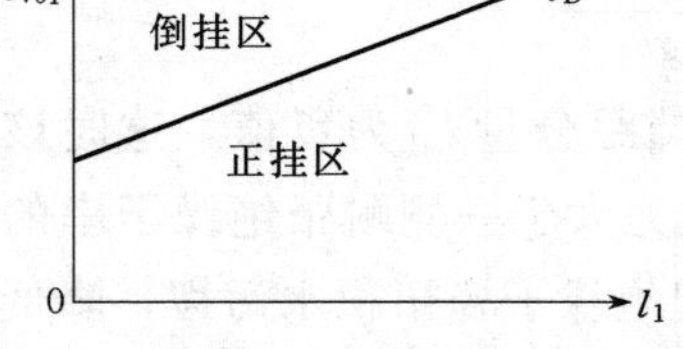

图 13-9　耐张绝缘子串倒挂临界曲线

校验方法是从断面图上量取耐张杆负值垂直挡距分量的绝对值 l'_{v01} 和挡距 l_1，并将它们标在耐张绝缘子串倒挂临界曲线图上，若其交点落在曲线上方则绝缘子串应倒挂，反之则应正挂。

为了适应全线的校验需要，应取若干代表挡距，分别制成若干条校验曲线，供校验时使用。

13.3.2.4 悬垂串垂直荷载校验

假设悬垂绝缘子串，在 m 气象条件下（一般是覆冰条件）承受最大垂直荷载，当忽略绝缘子串的风压时，绝缘子串的允许垂直挡距 l_{vm} 为

$$l_{vm}=\frac{T-G_{jm}}{g_m A}$$

式中 T—— 绝缘子串的最大允许垂直荷载，N；

G_{jm}——m 气象条件下，绝缘子串的自重，N；

A ——导线截面积，mm^2；

g_m——m 气象条件下导线的综合比载，$N/(m\cdot mm^2)$。

把 m 气象条件下允许的垂直挡距 l_{vm} 换算为定位气象条件下时，则定位气象条件下的允许垂直挡距 l_{v0} 为

$$l_{v0}=\frac{\sigma_0 g_m}{g_0\sigma_m}\left(\frac{T-G_{jm}}{g_m A}-l_h\right)-l_h \tag{13-19}$$

式中 σ_0、g_0、l_{v0}——定位气象条件下的导线应力、比载和允许垂直挡距；

σ_m、g_m——m 气象条件下的导线应力和比载。

式(13-19) 为通常采用的悬垂绝缘子串机械强度临界曲线计算式。相应于一定的代表挡距 l_D，按此式计算制成的临界曲线如图 13-10 所示。

临界曲线上方为非安全区，下方为安全区。校验方法同前面介绍的方法相同。

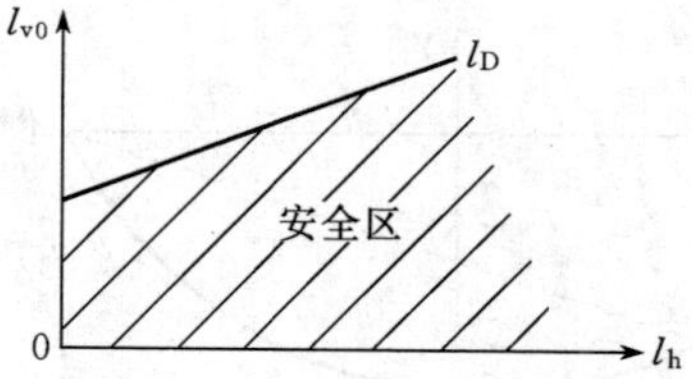

图 13-10 悬垂绝缘子串机械强度临界曲线

13.3.2.5 导线悬挂点应力校验

根据设计规程规定，导线在悬点处的应力可较弧垂最低点的应力高 10%。因此，对高差很大和挡距很大的杆塔，必须校验导线悬点处的应力是否超过规定的允许值。

据前面章节所述，如图 13-11 所示，设导线弧垂最低点的应力为 σ_{0m}，导线悬点 A 的最大应力为 σ_{Am}，则

$$\xi=\frac{\sigma_{Am}}{\sigma_{0m}}=\mathrm{ch}\,\frac{g_m}{\sigma_{om}}x_A$$

因为

$$\sigma_{Am}=1.1\sigma_{0m}$$

所以

$$\xi=\mathrm{ch}\,\frac{g_m x_A}{\sigma_{0m}}=1.1$$

$$x_A = \frac{\sigma_{0m}}{g_m}\text{ch}^{-1}(1.1) \tag{13-20}$$

据图 13-11，当导线悬挂曲线用悬链线方程表示时，则

$$y_A = \frac{\sigma_{0m}}{g_m}\text{ch}\frac{g_m}{\sigma_{0m}}x_A - \frac{\sigma_{0m}}{g_m} \tag{13-21}$$

$$y_B = \frac{\sigma_{0m}}{g_m}\text{ch}\frac{g_m}{\sigma_{0m}}x_B - \frac{\sigma_{0m}}{g_m} = \frac{\sigma_{0m}}{g_m}\text{ch}\frac{g_m}{\sigma_{0m}}(x_A - l) - \frac{\sigma_{0m}}{g_m} \tag{13-22}$$

根据几何关系，悬点高差 Δh 等于

$$\Delta h = y_A - y_B \tag{13-23}$$

将式(13-20)～式(13-22) 代入式(13-23) 得

$$\Delta h = \frac{\sigma_{0m}}{g_m}\left\{1.1 - \text{ch}\left[\frac{g_m l}{\sigma_{0m}} - \text{ch}^{-1}(1.1)\right]\right\} \tag{13-24}$$

式中　g_m——验算情况下的导线的垂直比载，N/(m・mm²)；

l——校验挡的挡距，m。

按公式(13-24) 给出不同的 l 值，即可计算出相应的 Δh 值，将其绘制的悬点应力临界曲线如图 13-12 所示。曲线的下方为安全区，上方为非安全区。

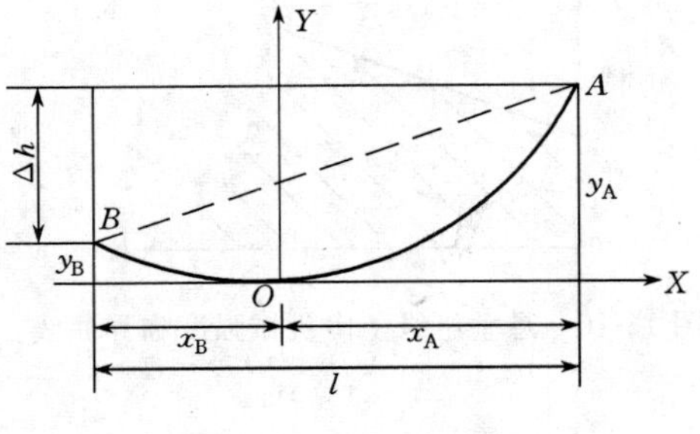

图 13-11　导线悬挂曲线

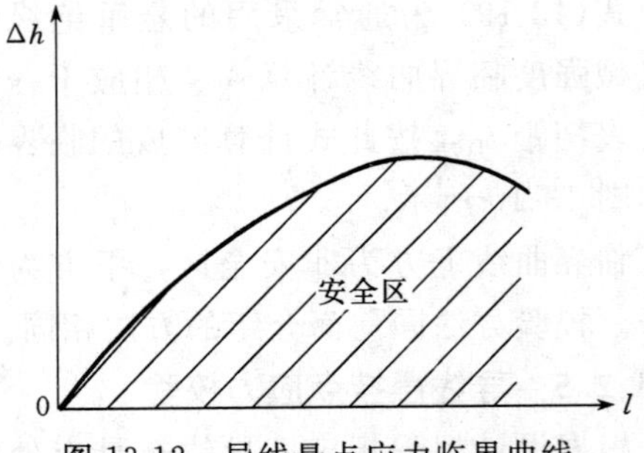

图 13-12　导线悬点应力临界曲线

当已知悬点一侧的挡距为 l，高差为 Δh 时，其交点在临界曲线的下方时，则表明悬点应力没有超过允许值。

当导线悬点应力超过允许值时，可以采取如下措施：

(1) 调整杆塔的位置，以降低两邻杆塔悬点的高差。

(2) 将该耐张段的导线应力降低。

13.3.2.6　悬垂角校验

如图 13-13 所示，弧垂或悬点高差越大，悬垂角也越大。因此，校验悬垂角的气象条件为最大弧垂时的条件，即定位条件。

设定位气象条件下(最大弧垂时)，悬点两侧导线的垂直挡距分量为 l_{V1} 和 l_{V2}，则

$$\beta_1 = \mathrm{tg}^{-1}\left(\frac{g_0 l_{v1}}{\sigma_0}\right)$$

$$\beta_2 = \mathrm{tg}^{-1}\left(\frac{g_0 l_{v2}}{\sigma_0}\right)$$

设悬垂线夹的允许悬垂角为 β，由于线夹船体槽可以自由转动，故临界条件时

$$2\beta = \beta_1 + \beta_2 = \mathrm{tg}^{-1}\left(\frac{g_0 l_{v1}}{\sigma_0}\right) + \mathrm{tg}^{-1}\left(\frac{g_0 l_{v2}}{\sigma_0}\right)$$

$$l_{v1} = \frac{\sigma_0}{g_0}\mathrm{tg}\left[2\beta - \mathrm{tg}^{-1}\left(\frac{g_0 l_{v2}}{\sigma_0}\right)\right] \qquad (13\text{-}25)$$

根据式(13-25)可计算并绘制 l_{v1} 和 l_{v2} 的关系曲线，即悬垂角临界曲线，如图 13-14 所示。曲线的下方为安全区，上方为不安全区。校验时，只需从断面图上量得杆塔两侧的垂直挡距分量 l_{v1} 和 l_{v2}，若交点在曲线下方，则悬垂角满足要求。

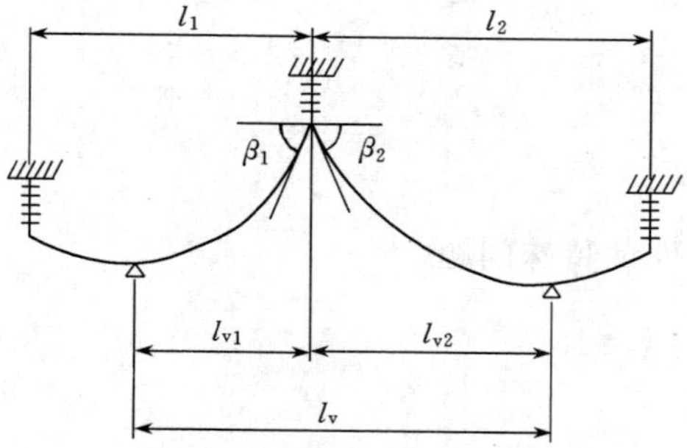

图 13-13 导线的悬垂角

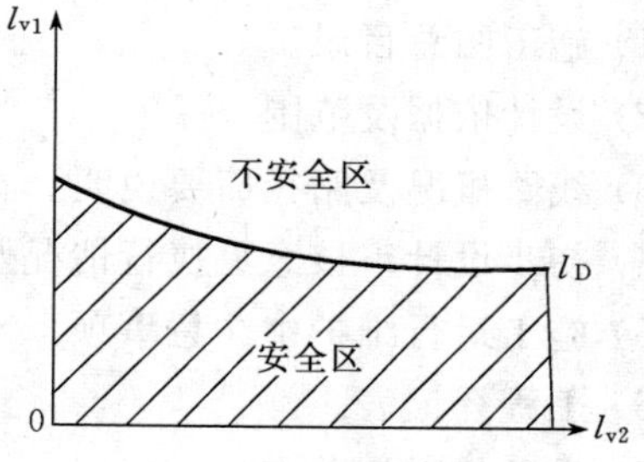

图 13-14 导线的悬垂角临界曲线

图 13-14 中只绘出某一代表挡距为 l_D 时导线悬垂角临界曲线。在实际中应绘制若干不同代表挡距时的导线悬垂角临界曲线，以供选用。

13.3.2.7 交叉跨越校验

输电线路与电信线、电力线等交叉跨越时，应校验在正常运行情况下，导线最大弧垂时与它们的距离(不小于规定的数值)。当确定杆塔后，在断面图上可以画出经过悬点的导线最大弧垂曲线，这时可以从断面图上直接量得导线对被跨越物的距离。当量得的距离与规定值接近时，为了准确起见，可用计算方法求得导线对交叉跨越物的距离，其计算方法见式(7-7)。

当校验邻挡断线时的交叉跨越距离时，导线应力应取断线时的应力。邻挡断线的验算条件为+15℃无风。邻挡断线的应力计算方法见第 8 章。

13.4 施 工 设 计

13.4.1 施工设计的内容

施工图设计一般由施工说明书、施工图纸、计算数据和地面标桩所组成。地面标桩主要包括转角桩、塔位桩和直线桩，这些桩位在路径图上都有详细记载。施工说明主要为顺利向施工单位交待设计意图而编写的。各种计算应与施工图纸相互对应，要进行准确无误的计算并正确反映到图纸上。

13.4.2 施工图的内容和编制

施工图比较庞杂，随着各地区、各工程具体情况的不同可以有较大的伸缩性。施工图的编制及内容如下。

第一卷 施工图总说明及设备材料汇总表

内容包括下述各项：

1）施工图总目录。

2）设计依据及范围。

3）线路概况及路径简要说明。

4）初步设计审核意见执行情况及需要说明的特殊问题。

5）施工运行维护中注意事项。

6）工程登记表。

7）设备材料汇总表。

8）附件(包括初步设计审核意见、上级指示文件及重要会议纪要、新技术新设备试验鉴定书以及补充协议文件等)。

9）附图(包括线路路径图、发电厂及变电所进出线平面图、全线杆塔一览图、全线基础一览图等)。

第二卷 平断面定位图及杆塔明细表

内容包括下述各项：

1）线路平断定位图。

2）杆塔明细表。

3）交叉跨越分图。

第三卷 机电施工图

内容包括下述各项：

1）导线及避雷线的施工弧垂曲线或安装表。
2）导线各型绝缘子串及金具组装图。
3）避雷线金具组装图。
4）连续倾斜挡线夹安装位置的调整表。
5）导线换位或换相图(包括绝缘避雷线换位)。
6）跳线安装图。
7）防振锤和阻尼线安装图。
8）防雷装置安装施工图。
9）接地装置施工图。
10）金具加工图。
11）交叉跨越保护安装图。
12）杆塔位移表。

第四卷　杆塔施工图

内容包括下述各项：
1）直线杆塔施工图。
2）耐张杆塔施工图。
3）转角杆塔施工图。
4）终端杆塔施工图。
5）特殊杆塔施工图。

第五卷　基础施工图

内容包括下述各项：
1）直线杆塔基础施工图。
2）非直线杆塔基础施工图。
3）特殊杆塔基础施工图。

第六卷　通信保护施工图

内容包括下述各项：
1）保护装置的施工说明。
2）影响范围内的电力线与通信线相对位置图。
3）通信保护装置的安装位置施工图。
4）各种保护设备安装施工图。
5）放电管接地装置施工图。
6）屏蔽设施及接地施工图。

第七卷　大跨越施工图

机电施工内容包括下列各项：

1）大跨越方案平面示意图。

2）大跨越平断面图。

3）大跨越导线和避雷线力学特性表。

4）大跨越导线和避雷线架线表。

5）大跨越绝缘子串及金具组装图。

6）大跨越接地装置施工图。

7）大跨越防振装置施工图。

8）大跨越金具加工图。

9）大跨越塔航空障碍灯及照明设施施工图。

10）跳线施工图。

杆塔与基础施工图内容包括：

1）大跨越杆塔施工图。

2）大跨越基础施工图。

大跨越段施工说明包括：

1）大跨越段自然条件简要说明。

2）大跨越段导线和避雷线力学特性说明。

3）大跨越段导线和避雷线接头要求说明。

4）大跨越段弧垂误差允许范围以及初伸长处理方法说明。

5）大跨越段绝缘子串及金具组装有关要求和施工中注意事项的说明。

6）大跨越挡线导线和避雷线的防振措施和要求的说明。

7）大跨越挡接地电阻和接地装置施工要求的说明。

8）航空障碍灯及照明等设施施工说明。

9）杆塔和基础加工及施工说明。

第八卷　预算书

内容包括编制说明和预算编制。

编制说明内容包括：

1）工程概况。

2）工程投资和指标。

3）编制依据(包括工程量、预算定额、工资标准及材料预算价格等)。

4）编制中要交待的问题。

5）投资分析。

预算编制内容包括：

1）总预算表。

2）线路本体或大跨越本体工程总预算表。

3）线路本体或大跨越本体各单项计算表。

4）辅助设施工程汇总预算表。

5）其他工程和费用预算表。

以上所述是一般线路工程的设计内容。如工程小或内容简单，也可作相应的简化。

13.5 输电线路施工设计举例

输电线路施工图是各项设计原则和设计思想的具体体现，是从事 输电线路施工的依据，也是从事输电线路运行和检修的重要的技术文件。某 35kV 输电线路设计举例如下。

综 合 部 分

第一卷　第一册：施工图设计总说明书

第一章　总　　述

一、设计依据

本工程的设计依据为：

(1) X 县电力公司的设计委托书。

(2) X 县城关变电站～Y 变电站 35kV 送电线路工程初步设计(代可研)报告评审会议纪要。

二、设计规模及范围

1. 设计规模

本工程为单回 35kV 送电线路新建工程，线路起于 X 县城关 35kV 变电站 3U 出线门型架(待建)，止于 Y 变电站(待建)进线门型架，线路全长 30.57km。导线采用 LGJ—185/30 型钢芯铝绞线，避雷线采用 1×7－7.8－1270－A 型(原 GJ—35) 镀锌钢绞线，避雷线架设范围：N1～N5(双根 1.511km)、N59～N69(双根 3.205km)、N88～N93(双根 1.695km)，共计 6.411km。

2. 设计范围

该工程设计范围为上述起、止点间线路的本体设计。

第二章 线 路 路 径

一、两端变电站进出线情况

1. X 县城关变电站 35kV 出线情况

X 县 35kV 城关变电站变电容量 2×3150kVA，35kV 出线二回(1U、2U)，35kV 出线间隔已全部用完，没有预留间隔。现准备扩建容量 2×6300kVA，设计新增出线二回(3U、4U)，其中 3U 出线间隔为本工程的出线间隔，4U 为备用。本工程的 35kV 出线设计采用 1 基 3560DJ2 终端塔，并加装避雷针，以加强对出线段导线的保护。

2. Y 变电站进线情况

Y35kV 变电站为待建项目，是 X 县与 Z 县电网的并联变电站，由于没有该变电站的详细设计资料，本工程的进线暂定为该变电站的 35kV 第三个间隔。设计采用 1 基 DHB2 终端杆加避雷针，进入该变电站的门型架。

二、线路路径

本工程从 X 县城关变电站扩建 35kV 间隔出线后，沿大渡河左岸北上，经 A、B、C，跨大渡河，翻 E，再跨大渡河，经 F 北上，又跨大渡河，经 J 电站、K、M 等地，至 Y 变电站，全长 30.0569km。

三、沿线地形、地貌、地质及交通情况

1. 地形、地貌

X 县系 SC 盆地西北边缘山地向高原山地过渡的高山峡谷地带，河谷对地表切割较深，大渡河由北向南经 X 县城流入 GZ 州境内。本工程线路沿大渡河河谷地形走线，所经地段为中、低山，海拔在 1900～2600m 之间，大部分杆塔相邻杆塔位高差在 30～50m 之间，个别杆塔的杆塔位高差在 300m 以上。线路地形多为坡地、台地，少数为谷地和陡岩，全线地形划分为山地 70%，高山大岭 30%。

2. 地质

X 县在大地构造上属 X 县倒转背斜区域，有区域性的节理、板理、千枚理等，局部地段有断层，线路路径大部分地段出露的地层为第四系全新统和更新统，岩性为砂层、卵砾石层、砂卵砾石层，碎块石、砂、质粘土、粉质粘土等。线路在走线时，已避开不良地质地带，所选杆塔位地形较好，地质构造相对稳定，全线杆位地质划分为：普通土 10%、坚土 25%、松砂石 45%、岩石 20%。

3. 交通运输

线路沿 Z 至 X 县的干道公路两侧交叉走线，汽车运输较为方便。在人力运输上，由于受河谷地形的影响，为避开悬崖地带，部分地段走线较高，且山高坡陡，人力运输较为困难(主要为E一段)，综合全线各杆塔位运输情况，汽车平均运距18km(从县城算起)，人力运输的平均运距0.6km。

四、主要交叉跨越

线路沿大渡河及Z～X的干道公路两侧交叉走线，与河流、公路、通信线(光纤)，10kV电力线的交叉跨越较多，且较为复杂，经统计，其主要交叉跨越如表1。

表1　　交叉跨越情况统计表

跨越物名称	大渡河	公路	机耕道	10kV电力线	弱电及通信线	房屋
次数	8	14	6	19	14	6

其中：N30～N31、N34～N35、N53～N54、N70～N71、N82～N83间的10kV电力线需改造。

第三章　机　电　部　分

一、设计气象条件

线路所经地段海拔在1900～2600m之间，据X县气象站提供的气象资料，以及对沿线已有架空线路运行情况的了解分析，结合该线路所经地形、地貌，全线设计气象条件确定如下表2。

表2　　设计气象条件

气象条件	气温(℃)	风速(m/s)	覆冰(mm)	备注
最高气温	40	0	0	
最低气温	−10	0	0	
年平均气温	15	0	0	
最大风速	10	25	0	
覆冰	−5	10	5	
内过电压	15	15	0	
外过电压	15	10	0	
安装情况	0	10	0	
年平均雷暴日	60天			

二、导线、避雷线型号、安全系数及防振措施

1. 导线、避雷线型号及安全系数

本工程导线采用LGJ—185/30型钢芯铝绞线，与之相配合的避雷线选择1×7—

7.8－1270－A型(原GJ—35）镀锌钢绞线，导线的设计安全系数2.5，最大设计张力：24442N，年平均运行张力：15276N；避雷线的设计安全系数3.0，最大设计张力：13945N，年平均运行张力：10459N。

2. 导线、避雷线防振措施

本工程导线、避雷线均采用防振锤防振，导线和避雷线的平均运行应力不得超过瞬时破坏应力的25%，当挡距超过120m时，均应考虑防振，故导线采用FD—4型防振锤防振，避雷线采用FG—35型防振锤防振。防振锤具体安装个数及安装距离详见第二卷第一册《杆塔位明细表》。

三、金具与绝缘子配合

1. 金具

本工程的金具全部采用国家标准定型金具，其强度要求与绝缘子机械强度相配合，金具的机械强度安全系数不少于2.5，全线主要金具使用情况见表3。

表3　全线主要金具使用情况

线别	型号	悬垂线夹	耐张线夹	接线金具
导线	LGJ—185/30	XGU—4	NLD—4	JTB—185/30
避雷线	1×7－7.8－1270－A	XGU—1	NX—1	JBD—35G(搭接)

2. 绝缘配合

本工程线路所经地段海拔为1900～2600m，沿线无污染源，按规程要求，结合该工程的实际情况，选用XP－70型普通绝缘子，直线4片成串，耐张5片成串，其泄漏比距满足要求。对大跨越，为了安全及检修困难考虑，采用双串。绝缘子强度安全系数不小于2.7。线路带电部分与杆塔构件间的最大空气间隙如表4。

表4　导线带电部分与杆塔间的最大间隙

工作情况	外过电压	内过电压	运行电压
空气间隙(m)	0.45	0.30	0.12

四、防雷与接地

本线路中途径经过X县J电站厂区(装机10000kW)，考虑待建的J电站今后的上网要求。故本工程除在两端变电站的进线段架设避雷线，还在J电站厂区范围架设3.205kW的避雷线。避雷线对边导线的保护角不大于25°。另外，为加强进出线段的保护，终端杆塔上均装设避雷针。

在挡距中央，气温在15℃，无风的计算条件，导线与避雷线之间的垂直距离满足，$S \geqslant 0.012l+1$(m)的要求。

本线路杆塔均应逐基敷设水平放射式接地体，接地体埋深一般地区为0.6m；对岩石地区应不小于0.3m，并按要求取土回填；接地体采用ϕ10圆钢，接地引下线采用ϕ12圆钢，每基杆塔的工频接地电阻在雷雨干燥季节，不宜大于表5中所列数值。对两端变电站进出线段2km范围内的杆塔，工频接地电阻不宜大于10Ω。

表5　　工频接地电阻值

土壤电阻率(Ω·m)	100及以下	100～500	500～1000	1000～2000	2000以上
工频接地电阻(Ω)	10	15	20	25	30

五、相序

本工程线路在X城关变电站，面向出线方向，从左至右相序排列为A、B、C，在X变电站，面向出线方向，从左至右为C、B、A。相序不一致时，可在X变电站终端杆塔与门型架之间进行调整。

第四章　结　构　部　分

一、杆塔型式

经现场终勘定位，本工程共采用18种杆塔型(混凝土电杆14种、铁塔4种)，共93基，其中混凝土电杆77基，铁塔16基，混凝土电杆采用带拉线的ϕ300等径普通钢筋混凝土单、双杆，混凝土C30级，钢筋Q235钢，杆段长度4.5m和6.0m两种，可按需要组合成多种杆高；杆段配筋直线杆为12ϕ12，耐张杆及跨越杆为14ϕ14。

铁塔采用定型自立式铁塔，共四种16基，其中直线单回铁塔1种，转角单回铁塔2种。终端塔1种。

自立式铁塔为出螺栓结构，其材料部分主材采用Q345钢外，其余均采用Q235钢，铁塔及混凝土电杆铁附件均需热镀锌防腐。本工程全部铁塔距地面6m以内及拉线下地均应采取防盗措施。

杆塔生产厂家应是获证企业，加工时，必须按本工程结构图及现行国家标准生产，对原材料的质量应进行严格控制，加工代料应取得设计同意。

二、基础

混凝土电杆基础采用预制底盘、拉线盘、底盘规格有DP06～DP10三种，拉线盘规格有LP1.0～1.4三种，铁塔基础采用现浇钢筋混凝土基础，型式有L1825、L2026、L2430、L2234、Y2424五种。

预制底、拉盘混凝土标号C25级，钢材为Q235钢，铁塔现浇基础混凝土标号C15级，基础钢材和地脚螺栓均为Q235钢。基础用砂、石、水泥及钢材应采用合格产品，其质量和各项指标应符合国家标准规定，材料的加工按设计图纸和有关行业标准执行。

三、铁附件及拉线

所有铁附件均采用合格的 Q235 钢加工制造，加工试组装合格后，均需热镀锌防腐。拉线规格为 GJ－35－100 型镀锌钢绞线，瞬时破坏应力不小于 1126MPa，其与楔形线夹的配合如表 6。拉线棒规格应根据拉线规格、拉盘埋深、拉线对地夹角等按拉线组装及拉线棒图进行选用。

表 6　　拉线与楔形夹的配合

钢绞线型号	GJ—35	GJ—70	GJ—100
楔形线夹型号	NUT—1	NUT—2	NUT—3

第五章　施工说明及要求

一、总体要求

(1) 本工程的施工质量应符合 GB50173—92《35kV 及以下架空电力线路施工及验收规范》中的有关规定。

(2) 所有材料均应取得符合国家标准的产品合格证书并要求使用优质产品。

(3) 材料应按设计图纸及有关的行业标准严格执行。

(4) 严格控制现场材料质量，对不合格的材料严禁勉强使用或强行使用。

二、其他说明

(1) 施工单位开工前应将现场复测情况与《杆塔位明细表》、《平断面定位图》核对无误后，方可施工。

(2) 基础分坑前，必须按《杆塔明细表》及铁塔结构图、根开图，核实铁塔的型号、呼称高、基础根开、地脚螺栓规格及根开、基础型号等，确认无误后，方可施工。

(3) 对设计造成挡距、高差或地质情况不符时，应及时通知设计单位进行处理。

(4) 基础开挖严禁放大炮，对坡度较陡的杆(塔)基，开挖后的土石方应进行简单堆砌。部分位于陡崖上的铁塔，为保证基岩的稳定性，基础开挖严禁放炮。

(5) 基础开挖到设计值后应及时浇注，并做好坑壁支护。

(6) 基础钢筋在绑所时应均匀分布、规格、数量，位置应按基础结构执行，基础浇注时应严格控制保护层厚度。

(7) 转角、终端杆塔应采取预偏措施，其预偏值由施工单位根据施工经验自行确定，并保证在紧线后转角杆塔不得朝内角倾，终端杆塔不得朝线路侧和内角侧倾。

(8) 基础保护帽尺寸：直线塔 400×400×300，转角、终端塔为 500×500×400，并要求顶面形成自然淌水坡度。

(9) 设计要求砌筑保坎、排水沟、防洪墙的塔基，应严格按设计要求执行。

(10) 铁塔组装须在基础验收合格后方可进行。

(11) 铁塔组装过程中，不得对任一构件强行组装，运输变形构件在防锈锌层失去作用时不得使用。

(12) 由于跨河、公路、10kV 电力线、低压弱电线较多，放紧线时，施工单位应制定详尽有效的施工方案，以保证导、地线的展放质量。

(13) 导、地线的接续均应采用爆压，其爆压操作应符合国家现行标准《架空电力线路爆炸压接施工工艺规程》中有关的规定。对要求导、地线不允许接头的挡应按设计要求进行施工。

(14) 施工弧垂按设计图纸进行计算，初伸长的影响，采用降温法补偿，降低温度值，导线为 15～20℃，地线为 10℃，弧垂误差按规程规定执行。

(15) 跳线弧垂按实际测量确定，施工完毕后，跳线应呈自然状态，跳线上任一点对塔身应满足所要求的空气间隙值。

(16) 本工程翻 E 一段时，由于海拔较高，按 5mm 覆冰设计，施工时，应适当放松导线张力，适当加大导线弧垂。

机 电 部 分

第二卷　第一册：杆塔位明细表及平断面定位图(例图附后)

　　　　第二册：绝缘子金具串组装及应力弧垂表(例图附后)

结 构 部 分

第三卷　第一册：杆型组装图(略)

　　　　第二册：混凝土杆段、底拉盘及铁塔基础结构图(见图 13-15～图 13-16)

　　　　第三册：吊杆、横担、抱箍等铁附件加工图(见图 13-17～图 13-18)

　　　　第四册：ZMT3 铁塔结构图(略)

　　　　第五册：J3 铁塔结构图(略)

　　　　第六册：3560JJ4 铁塔结构图(略)

　　　　第七册：3560DJ2 铁塔结构图(略)

杆塔号	杆塔位点	杆塔型号	标志高或杆高(m)	施工基面(m)	档距(m)	水平档距(m)	垂直档距(m)	耐张段长(m)/代表挡距(m)	转角/中心桩位移(m)	基础 底盘 规格	底盘 数量(个)	底盘 埋深(m)	拉线盘 规格	拉线盘 数量(个)	拉线盘 埋深(m)	铁塔基础 规格	铁塔基础 数量(个)	铁塔基础 埋深(m)	接地装置	导线金具 绝缘子串型号	导线金具 数量(串)	导线金具 防振锤(个)	避雷线金具 绝缘子串型号	避雷线金具 数量(串)	避雷线金具 防振锤(个)	交叉跨越开方及处理意见	备注
0	门型架				0											L				DN_2	3	FD−4			FG−35		绝缘子串倒挂
					45			45/45																			
N_1	D_1	$3560DJ_2$	18.0			178	−50		右 8°17′							L2430	4	2.8	丁	DN_1 DN_2 DX_1	3 3 1	3X1	BN_1	2X1	2X1		10kV电力线改造
					310			310/310																		房屋、10kV电力线1次	
N_2	J_1	$JHB_7^{+3.0m}$	19.5	−0.5		465	1175		右 32°02′	$DP_{0.8}$	2	1.0	$LP_{1.2}$ $LP_{1.0}$	6 3	1.8 1.6				戊	DN_1 DN_3	3 3	3X1 3X2	BN_1 BN	2X2	2X1 2X2		
					620			620/620																		河流、房屋、10kV电力线、梨树林各1次	
N_3	J_2	$JHB_{5(60°\sim90°)}$	18.0			388	125		右 78°18′	$DP_{1.0}$	2	1.0	$LP_{1.0}$ $LP_{1.2}$ $LP_{1.2}$	3 6 1	1.6 1.8 2.0				丙	DN_4 DN_1	3 3	3X2 3X1	BN_1 BN	2X2	2X2 2X1		
					155			155/155																			
N_4	J_3	$JHB_4^{+3.0m}$	19.5			291	315		右 43°55′	$DP_{1.0}$	2	1.0	$LP_{1.4}$ $LP_{1.2}$	4 1	2.0 1.8				丙	DN_1 DN_2	3 3	3X1 3X2	BN_1 BN	2X2	2X1 2X2		
					426																					梨树林1次	
N_5	Z_3	$ZHB_2^{+1.5m}$	16.5			406	240			$DP_{0.8}$	2	1.0	$LP_{1.0}$ $LP_{1.0}$	4 2	1.6 1.6				丙	DX_2	3	3X2 3X2	BN_1	2X1	2X2		避雷线终端
					385																					梨树林1次 房屋1次	
N_6	Z_5	ZH_3	13.5	−1.0		298	245	1275/354		$DP_{0.8}$	2	1.0	$LP_{1.0}$	4	1.6				戊	DX_2	3	3X2 3X1					
					210																						
N_7	Z_6	ZH_3	13.5	−1.0		233	190			$DP_{0.8}$	2	1.0	$LP_{1.0}$	4	1.6				戊	DX_2	3	3X1 3X1					
					255																						
N_8	J_4	$JH_{2(0°\sim20°)}^{+1.5m}$	16.5	0.8		215	645		左 10°06′	$DP_{1.0}$	2	1.0	$LP_{1.2}$	4	2.0				戊	DN_1 DN_1	3 3	3X1 3X1					
					175																						
N_9	Z_{8-1}	$JH_6^{+1.5m}$	18.0			410	265			$DP_{1.0}$	2	1.0	$LP_{1.2}$	4	2.0				丁	DX_3	3	3X1 3X2				跨大深沟1次	
					645																						

本页说明

1. N_2、N_4 杆加横梁及V型拉线各一组。
2. N_1～N_2、N_2～N_3、N_5～N_6 挡内不准有接头。
3. N_1 前进侧绝缘子串倒挂。
4. 门型架线路侧绝缘子串倒挂。

杆塔位明细表

图13-15 杆塔明细表

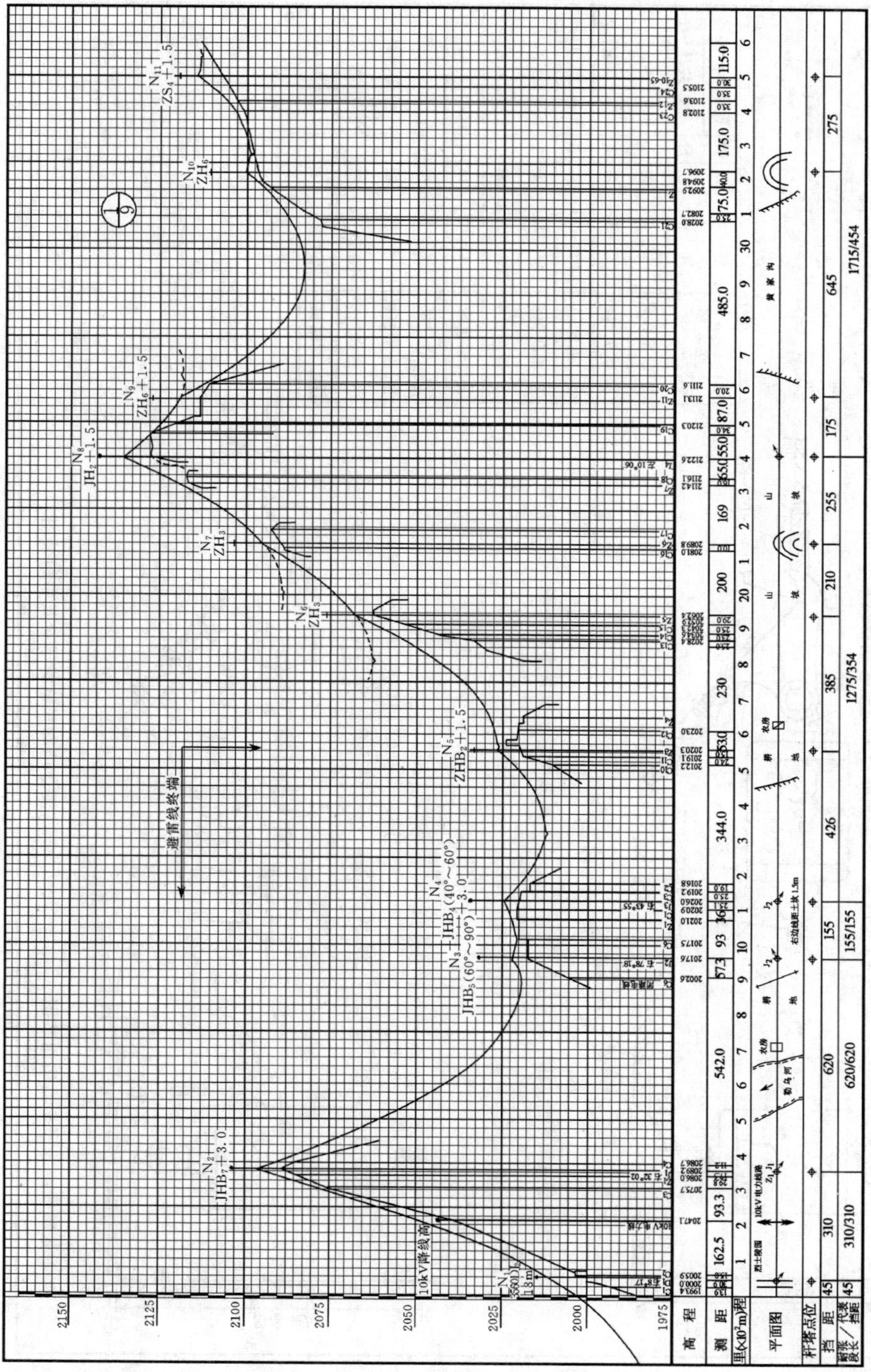

图 13-16 平断面定位图(纵 1:500;横 1:5000)

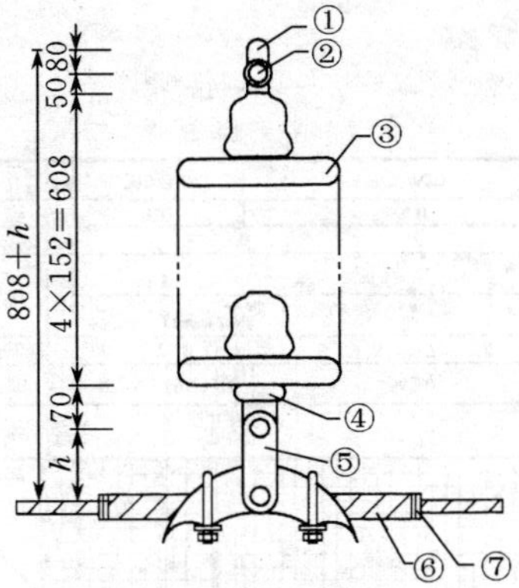

悬垂绝缘子金具串组装图

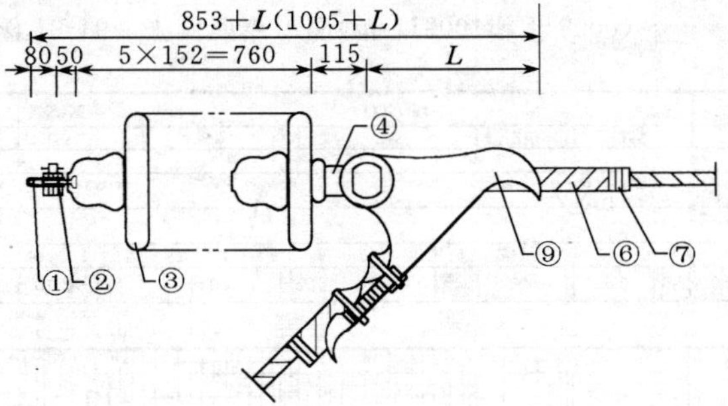

耐张绝缘子金具串组装图

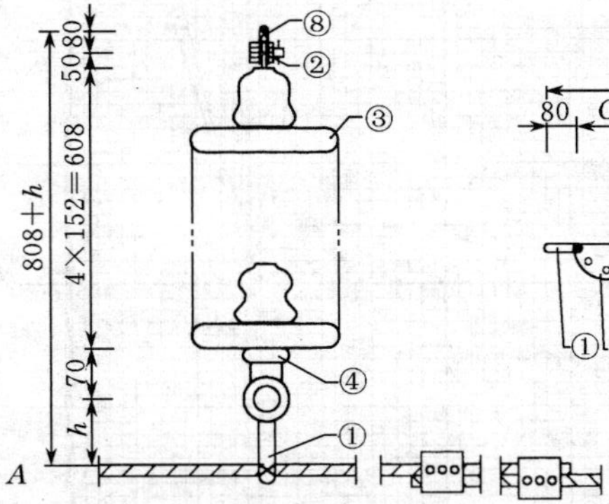

耐张跳线绝缘子金具串组装图

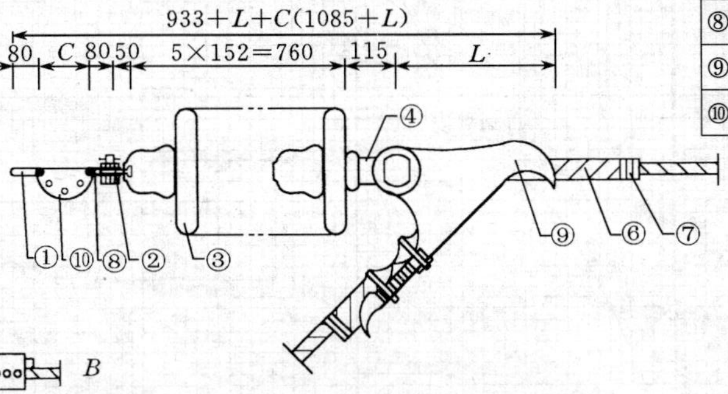

孤立挡耐张绝缘子金具串组装图

序号	名 称	型 号 规 格	单位	数量	重量(kg) 一件	重量(kg) 共计	备注
①	U 型挂环	U—7	副	1	0.5	0.5	
②	球头挂环	Q—5	副	1	0.3	0.3	
③	绝缘子	XP—70	片	4 (5)	5.0	20.0	(25)
④	单联碗头	W—7A	副	1	0.8	0.8	
⑤	悬垂线夹	XGU_2—2	副	1	1.8	1.8	
⑥	铝包带	1×10	m	4	0.01	0.04	
⑦	铝 线	1/0.8	m	0.5			
⑧	直角挂板	Z—7	副	1	0.64	0.64	
⑨	耐张线夹	NLD—2	副	1	2.1	2.1	
⑩	调整板	GT—6	个	1	1.7	1.7	

图 13-17 绝缘子金具串组装图

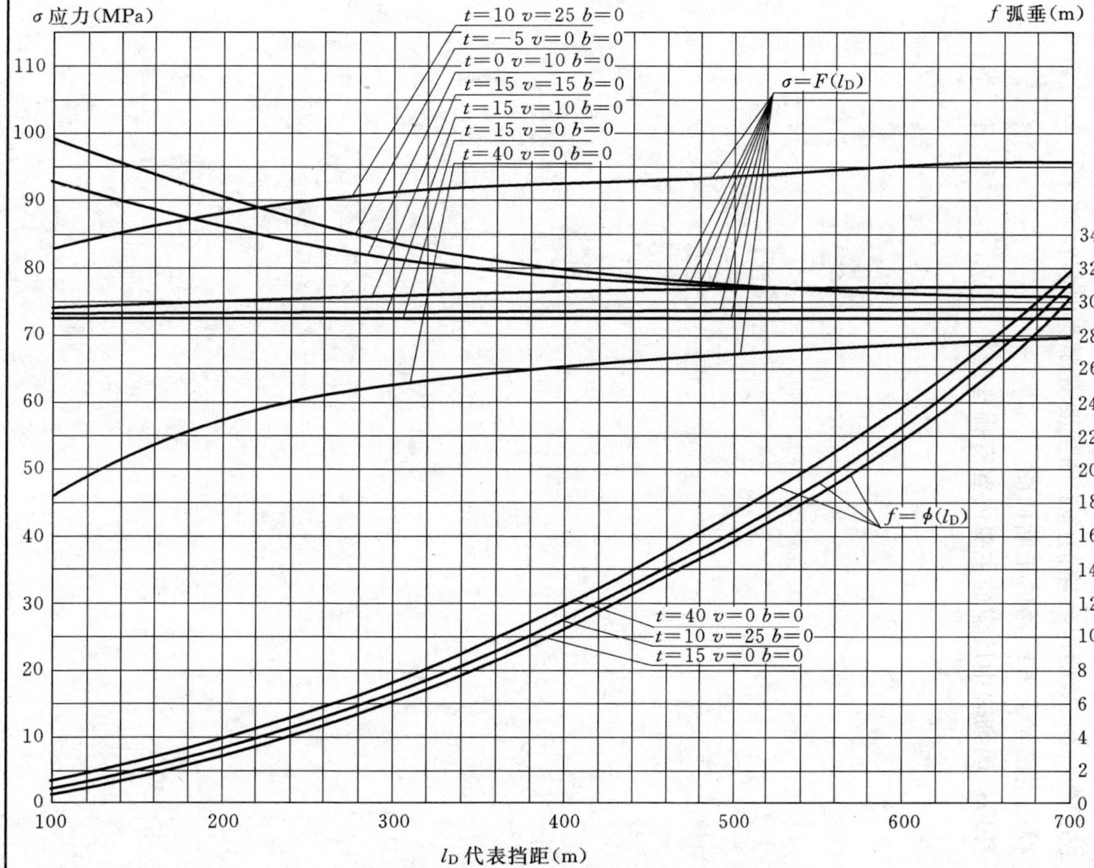

LGJ—185/25 导线物理特性表

名称	符号	数据
截面	A	211.29mm²
直径	d	18.90mm
膨胀系数	α	19.0×10⁻⁶1/℃
弹性系数	E	73000MPa
瞬时破坏应力	σ_p	267.16MPa
平均运行应力	σ_{cp}	66.80MPa
最大使用应力	σ_m	106.87MPa

比载荷重表

比载 (×10⁻³N/m.mm²)		单位长度荷重 (N/m)	
g_1	32.772	W_1	6.92
$g_{4(10)}$	6.03	$P_{4(10)}$	1.27
$g_{4(15)}$	13.57	$P_{4(15)}$	2.88
$g_{4(25)}$	32.039	$P_{4(25)}$	6.77
$g_{6(10)}$	33.323		
$g_{6(15)}$	35.470		
$g_{6(15)}$	45.831		

注 1. 临界挡距全部由平均气温控制。
2. 符号意义：
t——温度，℃；
y——风速，m/s；
b——冰厚，mm。

LGJ—185/25 导线
应力弧垂曲线

图 13-18 应力弧垂曲线

复习思考题

13-1 杆塔定位原则有哪些?

13-2 何为定位用弧垂模板，如何制作及选用弧垂模板?

13-3 模板定位后，还要进行哪些方面的校验?

13-4 施工设计由哪些内容组成?

13-5 35kV～110kV 输电线路的施工图主要有哪些内容?

13-6 根据附图学会看线路的平断面图。

13-7 杆塔位明细表中反应的主要内容有哪些?

第 14 章

电力电缆线路设计

电缆和架空导线是输配电能的两种线路。在前面的章节中已介绍了架空线路设计的基本知识，本章主要介绍电力电缆的种类和结构、电缆线路路径设计、电缆供油装置允许供油压力计算、电缆敷设时牵引力和侧压力的计算、电力电缆的敷设等内容。

14.1 概　　述

14.1.1 电力电缆的发展

电力电缆线路在电力系统中是用来传输和分配电能的，电缆的出现距今已有 110 多年的历史。1890 年，英国开始安装了 10kV 单相电缆。在 1910 年以后逐步发展使用 20kV 及 35kV 三芯电缆。美国在 1934 年敷设了第一条 220kV 充油电力电缆。法国于 1952 年和 1960 年先后制成了 380～425kV 和 500kV 充油电缆，20 世纪 70 年代初一些国家将其投入运行。聚氯乙烯和聚乙烯绝缘电缆是在 20 世纪 50 年代初开始发展，目前，在中低压领域，电缆的生产技术已臻成熟。110kV 及以下交联聚乙烯电缆已广泛应用于工程实践。

我国电力电缆的生产是在 20 世纪 30 年代后期开始的，到 1949 年电缆的生产规模还很小，能力还很薄弱。新中国成立后，随着电力工业的迅速增长，电缆工业也迅猛发展。1968 年和 1973 年先后研制、生产了 220kV 和 330kV 充油电缆，并先后在刘家峡、新安江等水电站投入运行。1983 年研制了 500kV 充油电缆。另外，1976～1983 年还试制生产了 10～110kV 交联聚乙烯绝缘电缆，目前 110kV 及以下产品已能成批生产。今后我国将发展特高压自容式充油电缆和特高压管道充气电缆。

14.1.2　电缆线路的特点和使用

电缆线路由三部分组成：电缆、电缆附件、电缆构筑物和构架。电缆是电缆线路的主体，它是一根包裹有绝缘的导体或多根相互绝缘的导体，外层包裹有保护电缆导体的保护层。电缆附件是除电缆本体外的其他部件，如中间接头盒、终端盒、压力箱等。电缆构筑物和构架是用来安装电缆附件和支持电缆的构筑物，如电缆隧道、排管、构架、支架、桥架等。

电缆线路一般埋于土壤或敷设于室内、沟道、隧道中，不用杆塔，占用地面和空间少；受气候条件和周围环境条件影响小，供电可靠；安全性高。电缆常用于工厂矿山企业内部的供电、一些发电厂的引出线、城市的供电和过江过海的水下输电线路。

随着城市建设的发展，对市容整齐美观和供电安全可靠的要求越来越高，城市供电逐渐以电缆线路来代替架空电力线路。另外，对于架空线路走廊在技术上难以解决的地区，重点风景旅游区，对架空线路严重腐蚀的特殊地区等，都宜采用电缆线路送电。而且，随着新材料、新技术的开发和应用，电力电缆制造工艺逐渐简化，质量不断提高，造价逐渐降低，施工趋于简便，电力电缆的应用将日益扩大。

14.2　电力电缆的种类和结构

14.2.1　电力电缆的种类

电缆的基本结构由三部分组成：导电线芯，用于传输电能；绝缘层，保证电能沿导电线芯传输，在电气上使导电线芯与外界隔离；保护层，起保护密封作用，使绝缘层不受外界潮气浸入，不受外界损伤，保持绝缘性能。

电力电缆可以按不同的方法分类，如按电压等级分类，按线芯截面积分类，按导体芯数分类，按绝缘材料分类等。

14.2.1.1　按电压等级分类

电力电缆都是按一定电压等级制造的，电压等级依次为：0.5、1、3、6、10、20、35、60、110、220、330、500kV。其中 1kV 电压等级电力电缆使用最多，一般厂矿企业配电线路都使用。3～35kV 电压等级的电力电缆在一些大中型企业主要供电线路中，在地区配电网中，以及在发电厂重要负荷和发电机出线中，常有采用。60～500kV 电压等级的电力电缆适用于一些不宜采用架空导线的输配电线路、过江、海底敷设等场合。

从施工技术要求、电缆接头、电缆终端头结构特征及运行维护等方面考虑，也可以依据电压这样分类：低电压电力电缆（1kV）；中电压电力电缆（3～35kV）；高电压电力电缆（60～500kV）。

14.2.1.2 按导电线芯截面积分类

电力电缆的导电线芯一般简称为导线，它是按一定等级的标称截面积制造的。这样既便于制造，也便于施工。

我国电力电缆标称截面系列为2.5、4、6、10、16、25、35、50、70、95、120、150、185、240、300、400、500、625、800mm^2，共19种。高压充油电缆标称截面积系列为100、240、400、600、700、845mm^2，共6种。

14.2.1.3 按电线芯数分类

电力电缆导电线芯数有单芯、二芯、三芯、四芯、五芯，共5种。单芯电缆通常用于传送单相交流电、直流电，也可在特殊场合使用（如高压电机引出线等）。60kV及其以上电压等级的充油、充气高压电缆多为单芯。二芯电缆多用于传送单相交流电或直流电。三芯电缆主要用于三相交流电网中，在35kV及以下的各种电缆线路中得到广泛的应用。四芯电缆多用于低压配电线路、中性点接地的TT方式和TN—C方式供电（四芯电缆的第四芯截面积通常为主线芯截面积的40%～60%）。五芯电缆用于低压配电线路、中性点接地的TT—S方式供电。只有电压等级为1kV的电缆才有二芯和四芯。

14.2.1.4 按绝缘材料分类

电力电缆按所用绝缘材料可分为下列几种。

1. 油浸纸绝缘电力电缆

油浸纸绝缘电力电缆是历史最久、应用最广和最常用的一种电缆。由于其寿命长，耐热、耐电性能稳定，材料资源比较丰富，故在各种电压等级的电缆中都被广泛采用。油浸纸绝缘电力电缆是以纸为主要绝缘，以绝缘浸渍剂充分浸渍制成的。根据浸渍情况和绝缘结构的不同，油浸纸绝缘电力电缆又可分为下列几种。

（1）普通粘性浸渍纸绝缘电缆。它是一般常用的油浸纸绝缘电缆。电缆的浸渍剂是由低压电缆油和松香混合而成的粘性浸渍剂。根据结构不同，这种电缆又分为统包型、分相铅（铝）包型和分相屏蔽型。统包型电缆的多线芯共用一个金属护套，这种电缆多用于10kV及以下电压等级。分相铅（铝）包型电缆的每个绝缘线芯都有金属护套。分相屏蔽型电缆的绝缘线芯分别加屏蔽层，并共用一个金属护套。后两种电缆多用于20～35kV电压等级。

（2）滴干绝缘电缆。它是绝缘层厚度增加的粘性浸渍纸绝缘电缆，浸渍后经过滴出浸渍剂制成。滴干绝缘电缆适用于10kV及以下电压等级和落差较大的场合。

（3）不滴流浸渍电缆。它的结构、尺寸与滴干绝缘电缆相同，但用不滴流浸渍剂浸渍制成。不滴流浸渍电缆适用于电压等级不超过 10kV、高落差电缆线路以及热带地区。

（4）油压油浸纸绝缘电缆。它包括自容式充油电缆和钢管充油电缆，适用于 35kV 以及更高电压等级的电缆线路。自容式充油电缆有单芯和三芯两种结构。钢管充油电缆采用高粘度的电缆油，一般为三芯。

（5）气压油浸纸绝缘电缆。它包括自容式充气电缆和钢管充气电缆。多用于 35kV 及以上电压等级的电缆线路中。

2. 塑料绝缘电缆

塑料绝缘电缆制造简单，重量轻，终端头和中间接头制作容易，弯曲半径小，敷设简单，维护方便，并具有耐化学腐蚀和一定耐水性能，适用于高落差和垂直敷设。塑料绝缘电缆有聚氯乙烯绝缘电缆、聚乙烯绝缘电缆和交联聚乙烯绝缘电缆。聚氯乙烯绝缘电缆一般用于 10kV 及以下的电缆线路中，交联聚乙烯绝缘电缆多用于 6kV 及以上乃至 110～220kV 的电缆线路中。

3. 橡皮绝缘电缆

由于橡皮富有弹性，性能稳定，有较好的电气、机械、化学性能，在 6kV 及以下的电缆线路中大量应用橡皮绝缘电缆。

4. 阻燃聚氯乙烯绝缘电缆

前述三种电缆有一个共同的缺点，就是具有可燃性。当线路中或接头处发生事故时，电缆可能因局部过热而燃烧，扩大事故范围。阻燃电缆是在聚氯乙烯绝缘中加阻燃剂，即使明火烧烤，其绝缘也不会燃烧。这种电缆属于塑料电缆的一种，用于 10kV 及以下的电缆线路中。

14.2.2 电力电缆的基本结构

电力电缆的基本结构由导电线芯、绝缘层和保护层三部分组成。为了改善电场的分布情况，减小切向应力，有的电缆加有屏蔽层。多芯电缆绝缘线芯间，还需增加填芯和填料，以便将电缆绞制成圆形。

14.2.2.1 粘性浸渍纸绝缘统包型电力电缆

粘性浸渍纸绝缘统包型电力电缆，各导线外包有纸绝缘，绝缘厚度依电压而定。绝缘线芯之间填以纸或麻为主的填料，各绝缘线芯连同填料扭绞成圆形，外面再用绝缘纸统包起来。如果用于中性点接地的电力系统中，则统包绝缘层的厚度较薄。如果用于中性点不接地的电力系统中，则统包绝缘层的厚度较厚。统包绝缘层不仅加强了各芯导体与铅（铝）护套之间的绝缘，同时也将三个绝缘线芯扎紧，使其不会散开，统包绝缘层外为多芯共用的一个金属（铅或铝）护套。由于敷设环境不同，有的电缆在金属护套外还有铠装层，铠装层内外还分别有沥青防腐层和沥青黄麻防腐层。粘性浸渍纸绝缘统包型扇形线芯电缆的结构如图 14-1 所示。

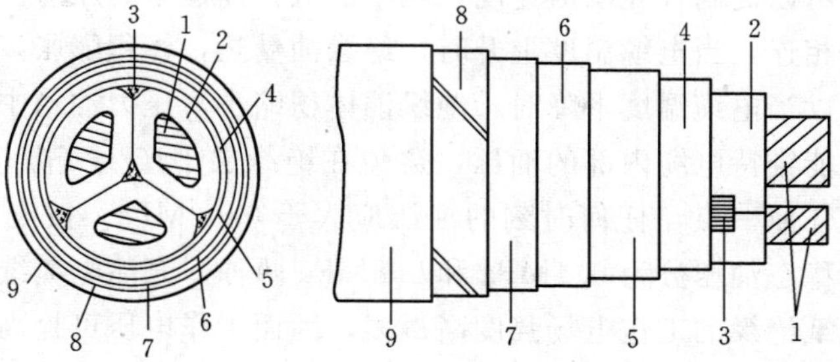

图 14-1 扇形线芯三芯统包型铠装电缆结构图

1—导线；2—线芯绝缘；3—填料；4—统包绝缘；5—铅护套；6—沥青防腐层；7—沥青黄麻层；8—铠装层；9—沥青黄麻层

纸绝缘统包型电缆，制造简单，价格便宜，性能良好。电缆绝缘线芯周围有填充物。含有大量的电缆油。当电缆运行温度降低时，由于电缆油的体积缩小，在填料中会形成气隙，导致绝缘中产生正切应力，将绝缘逐渐损坏。当电缆敷设有较大落差时，浸渍剂会沿电缆向下流动，易使低端护套内油压加大，甚至造成低端电缆终端头漏油，高端绝缘干涸，绝缘水平下降。因此这种电缆只适用于 10kV 及以下的电压等级和落差不大的场合。

14.2.2.2 粘性浸渍纸绝缘分相铅（铝）包型电力电缆

粘性浸渍纸绝缘分相铅（铝）包型电力电缆的各线芯绝缘层外分别铅包或者铝包，然后再与内衬垫及填料绞成圆形，用沥青麻带扎紧后，外加铠装和保护层。6～10kV 分相铅包电缆的绝缘层表面有半导体屏蔽层，而 20～35kV 分相铅包电缆，导电线芯及绝缘表面均有半导体屏蔽如图 14-2 所示。这种电缆与统包型电缆比较，制造工艺比较复杂，价格较贵。铅护套内没有浸渍的填料，可减少运行中的漏油现象和绝缘中的气隙形成，因而比统包型电缆绝缘性能好，故可适用于 20～35kV 电压等级。

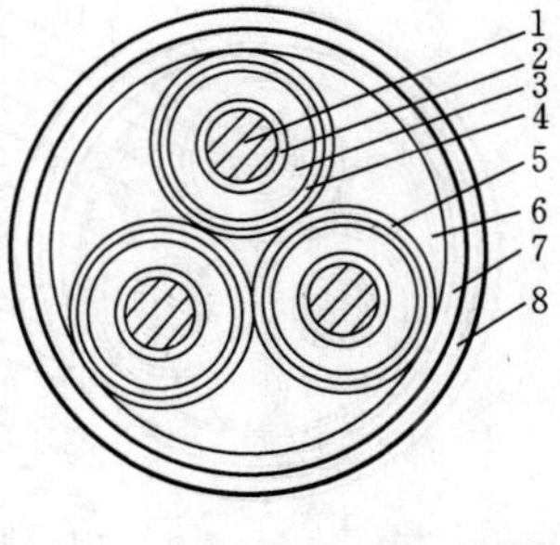

图 14-2 分相铅包电力电缆结构图

1—导线；2—导线屏蔽；3—绝缘层；4—绝缘屏蔽；5—铅护套；6—内衬垫及填料；7—铠装层；8—外被层

14.2.2.3 自容式充油电力电缆

自容式充油电力电缆一般简称为充油电缆，其特点是利用压力油箱向电缆绝缘内部补充绝缘油的办法，消除因温度变化而在纸绝缘层中形成的气隙，以提高电缆的工作电场强度。单芯充油电缆的导线中心留有可对电缆补充绝缘油的油道。所用的绝缘油是低粘度的电缆油，它可以提高补充浸渍速度，减小油流在油道中的压降。电缆的油道通过管路与压力油箱相连，当电缆温度上升时，绝缘油受热，体积膨胀，膨胀出来的绝缘油流到压力油箱。当电缆温度下降时，绝缘油体积缩小，压力油箱中的绝缘油便流入电缆中。这样做能维持电缆内部的油压，避免在绝缘层中产生气隙。国家标准规定，充油电缆线路上任何一点，任何时刻的油压应大于 0.02MPa；按电缆加强层结构不同，其允许最高稳态油压分为 0.4MPa 和 0.8MPa 两种。充油电缆纸绝缘的工作电场强度比一般电缆纸绝缘的工作电场强度高得多，因而工作电压可提高很多，故可运行于 35～330kV 电压等级的电缆线路中。

单芯充油电缆的电压等级为 110～330kV，三芯充油电缆的电压等级为 35～110kV。导电线芯表面及绝缘层外表面均有半导电纸带组成的屏蔽层，绝缘层外为铅护套；护套外为具有防水作用的沥青和塑料带的内衬层、径向加强层、铠装层和外被层。径向铜带用以承受机械外力。有纵向铜带或钢丝铠装的电缆，可以承受较大的拉力，适用于高落差的场合。外被层一般为聚氯乙烯护套或纤维层。三芯自容式充油电力电缆结构如图 14-3 所示。

14.2.2.4　聚氯乙烯绝缘电力电缆

聚氯乙烯绝缘电力电缆的绝缘层由聚氯乙烯挤包制成。多芯电缆的绝缘线芯绞合成圆形后绕包塑料带或者挤包聚氯乙烯护套作为内护层。其外为铠装层和聚氯乙烯外护套。聚氯乙烯电力电缆结构如图 14-4 所示。

10kV 及以上电缆导电线芯表面有半导体屏蔽层，6kV 及以上电缆绝缘层表面有

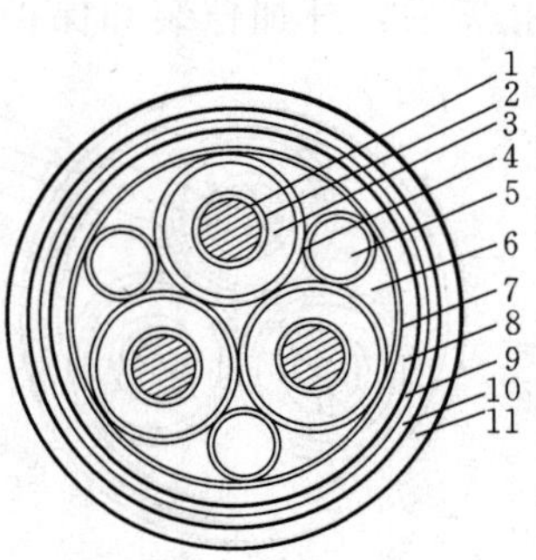

图 14-3　三芯自容式充油电力电缆结构图

1—导线；2—导线屏蔽；3—绝缘层；4—绝缘屏蔽；5—油道；6—填料；7—铜丝编织带；8—铅套；9—内衬垫；10—加强层；11—外护层

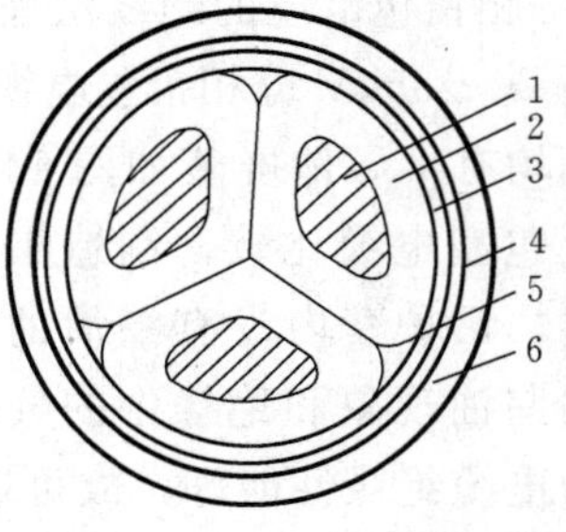

图 14-4　聚氯乙烯电力电缆结构图

1—导线；2—聚氯乙烯绝缘；3—聚氯乙烯内护套；4—铠装层；5—填料；6—聚氯乙烯外护套

半导体材料与金属带或金属丝组成的屏蔽层。金属带（丝）的作用是保持零电位，并在短路时承载短路电流，以免因短路电流引起电缆温升过高而损坏绝缘层。聚氯乙烯绝缘电缆与浸渍纸绝缘电缆相比，没有铅护套和浸渍剂，安装更加简便。它适用于高落差场合，多用于10kV及以下电压等级。

14.2.2.5 交联聚乙烯绝缘电力电缆

交联聚乙烯绝缘电力电缆是近几年来发展起来的很有前途的塑料电缆。这种电缆电场分布均匀，没有切向应力，重量轻，耐热性能好，传输容量大，适用于垂直、高落差和有振动的场所敷设。

图14-5为三芯交联聚乙烯绝缘铠装电力电缆的结构。在圆形导体外有内屏蔽层、交联聚乙烯绝缘和外屏蔽层。外面还有保护带、铜线屏蔽、铜带和塑料带保护层。三个缆芯中间有一个圆形填芯，连同填料扭绞成缆后，外面再加护套、铠装等保护层。

6kV及以上电缆导线表面及绝缘层表面均有屏蔽层。导线屏蔽层为半导体材料；绝缘屏蔽层为半导体交联聚乙烯，并在其外绕包一层0.1mm厚的金属带（丝）。电缆内护层（套）的方式，除上面介绍的三个绝缘线芯共用一个护套外，还有绝缘线芯分相护套。分相护套电缆相当于三个单芯电缆的简单总合。这种电缆的电场分布情况与单芯电缆及纸绝缘分相铅包电缆类似，但电性能更好，应用范围与纸绝缘分相铅包电缆相同。

14.2.2.6 橡皮绝缘电力电缆

橡皮绝缘电力电缆的绝缘层为丁苯橡皮或丁基橡皮。6～35kV的橡皮绝缘电缆，导线表面有半导体屏蔽层，绝缘层表面有半导体材料和金属材料组合而成的屏蔽层。多芯电缆绝缘线芯绞合时，采用具有防腐性能的纤维填充，并包以橡皮布带或涂胶玻璃纤维带。橡皮电缆的护套一般为聚氯乙烯护套或氯丁橡皮护套。橡皮绝缘电力电缆的结构如图14-6所示。

橡皮绝缘电力电缆的绝缘层有较好的柔软性，其导线的绞线根数比其他型式的电缆稍多，因此电缆的敷设安装简便，适用于落差较大和弯曲半径较小的场合。它可用于固定敷设的电力线路，也可用于定期移动的敷设线路。但是橡皮绝缘遇到油类时会很快损坏，在高电压作用下，容易受电晕作用产生裂缝，因此这种电缆一般用于10kV及以下电压等级。

14.2.3 电力电缆的型号

电缆的型号内容包含其用途类型、绝缘材料、导体材料、铠装保护层等。在电缆型号后面还注有线芯根数、截面、工作电压和长度。

电力电缆型号由电缆结构各部分代号组成，代号的排列一般按下列顺序：

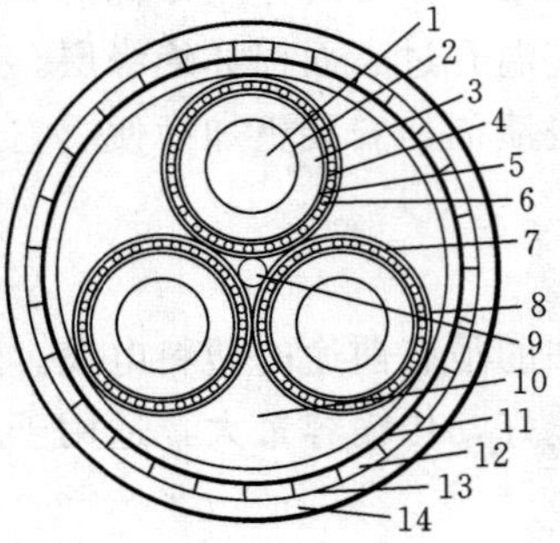

图 14-5 三芯交联聚乙烯绝缘铠装电力电缆的结构图

1—导线；2—导线屏蔽层；3—交联聚乙烯绝缘；4—绝缘屏蔽层；5—保护带；6—铜线屏蔽；7—螺旋铜带；8—塑料带；9—中心填芯；10—填料；11—内护套；12—扁钢带铠装；13—钢带；14—外护套

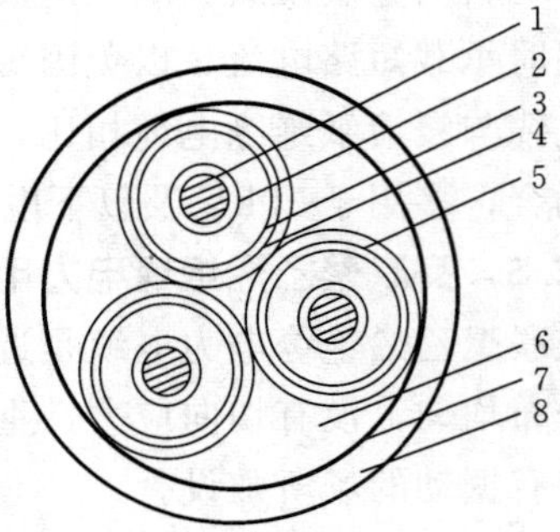

图 14-6 橡皮绝缘电力电缆的结构图

1—导线；2—导线屏蔽层；3—橡皮绝缘层；4—半导体屏蔽层；5—铜带屏蔽层；6—填料；7—涂橡皮布带；8—聚氯乙烯外护套

绝缘种类	导电线芯	内护层	其他特点	外护层

表 14-1 所示为电缆结构各部分代号的含义。

表 14-1　　电缆结构代号含义

绝缘种类		导电线芯		内护层		派生结构		外护层	
代号	含义	代号	含义	代号	含义	代号	含义	代号	含义
Z	纸	L	铝芯	H	橡套	D	不滴油	0	裸金属铠装（无外护层）
V	聚氯乙烯	T(省略)	铜芯	HF	非燃性护套	F	分相	1	
X	橡皮			V	聚氯乙烯护套	G	高压	2	无金属铠装仅有麻被层
XD	丁基橡皮			Y	聚乙烯护套	P	滴干绝缘	3	
Y	聚乙烯			L	铝包	P	屏蔽	4	铜带铠装
YJ	交联聚乙烯			Q	铅包	Z	直流	5	单层细钢丝铠装
								6	双层细钢丝铠装
								1	单层粗钢丝铠装
									双层粗钢丝铠装
								2	一级防腐，在金属铠装代号前一位
								9	二级防腐，在金属铠装代号前一位
									金属铠装层外加聚氯乙烯护套

电缆产品用型号和规格表示。其方法是在型号后面再加上说明额定电压、芯数和截面的阿拉伯数字。如 ZLQ20—10—3×95 表示铝芯、纸绝缘、铅包、裸钢带铠装、额定电压 10kV、三芯，截面积为 95mm^2 的电力电缆。

充油电缆型号由产品系列代号和电缆结构各部分代号组成。自容式充油电力电缆系列代号为 CY。外护层结构从里到外用加强层、铠装层、外被层的代号组合表示，外护层代号如表 14-2 所示。绝缘种类、导电线芯、内护层及各代号的排列顺序以及产品的表示方法与前述相同。

表 14-2　充油电缆外护层代号含义

加强层		铠装层		外被层	
代号	含义	代号	含义	代号	含义
1	铜带径向加强	0	无铠装	1	纤维层
2	不锈钢带径向加强	4	粗钢丝	2	聚氯乙烯护套
3	铜带径向窄铜带纵向加强				
4	不锈钢带径向窄不锈钢带纵向加强				

电力电缆的型号不同，其特性和使用范围也不同，在工程实践中应根据实际条件和敷设要求选用合适的电缆，关于电缆的使用范围可参照工程手册。

14.3 电缆型式与截面选择

14.3.1 电缆线芯材料的选择

通常用铝和铜作电缆线芯材料。但对于要求可靠性高的回路中的电力电缆；振动剧烈、高温、易爆或对铝有腐蚀等严酷的工作场所等的电力电缆，则要求采用铜导体。其他场合所用电缆视具体情况选用铝或铜导体。

14.3.2 绝缘种类的选择

14.3.2.1 低电压线路用电缆

在一般场所多选用聚氯乙烯电缆。聚氯乙烯电缆在火灾燃烧时会产生大量黑烟和氯化氢等强腐蚀性气体，故在火电厂、核电站、石油平台、高层建筑、公共场所和船舶上不宜采用。

14.3.2.2 10～35kV 电压等级的电缆

我国大都选用不滴流电缆或交联聚乙烯电缆，在其他国家则多选用交联聚乙烯电缆。由于乙丙橡胶电缆不但电性能和热性能都比较好，与交联聚乙烯电缆相似，而且柔软性、耐X射线辐射和抗水树脂性能好，因此适宜在矿井、水下和核电站内使用。其缺点是价格较贵和介质损耗因数较大。

14.3.2.3 110kV 及以上电压等级的电缆

通常以自容式充油电缆或钢管充油电缆为主要选用品种。110kV 及以上的交联聚乙烯电缆与充油电缆相比，虽然不需要供油系统，但其接头和终端的安装技术复杂，要求安装现场的空气非常清洁，要采取净化措施。此外，交联聚乙烯的体积膨胀系数大、压缩模量小所带来的一些热机械性能问题尚需研究解决。因此，对 110 kV 及以上线路，可根据具体情况选用自容式充油电缆或交联聚乙烯电缆。

14.3.3 护层种类的选择

对明敷的油纸绝缘电缆要选用裸钢带铠装，在易受腐蚀的环境中或在地下直埋敷设时要选用钢带外有外护套的电缆。在水下敷设或电缆会受到较大拉力时要选用钢丝铠装电缆。有金属套的电缆敷设在易受振动的场所时要选用铝套电缆。交联聚乙烯电缆敷设在水下，或者电压等级为 63kV 及以上时，要选用有防水金属套的电缆，在水下敷设或受到较大拉力时也要选用钢丝铠装电缆，在其他场合不一定都要求铠装。

14.3.4 电缆线芯截面的选择

14.3.4.1 选择线芯截面的原则

电力电缆线芯截面选择的基本要求：

(1) 最大工作电流作用下的缆芯温度，不得超过按电缆使用寿命确定的允许值。

(2) 通过最大短路电流作用时，所产生的热效应应满足热稳定条件。

(3) 电缆回路在最大工作电流作用下的电压降，不得超过该回路允许值。

(4) 较长距离的大电流回路或 35kV 以上高压电缆，当符合上述条件时，宜选择经济截面，可按“年费用支出最小”原则。

(5) 铝芯电缆截面，一般不宜小于 $4mm^2$。

(6) 水下电缆敷设当需缆芯承受拉力且较合理时，可按抗拉要求选用截面。

导线截面的选择应同时满足机械强度、工作电流和允许电压降的要求。其中导线承受最低的机械强度的要求是指诸如导线的自重、风、雪、覆冰等而不致断线；导线应能满足负载长时间通过正常工作最大电流的需要；导线上的电压降应不超过规定的允许电压降。一般公用电网电压降不得超过额定电压的 5%。

如果电力电缆线芯截面选择不当，将会影响可靠运行、缩短使用寿命、危害安全、带来经济损失等，故必须正确选择线芯截面。

采用“年费用支出最小”原则的评定方法时，年费用支出 B 的表达式如下

$$B=0.11Z+1.11N$$

式中 Z——投资；

N——年运行费。

14.3.4.2 选择和校验线芯截面的方法

1. 按工作电流选择截面

按工作电流选择截面时公式为

$$KI_{xu}\geqslant I_y \tag{14-1}$$

式中 I_y——该回路的持续工作电流，A；

I_{xu}——电缆在额定情况下的允许持续载流量，见附录 3；

K——不同敷设条件下的校正系数：

空气中多根并列敷设　　$K=K_tK_1$

空气中单根穿管敷设　　$K=K_tK_2$

地中单根直埋敷设　　$K=K_tK_3$

地中多根并列直埋敷设　　$K=K_tK_3K_4$

桥架上多层并列敷设　　$K=K_tK_5$

以上式中 K_t——温度校正系数，见附录 4；

K_1——空气中并列敷设时的校正系数，见附录 4；

K_2——空气中穿管敷设时的校正系数，电压为 10kV 及以下，截面为 95mm² 及以下时取 0.9，截面为 120mm² 及以上时取 0.85；

K_3——地中直埋敷设时不同土壤热阻系数的校正系数，见附录 4；

K_4——地中多根并列直埋敷设时的校正系数，见附录 4；

K_5——桥架上并列敷设时的校正系数，见附录 4。

2. 按经济电流密度选择截面

按经济电流密度选择电缆截面（即经济截面）可按下式计算

$$S\geqslant S_j \tag{14-2}$$

$$S_j=I_y/j$$

式中 S——所选用的电缆截面，mm²；

S_j——电缆的经济截面，mm²；

I_y——该回路的持续工作电流，A；

j——经济电流密度，A/ mm²，见表 14-3。

表 14-3 **我国规定的电缆经济电流密度**（A/mm^2）

电缆线芯材料	年最大负荷利用小时数 T_{max}（h）		
	3000 以下	3000～5000	5000 以上
铜芯电缆	2.5	2.25	2.00
铝芯电缆	1.92	1.73	1.54

按经济电流密度选择电缆截面的方法，一般只用于高压线路，但 3～5 年内的临时性高压线路除外。

另外，按经济电流密度选择的电缆截面还必须满足长期发热条件和机械强度的要求。

3. 按短路电流热稳定校验截面

对于所选择的电缆截面必须满足短路电流热稳定的要求，其校验方法一般采用最小截面法。满足短路电流热稳定要求的最小截面可由下式计算

$$S \geqslant \sqrt{\frac{Q_t}{C}} \tag{14-3}$$

$$Q_t = I^2 t$$

式中 Q_t——短路电流的热效应；

I——短路电流周期分量的有效值，A；

t——短路持续时间，s；

C——电缆的热稳定系数。

热稳定系数按下式计算

$$C = \frac{1}{\eta}\sqrt{\frac{4.2Q}{K\rho_{20}\alpha}\ln\frac{1+\alpha(\theta_k - 20)}{1+\alpha(\theta - 20)}} \times 10^{-2} \tag{14-4}$$

式中 η——电缆芯线填充物热容量随温度变化以及绝缘散热影响的校正系数，对 3～6kV 回路，取 0.93，35kV 及以上回路可取 1.0；

Q——电缆芯单位体积的热容量，$J/(cm^3 \cdot ℃)$；铝芯取 0.59，铜芯取 0.81；

α——电缆芯在 20℃时的电阻温度系数，1/℃；铝芯为 0.00403，铜芯取 0.00393；

ρ_{20}——电缆芯在 20℃时的电阻系数，$\Omega \cdot cm^2/cm$；铝芯取 0.031×10^{-4}，铜芯取 0.0184×10^{-4}；

K——20℃时导体交流电阻与直流电阻之比，$S \leqslant 100mm^2$ 的三芯电缆 $K=1$，$S=120 \sim 240mm^2$ 的三芯电缆 $K=1.005 \sim 1.035$；

θ——短路前电缆的工作温度，℃；

θ_k——电缆在短路时的最高允许温度，对10kV及以下普通粘性浸渍纸绝缘及交联聚乙烯绝缘电缆为200℃，有中间接头（锡焊）的电缆最高允许温度为120℃。

4. 按允许电压降校验电缆截面

对供电距离较远、容量较大的电缆线路，应校验其电压损失$\Delta U\%$。一般应满足$\Delta U\% \leqslant 5\%$。对于三相交流电路，计算公式为

$$\Delta U\% = 173 I_{\max} L (r\cos\varphi + x\sin\varphi)/U \tag{14-5}$$

式中 U、L——线路工作电压（线电压）和长度；

$\cos\varphi$——功率因数；

r、x——电缆单位长度的电阻和电抗。

对于10kV及以下电缆可忽略电抗所造成的电压降。

14.4 电缆线路的路径设计

电缆线路路径的选择不但要满足近期工程的需要，而且要符合城市和电力远景发展规划，在技术和经济上获得最佳经济效益。因此，电缆线路路径选择需考虑到电缆安装方式、电缆的类型和路径的道路结构。较长的电缆线路有时由于电缆平行根数的密集程度不同，则用多种方式安装。

14.4.1 路径与安装方式

由于电缆安装的方式不同，路径的选择有不同的要求。对于电缆线路不密集、道路多弯曲、交通不频繁的街道，多采用直埋敷设。对于电缆线路较多（一般在10～20根间）、道路少弯曲、交通频繁的路径，多采用排管敷设。对于地面荷载轻、地下管道交错少的路径，多采用电缆沟敷设。对于电缆线路高度密集地段（如发电厂和大型变电所）或路径难度较大区段（如穿越机场跑道和江底），多采用隧道敷设。市区电缆线路的路径与安装方式，应与城市其他地下管线统一安排。我国的《城市电力网规划设计导则》中规定，电缆敷设方式应根据电压等级、最终数量、施工条件及初期投资等因素确定，可按不同情况采取以下方式：①直埋敷设，适用于市区人行道、公园绿地及公共建筑间的边缘地带，是最经济简便的敷设方式，应优先采用；②电缆沟敷设，适用于不能直接埋入地下且无机动车负载的通道，如人行道、变电所内、工厂厂区内等处所；③排管敷设，适用于电缆条数较多，且有机动车等重载的地段，如市区街道、穿越小型建筑物等；④隧道敷设，适用于变电所出线及重要街道，电缆条数多或多种电压等级平行的地段；⑤电缆路径需要跨越河流时，尽量利用桥梁结构；

⑥海底敷设方式需根据具体工程特殊设计。

14.4.2　路径与电缆类型

电缆线路的类型可归纳为硬管型（如钢管电缆）、软管型（如油浸纸绝缘电缆、固体挤压聚合电缆）及悬挂型（如架空电缆）三类。由于电缆的刚性差异，对路径有不同的要求。

1. 硬管型

多数硬管型电缆线路的安装方式，是先将管道埋设在地下，其后将电缆线芯拉进管道内。为了减少电缆接头数量，要求尽可能增长拉入长度，而拉入长度又决定于线路弯曲度，因此路径应尽可能为直线。必须弯曲时，其弯曲半径约在 100m 左右。这些条件制约了路径的选择。硬管型电缆通常适用于公路或成直线的道路。

2. 软管型

其路径不如硬管型要求高，即使弯曲较多的道路，由于装盘长度短（约 200～300m），也便于安装。此外遇其他地下管线时便于交叉。因此软管型电缆线路的路径选择比较灵活。

3. 悬挂型

架空电缆或电缆架空敷设都可以不受道路的方向制约，能充分利用空间，按最短直线距离安装。因此悬挂型电缆线路的路径选择比软管型更灵活，尤其适宜用于临时性工程。

14.4.3　道路结构与路径

电缆线路的路径选择常决定于道路的结构，如路面和路基的种类。此外城市中的各种地下管线较多，如水管、煤气管、电话电缆等，要考虑彼此间的相互关系。电缆线路为了便于安装和日后维修，要求路面容易开挖，并能承受一定的载重。人行道路面常是最佳选择，但这种选择对其他管线同样适用，因此，通常城市中的地下管线布置为：一侧人行道下是电力电缆、自来水管；另一侧为电话电缆和煤气管道走廊，以防止相互影响。电缆线路路径的路基最理想的是沉积层或砂土层，不选择岩石、河洪复填地段，防止路基不均匀沉降对电缆线路造成影响。用工业或生活垃圾填复的路基，则用中性软土更换，以防止对电缆金属套的化学腐蚀。

14.4.4　周围环境与路径

在可能条件下，尽可能避免电缆遭受机械性外力、震动、化学腐蚀、杂散电流和过热影响等危害。电缆线路周围的环境不应该有蒸汽管和烟道等热力设备。采用直埋敷设时，地下土壤中不应含有对电缆护层有害的物质，如酸或碱的溶液、氧化物、矿渣、有机的腐朽物质等。电缆线路应尽可能减少穿越各种管道、铁路、公路、通信电缆、河流和河渠的次数，要避开防护林、经济林区及需要砍伐树木较多的地段，便于施工和检修。

在满足安全的前提下，尽可能选择最短距离的线路供电，并避开建筑工程、各种管线工程等需要挖掘施工的地方。

电缆沿平坦地区的公路和车道敷设时，一般应在排水沟或取土范围以外，并应注意公路有无展宽的可能。

14.5 电缆敷设时牵引力和侧压力的计算

由于自容式充油电缆一般都比较重，因此在敷设时需要较大的牵引力，但是当其超过电缆的允许值时，容易拉坏电缆。因此在设计和敷设施工时，必须计算电缆的牵引力或牵引长度是否超过允许值。虽然电缆路径、牵引力和牵引条件等因素比较复杂，在计算时难于确定，但可以参照常用的数据，大致得出允许的牵引长度和合理的牵引方式、牵引设备布置的位置和牵引设备的容量。

14.5.1 电缆的允许牵引力和侧压力

1. 电缆的允许牵引力

随牵引方法的不同（即电缆结构中受牵引力作用部分的不同），电缆的允许牵引力也不同。通常取受力部分材料的抗拉强度的四分之一左右作为敷设电缆允许的最大牵引强度。表 14-4 中列出了电缆结构材料的抗拉强度及允许牵引强度值。

表 14-4　电缆的抗拉强度及允许的牵引强度（MPa）

序号	项目	抗拉强度	允许的牵引强度
1	铜材料线芯	240	70
2	铝材料线芯	160	40
3	铅护套		10
4	皱纹铝护套		20
5	塑料护套	15～25	4～7

对于具有中心油道的电缆线芯，当用牵引头通过导线牵引电缆时，除按导线截面计算的抗拉强度外，还要考虑作用在导线上的牵引力不能使油道发生变形。使油道不发生变形的最大牵引力为 27kN，因此作用在铜导线上的牵引力既不能超过按铜导线

截面计算的允许牵引强度，也不能超过使油道发生变形的最大允许牵引力。

采用钢丝网套牵引自容式充油电缆时，对于具有浸渍麻外护层的电缆，由于麻护层不能承受牵引力，因此牵引力全部集中在铅护套上。虽然铅合金的抗拉强度极低，但铅护套外有加强带加固，故允许的牵引强度可取为 10MPa。铝护套的抗拉强度虽高，但为了防止铝护套的波纹变形，允许的牵引强度也不能取得太大。

采用钢丝网套牵引挤压塑料护套的充油电缆时，塑料护套是不允许破坏的。因此牵引力应按塑料允许的牵引强度进行计算。塑料中聚乙烯的抗拉强度比聚氯乙烯的抗拉强度要低，因此聚乙烯的允许牵引强度应取表 14-4 中小的数值。

2. 电缆的允许侧压力

有拐弯的电缆线路，在弯曲部分的内侧，电缆受到牵引力的分力和反作用力的作用而受到压力，这种压力称为侧压力。侧压力为牵引力和弯曲半径之比，与电缆的结构有很大关系，其计算公式如下

$$P = T/R \tag{14-6}$$

式中　P——侧压力，N/m；

T——牵引力，N；

R——电缆的弯曲半径，m。

侧压力过大时会压扁电缆。对于充油电缆，主要考虑作用在外护层上的侧压力不要超过允许值。因为单芯充油电缆的外护层具有绝缘要求。因此，牵引敷设时，除了防止外护层被刮伤擦破外，在弯曲部分还要避免出现过大的侧压力，以免压坏外护层而影响绝缘性能。充油电缆的外护层一般为塑料护套，其允许的侧压力为 3kN/m。

14.5.2　牵引力的计算方法

对于路径比较复杂的电缆线路，其牵引力的计算通常是按简单的牵引部分分别加以计算，然后将各部分的牵引力相加，即得全线路的牵引力。表 14-5 列出了电缆线路各部分牵引力的计算公式。

表 14-5　　电缆线路各部分牵引力的计算公式

牵引部分	示意图	计算公式	公式代号
水平直线部分	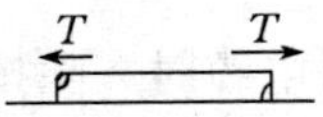	$T = \mu WL$	(14-7)

续表

牵引部分	示意图	计算公式	公式代号
倾斜直线部分	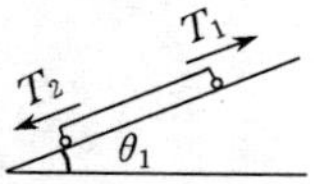	$T_1 = WL(\mu\cos\theta_1 + \sin\theta_1)$ $T_2 = WL(\mu\cos\theta_1 - \sin\theta_1)$	(14-8) (14-9)
水平弯曲部分	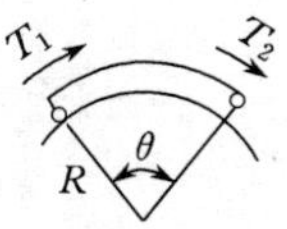	布勒算式 $T_2 = WR\sinh\left(\mu\theta + \sinh^{-1}\frac{T_1}{WR}\right)$ 李芬堡算式 $T_2 = T_1\cosh(\mu\theta) + \sqrt{T_1^2+(WR)^2}\sinh(\mu\theta)$ 简易算式 $T_2 = T_1\varepsilon^{\mu\theta}$	(14-10) (14-11) (14-12)
垂直弯曲部分 凸曲面	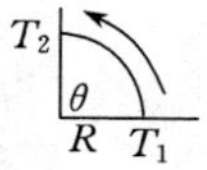	$T_2 = \frac{WR}{1+\mu^2}[(1-\mu^2)\sin\theta+2\mu(\varepsilon^{\mu\theta}-\cos\theta)]+T_1\varepsilon^{\mu\theta}$ 当 $\theta=\frac{\pi}{2}$ 时 $T_2 = \frac{WR}{1+\mu^2}[(1-\mu^2)+2\mu\varepsilon^{\mu\frac{\pi}{2}}]+T_1\varepsilon^{\mu\frac{\pi}{2}}$	(14-13) (14-14)
垂直弯曲部分 凸曲面	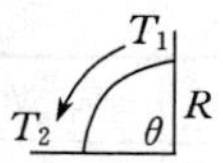	$T_2 = \frac{WR}{1+\mu^2}[2\mu\sin\theta-(1-\mu^2)(\varepsilon^{\mu\theta}-\cos\theta)]+T_1\varepsilon^{\mu\theta}$ 当 $\theta=\frac{\pi}{2}$ 时 $T_2 = \frac{WR}{1+\mu^2}[2\mu-(1-\mu^2)\varepsilon^{\mu\frac{\pi}{2}}]+T_1\varepsilon^{\mu\frac{\pi}{2}}$	(14-15) (14-16)
垂直弯曲部分 凹曲面	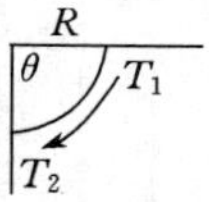	$T_2 = T_1\varepsilon^{\mu\theta}-\frac{WR}{1+\mu^2}[(1-\mu^2)\sin\theta+2\mu(\varepsilon^{\mu\theta}-\cos\theta)]$ 当 $\theta=\frac{\pi}{2}$ 时 $T_2 = T_1\varepsilon^{\mu\frac{\pi}{2}}-\frac{WR}{1+\mu^2}[(1-\mu^2)+2\mu\varepsilon^{\mu\frac{\pi}{2}}]$	(14-17) (14-18)
垂直弯曲部分 凹曲面	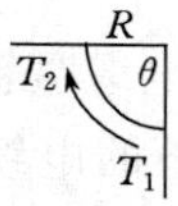	$T_2 = T_1\varepsilon^{\mu\theta}-\frac{WR}{1+\mu^2}[2\mu\sin\theta-(1-\mu^2)(\varepsilon^{\mu\theta}-\cos\theta)]$ 当 $\theta=\frac{\pi}{2}$ 时 $T_2 = T_1\varepsilon^{\mu\frac{\pi}{2}}-\frac{WR}{1+\mu^2}[2\mu-(1-\mu^2)\varepsilon^{\mu\frac{\pi}{2}}]$	(14-19) (14-20)
倾斜面内垂直弯曲部分 凸曲面	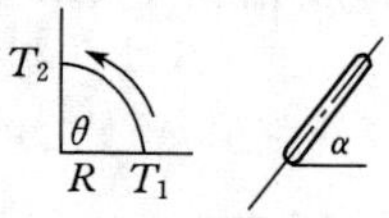	$T_2 = T_1\varepsilon^{\mu\theta}+\frac{WR\sin\alpha}{1+\mu^2}[(1-\mu^2)\sin\theta+2\mu(\varepsilon^{\mu\theta}-\cos\theta)]$	(14-21)
倾斜面内垂直弯曲部分 凸曲面	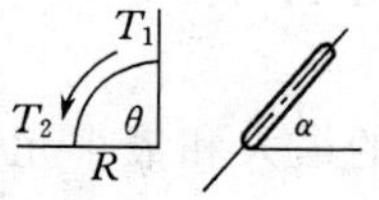	$T_2 = T_1\varepsilon^{\mu\theta}+\frac{WR\sin\alpha}{1+\mu^2}[(1-\mu^2)(\cos\theta-\varepsilon^{\mu\theta})-2\mu\sin\theta]$	(14-22)
倾斜面内垂直弯曲部分 凹曲面	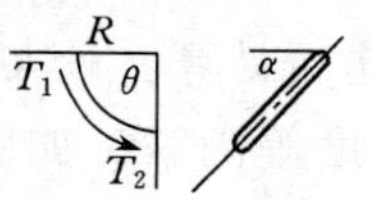	$T_2 = T_1\varepsilon^{\mu\theta}+\frac{WR\sin\alpha}{1+\mu^2}[-(1-\mu^2)\sin\theta+2\mu(\cos\theta-\varepsilon^{\mu\theta})]$	(14-23)
倾斜面内垂直弯曲部分 凹曲面	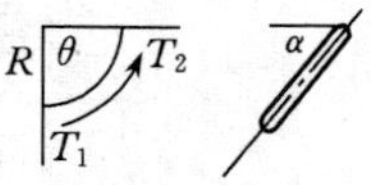	$T_2 = T_1\varepsilon^{\mu\theta}-\frac{WR\sin\alpha}{1+\mu^2}[(1+\mu^2)(\cos\theta-\varepsilon^{\mu\theta})+2\mu\sin\theta]$	(14-24)

表内各式中符号的含义：

T——牵引力，N；

μ——摩擦系数，见表 14-6；

W——单位长度电缆的重量，N/m；

θ_1——电缆作直线倾斜牵引时的倾斜角，弧度；

L——电缆长度，m；

θ——弯曲部分的圆心角，弧度；

T_1——弯曲前的牵引力，N；

T_2——弯曲后的牵引力，N；

α——电缆弯曲部分平面的倾斜角，弧度；

R——电缆的弯曲半径，m。

表 14-6　　各种牵引力下的摩擦系数

牵引时的条件	摩擦系数	牵引时的条件	摩擦系数
钢管内牵引	0.17	混凝土管内牵引有润滑剂	0.3～0.4
塑料管内牵引	0.4	滚轮上牵引	0.1～0.2
混凝土管内牵引无润滑剂	0.5～0.7	砂中牵引	1.5～3.5
混凝土管内牵引有水	0.2～0.4		

一般电缆均绕在电缆盘上进行施放，在牵引电缆时尚需克服电缆盘轴孔和轴间的摩擦力。在孔和轴配合较好的情况下，摩擦力可以折算成 15m 长的电缆重量。在核算总的牵引力时，还需要计入牵引钢丝绳的重量，一般可折算成相当于 5m 长的电缆重量。

14.6　电缆供油装置允许供油压力计算

为使充油电缆的油压保持在允许范围内，根据电缆线路的最大和最小允许工作压力，对电缆线路在环境温度最高的夏季满载时供油装置的最大允许供油压力，和在环境温度最低的冬季不带电时供油装置的最小允许供油压力需进行计算。最大和最小允许供油压力，取决于电缆线路的长度、高差、负荷和环境温度等因素。如图 14-7 所示为由压力供油箱在一端供油的充油电缆线路最大和最小允许供油压力分布情况。

14.6.1　静态压力计算

所谓静态压力是指电缆线路的负荷不变时电缆内部的油压。

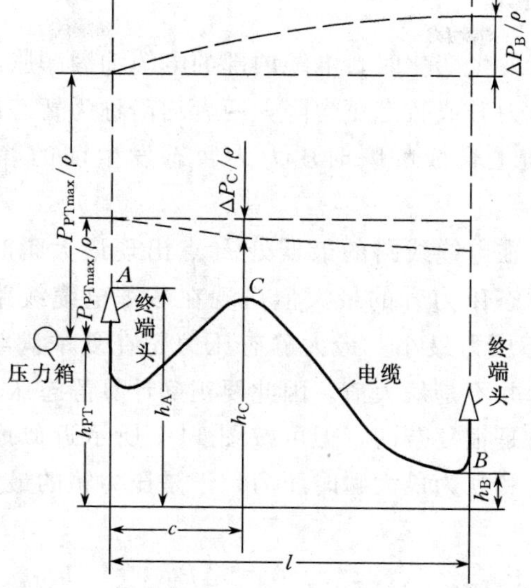

图 14-7　电缆线路由压力供油箱在一端供油时的压力分布图

在夏季满载时压力箱的供油压力最大，线路最低处 B 点的油压为线路上的最大静油压，此值应小于电缆的最大允许静油压，即

$$\frac{P_{PTmax}}{\rho\times 10^{-2}}+h_{PT}-h_B\leqslant\frac{P_{CSmax}}{\rho\times 10^{-2}}\qquad(14\text{-}25)$$

式中　P_{PTmax}——压力箱的最大允许供油压力，MPa；

ρ——电缆油的密度，g/cm²；

h_{PT}——压力箱上压力表的高程，m；

h_B——电缆线路最低点 B 的高程，m；

P_{CSmax}——电缆的最大允许静油压，MPa。

当冬季电缆线路空载时，压力箱的供油压力最小，线路上的最小静油压出现在线路的最高处（包括终端头）A 点，但此值应大于电缆的最小允许静油压，即

$$\frac{P_{PTmin}}{\rho\times 10^{-2}}+h_{PT}-h_A\geqslant\frac{P_{CSmin}}{\rho\times 10^{-2}}\qquad(14\text{-}26)$$

式中　P_{PTmin}——压力箱的最小允许供油压力，MPa；

h_A——电缆线路最高点 A 的高程，m；

P_{CSmin}——电缆的最小允许静油压，MPa。

14.6.2 暂态压力计算

当电缆线路的负荷发生变化时，电缆内部的电缆油因膨胀或收缩而产生的油流在油道内分别产生暂态压力升或暂态压力降，两者均简称为暂态压力。在油压变化的暂态过程中，作用在电缆上合成的瞬时压力为暂态发生前的静态压力与暂态压力升之和。

电缆负荷增加时，在电缆线路的最低处 B 点出现最大瞬时压力不得大于电缆的最大允许瞬时油压。暂态压力升的最大值出现在冬季电缆线路由空载状态突然满载时，但此时 B 点的静态压力最小。最大静态压力是在夏季满载时，但在夏季接近满载时产生的暂态压力升并不是最大值。因此要正确计算静态压力和暂态压力升两者之和的瞬时压力的最大值是很复杂的，但可按图 14-7 所示近似地把 B 点的最大静态压力与最大暂态压力升之和视为最大瞬时压力，于是压力箱的最大允许供油压力应满足下列条件

$$\frac{P_{\mathrm{PTmax}}}{\rho\times10^{-2}}+h_{\mathrm{PT}}-h_{\mathrm{B}}+\frac{\Delta P_{\mathrm{B}}}{\rho\times10^{-2}}\leqslant\frac{P_{\mathrm{CTmax}}}{\rho\times10^{-2}}\tag{14-27}$$

式中 ΔP_{B}——电缆线路最低处 B 点的暂态压力升，MPa；

P_{CTmax}——电缆的最大允许瞬时油压，MPa。

电缆负荷减少时，在电缆线路的最高处（不包括终端头）C 点出现最小瞬时压力，其值为暂态前 C 点的静态压力与暂态压力降的绝对值之差，不得小于电缆的最小允许瞬时油压。同样，可近似地取电缆线路在冬季时 C 点的最小静态压力与在冬季出现的最大暂态压力降的绝对值之差视为 C 点的最小瞬时压力，于是压力箱的最小允许供油压力应满足下列条件

$$\frac{P_{\mathrm{PTmin}}}{\rho\times10^{-2}}+h_{\mathrm{PT}}-h_{\mathrm{C}}+\frac{\Delta P_{\mathrm{C}}}{\rho\times10^{-2}}\geqslant\frac{P_{\mathrm{CTmin}}}{\rho\times10^{-2}}\tag{14-28}$$

式中 ΔP_{C}——电缆线路最高处（不包括终端头）C 点的暂态压力，MPa；

P_{CTmin}——电缆的最小允许瞬时油压，MPa。

在式（14-27）和式（14-28）中的暂态压力可按下式计算

$$\Delta P_{\mathrm{x}}=-ab\left(lx-\frac{x^2}{2}\right)\times10^{-4}\tag{14-29}$$

式中 ΔP_{x}——离供油装置距离为 x 处的电缆内部的暂态压力，MPa；

a——电缆的需油率，$\mathrm{cm^3/(s\cdot cm)}$；

b——电缆油道的阻力系数，$\mathrm{g\cdot s/cm^3}$；

l——供油长度，m。

对如图 14-7 所示的只在一端供油的线路，供油长度等于电缆线路的长度。当 $x=l$ 时，可求得 B 点暂态压力升 ΔP_B 为

$$\Delta P_B = -\frac{1}{2}abl^2 \times 10^{-4} \quad (\text{MPa})$$

当 $x=c$ 时，得 C 点的暂态压力降 ΔP_C 为

$$\Delta P_C = -ab\left(lx - \frac{c^2}{2}\right)\times 10^{-4} \quad (\text{MPa})$$

在计算 ΔP_B 和 ΔP_C 时，a 和 b 的值应分别取电缆在增加负荷和减小负荷时 a 与 b 乘积的最大值，即（ab）max。

压力箱的最大和最小供油压力必须同时满足式（14-25）～式（14-29），据此就可确定压力箱的最大和最小允许供油压力。

14.7 电力电缆的敷设设计

14.7.1 电力电缆敷设的一般要求

1. 电力电缆的最小弯曲半径

电缆敷设时，所确定的电缆路径的条件以及所设计的电缆构筑物或支架，都必须满足最小允许弯曲半径的要求。表 14-7 是规程规定的电缆最小弯曲半径。

表 14-7　　电力电缆最小弯曲半径

电缆型式			多芯	单芯
橡皮绝缘电力电缆	无铅包、钢铠护套		10D	
	裸铅包护套		15D	
	钢铠护套		20D	
聚氯乙烯绝缘电力电缆			10D	
交联聚乙烯绝缘电力电缆			15D	20D
油浸纸绝缘电力电缆	铅包		30D	
	铅包	有铠装	15D	20D
		无铠装	20D	
自容式充油（铅包）电缆				20D

注　表中 D 为电缆外径。

2. 电缆支架的各种允许距离

在设计敷设电缆用的电缆支架时，必须满足各种最小距离的要求，其最小允许值

见表 14-8～表 14-10。

表 14-8 电力电缆支架的层间允许最小距离值（mm）

电缆类型和敷设特征		支（吊）架	桥 架
电缆明敷	10kV 及以下（除 6～10kV 交联聚乙烯绝缘外）	150～200	250
	6～10kV 交联聚乙烯绝缘	200～250	300
	35kV 单芯		
	35kV 多芯，110kV 及以上，每层多于 1 根	300	350
	110kV 及以上，每层 1 根	250	300
电缆敷设于槽盒内		$h+80$	$h+100$

注 h——槽盒外壳高度。

表 14-9 电力电缆支架最上层及最下层至沟顶、楼板或沟底、地面的距离值（mm）

敷设方式	电缆隧道及夹层	电缆沟	吊架	桥架
最上层至沟顶或楼板	300～350	150～200	150～200	350～450
最下层至沟底或地面	100～150	50～100	—	100～150

表 14-10 电力电缆各支持点间的距离值（mm）

电缆种类	敷设方式	
	水平	垂直
全塑型	400	1000
除全塑型外的中低压电缆	800	1500
35kV 及以上高压电缆	1500	2000

注 全塑型电力电缆水平敷设沿支架能把电缆固定时，支持点间的距离允许为 800mm。

3. 在支架上敷设电力电缆时的配置原则

在支架上敷设电力电缆时应遵守的配置原则，一般可分为以下两种情况：

（1）多根电力电缆敷设在同一通道支架上。此时，应将高压电缆与低压电缆分别排列于电缆支架的两侧，当必须排列于同一侧时，应尽量分层排列。

当支架层数受通道空间限制时，对 35kV 及以下电压的相邻电压级电力电缆，可排列在同一层支架；1kV 及以下电力电缆也可与强电控制和信号电缆配置在同一层支架上。

（2）电力电缆敷设在同一层支架上。除了交流系统用单芯电力电缆的同一回路可采用品字型布置外，对重要的同一回路多根电力电缆，不宜多层叠置；对 1kV 以下无间距敷设的电缆也不宜超过一层。

除了交流系统用单芯电力电缆的同一回路可采用品字形布置外，电力电缆相互间的净距，一般为 35mm，且不得小于电缆的外径。

交流系统用单芯电力电缆的相序配置和相间距离，应同时满足电缆金属护层的正常感应电压不超过允许值。

14.7.2 电力电缆敷设方式的选择

电力电缆的敷设方式很多，一般可敷设于沟道、隧道、支架、穿管、竖井、夹层、直埋、水下等。在实际工程中，应根据电缆型式、数量和工程条件、环境特点等因素，满足运行的可靠性以及维护方便、投资省等综合要求选择敷设方式。受环境等因素的影响，往往一条电缆就需要采用多种敷设方式。下面介绍几种敷设方式的特点。

1. 浅槽

把电缆直接放入（没有支架）较浅的凹形混凝土槽，浅槽上覆加盖板。浅槽有两种布置方式，或沿地坪上布置或齐地坪埋入土中，其槽底可以不密实而能与地层相通。

这种方法适合于地下水位较高，通道中电力电缆数量较少且不经常有载重车辆通过的户外配电装置等场所。

2. 直埋

把电缆直接放入开挖后整理过的土层上，沿电缆上面铺以软土或砂层后再盖以保护板，然后回填一定的覆盖土齐至地坪。

直埋方式宜用于同一通路少于 6 根的 35kV 及以下电力电缆，在厂区通往远距离辅助设施或城郊等不经常性开挖的地段。在城镇人行道下较易翻修情况或道路边缘，也可用直埋。

3. 穿管

将电缆敷设于各个单独管内，管可以埋入地下，也可以在空气中架设。

在有爆炸危险场所明敷的电缆，露出地坪上需加以保护的电缆，地下电缆与公路、铁道交叉时，应采用穿管。当城市道路狭窄且交通繁忙或道路挖掘困难的通道等电缆数量较多的情况下，也可穿管敷设。

4. 架空（支持式）

把电缆敷设于离地坪超过人高的栈桥、桥架等支持物上。

在地下水位较高的地方、化学腐蚀液体溢流的场所，应采用架空敷设。当明敷又不宜用支持式架空敷设的地方，可采用悬挂式架空敷设。

5. 电缆沟与电缆隧道

当电缆超过 6 根时宜采用电缆沟敷设方式。电缆沟内预埋金属支架，电缆多时，可以在两侧都设支架，一般最多可设 12 层电缆。如果电缆非常多，则可用电缆隧道敷设。

把电缆敷设在预先建成的电缆沟或电缆隧道中的的支架上。电缆沟宜用于电缆数量较多，城镇人行道开挖不便且电缆分期敷设，没有化学腐蚀液体、工业水等溢流，载重车辆很少经过的地段。在下面两种情况下宜采用电缆隧道：①同一通道的地下电缆数量众多，电缆沟不足以容纳；②同一通道的地下电缆数量较多，且位于有腐蚀液体或地面水溢流的场所，或含有 35kV 以上高压电缆，或穿越公路、铁道等地段。

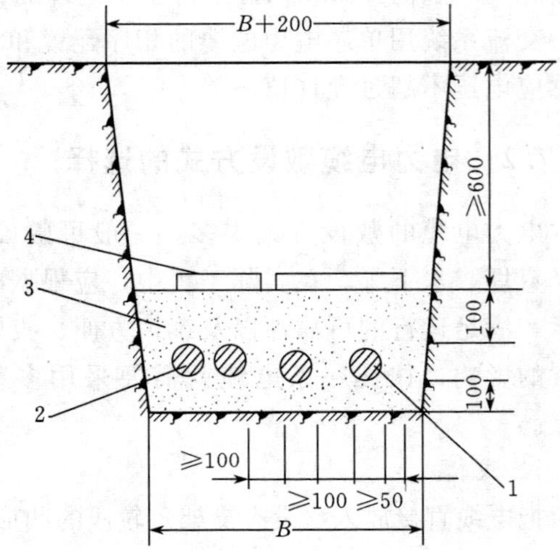

图 14-8　直埋电缆沟示意图

1—10kV 及以下电力电缆；2—控制电缆；3—砂或软土；4—保护板

14.7.3　直埋敷设工程设计

图 14-8 为直埋电缆沟示意图，其中电缆沟的宽度与电压等级有关，见表 14-11～表 14-12。

表 14-11　　10kV 及以下电缆沟宽度表

电缆沟宽度 B（mm）		控制电缆根数				
		0	1	2	3	4
10kV 及以下电力电缆根数	0		240	320	400	480
	1	270	410	490	570	650
	2	440	580	660	740	820
	3	610	750	830	910	990
	4	780	920	1000	1080	1160
	5	950	1090	1170	1250	1330
	6	1120	1260	1340	1420	1500
	7	1290	1430	1510	1590	1670
	8	1460	1600	1680	1760	1840
	9	1630	1770	1850	1930	2010

注　电缆沟转 90°或 120°弯时，转弯处宽度按表中加大 200mm。

表 14-12　　35kV 直埋电缆沟宽度表

电缆沟宽度 B（mm）		控制电缆或 10kV 及以下电力电缆根数						
		0	1	2	3	4	5	6
35kV 电力电缆根数	1	330	590 (620)	670 (790)	750 (960)	830 (1130)	910 (1300)	990 (1470)
	2	650	940 (970)	1020 (1140)	1100 (1310)	1180 (1480)	1260 (1650)	1340 (1820)
	3	1000	1290 (1320)	1370 (1490)	1450 (1660)	1530 (1830)	1610 (2000)	1690 (2170)

注　1. 表中括号内为 10kV 及以下电力电缆用尺寸。

2. 电缆沟转 90°或 120°弯时，转弯处宽度按表中加大 200mm。

电缆的埋设深度为：电缆表面距地面的距离不应小于 0.7m，穿越农田或车道时不应小于 1m，66kV 及以上的电缆不应小于 1m。

直埋敷设时，注意使电缆的弯曲符合表 14-7 中对弯曲半径的要求。

电缆之间以及电缆与其他设施之间应满足最小净距的要求，见表 14-13。

表 14-13　　电力电缆之间、电缆与管道、道路、建筑物之间的最小允许净距离

项目		最小允许净距离(m) 平行	最小允许净距离(m) 交叉	备注
电力电缆之间	10kV 及以下	0.10	0.50	在交叉点前后 1.0m 范围内，如电缆穿入管中或用隔板隔开，交叉净距可降低为 0.25m
	10kV 及以上	0.25	0.50	
不同使用部门的电缆之间		0.50	0.50	
热管道（管沟）及热力设备		2.00	0.50	(1) 虽净距能满足要求，但检修管路可能伤及电缆时，在交叉点前后 1.0m 范围内，尚应采取保护措施 (2) 当交叉净距不能满足要求时，应将电缆穿入管中，则其净距可减为 0.25m (3) 对油管道一项，应采取隔热措施，使电缆周围土壤温升不超过 10℃
油管道（管沟）		1.00	0.50	
可燃气体及易燃液体管道（管沟）		1.00	0.50	
其他管道（管沟）		0.50	0.50	
铁路路轨		3.00	1.00	
电气化铁路路轨	交流	3.00	1.00	
	直流	10.00	1.00	如不能满足要求，应采取适当防蚀措施

续表

项目		最小允许净距离(m)		备注
		平行	交叉	
公路		1.50	0.50	特殊情况，平行净距可酌减且最多减少一半值
城市街道路面		1.00	0.70	
电杆基础（边线）	1kV 以下	1.00	—	
	1kV 以上	4.00		
建筑物基础		0.60	—	
排水沟		1.00	0.50	
与树木主干		0.70	—	

注　当电缆穿管或者其他管道有保温层等防护措施时，表中净距应从管壁或防护设施的外壁算起。

14.7.4　电缆穿管工程设计

1. 保护管管材的选择

(1) 钢管。钢管分普通碳素钢管、热浸锌钢管、挤塑外包层钢管。在有防火要求，或受力较大的场所，宜选用钢管。

(2) 塑料管。塑料管分平滑状和波纹状两类。塑料管宜用于含有化学腐蚀性的环境，是替代钢管的优选材料。

(3) 预制管。预制管分为单管和排管。按材质分为陶瓷、石棉水泥、混凝土、合成式（以膨胀砂浆充填数根电缆间隙合成一管）。

2. 穿管敷设方式

穿管敷设一般有明敷和埋管两种方式。明敷时的固定支持跨距，不宜超过 1.5～3.0m；并列管的空隙距离，不宜小于 20mm。直接埋管的土壤覆盖层厚度（管顶埋深）不得小于 0.5m；与铁路交叉处距路基的距离，不宜小于 1m；距排水沟底不宜小于 0.5m。排管顶部的埋深不宜小于 0.5m。图 14-9 为电缆排管敷设示意图。

14.7.5　电缆构筑物设计

电缆构筑物是指敷设电缆专用的构筑物，如电缆沟、隧道、栈桥、竖井、架空构架等，其尺寸应符合设计规程的规定。下面主要介绍电缆沟与电缆隧道的设计。

1. 电缆构筑物的排水要求和通道净宽

设计电缆构筑物时，应考虑到排水通畅的要求：

(1) 电缆沟、隧道的纵向排水坡度不应小于 0.5%。

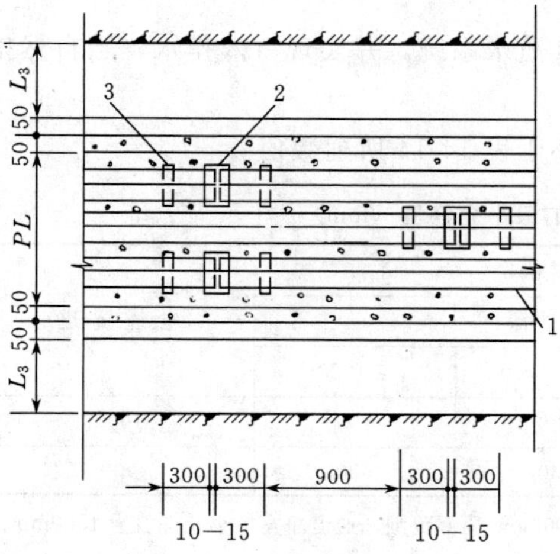

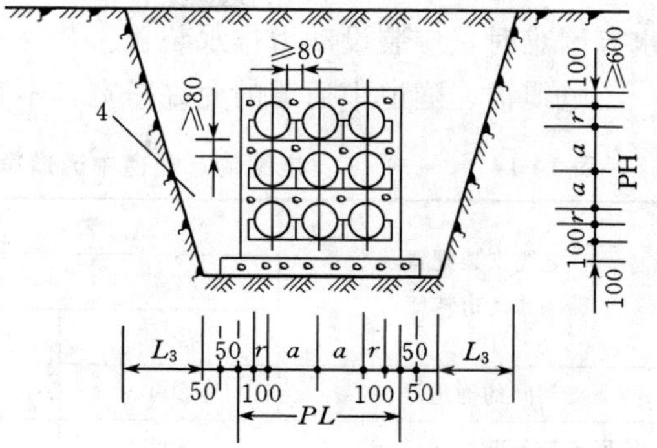

石棉水泥管混凝土包封敷设尺寸（mm）

排管孔数		排管直径（外径）							
		ϕ100（122）		ϕ125（149）		ϕ150（175）		ϕ200（228）	
行数	层数	*PL*	*PH*	*PL*	*PH*	*PL*	*PH*	*PL*	*PH*
2	2	524	524	578	578	630	630	736	736
2	3	524	726	578	807	630	885	736	1044
2	4	524	928	578	1036	630	1140	726	1352
2	5	524	1130	578	1265	630	1395	736	1660
3	2	726	524	807	578	885	630	1044	736
3	3	726	726	807	807	885	885	1044	1044
3	4	726	928	807	1036	885	1140	1044	1352
3	5	726	1130	807	1265	885	1395	1044	1660
4	2	928	524	1036	578	1140	630	1352	736
4	3	928	726	1036	807	1140	885	1352	1044
4	4	928	928	1036	1036	1140	1440	1352	1352
4	5	928	1130	1036	1265	1140	1395	1352	1660
5	2	1130	524	1265	578	1395	630	1660	736
5	3	1130	726	1265	807	1695	885	1660	1044
5	4	1130	928	1265	1036	1395	1140	1660	1352
		$a=202$		$a=229$		$a=255$		$a=308$	

图 14-9　电缆排管敷设示意图

1—石棉水泥管；2—石棉水泥套管；3—定向垫块；4—回填土

石棉水泥管混凝土包封敷设尺寸（mm）

(2) 隧道内要设置纵向泄水边沟。

(3) 沿排水方向适当距离宜设集水井及其泄水系统，并实现有效排水；当自然排水有困难时，应装设动力排水装置。

电缆沟、隧道中通道的允许净宽，不宜小于表 14-14 所列数值。

表 14-14　电缆沟、隧道中通道净宽的最小允许值（mm）

电缆支架配置及其通道特征	电缆沟			电缆隧道
	沟深			
	≤600	600～1000	≥1000	
两侧支架间的通道	300	500	700	1000
单列支架与壁间通道	300	450	600	900

注　在电缆隧道内 35kV 以上高压电缆接头中心两侧 3000mm 局部范围，通道净宽最小允许值为 1500mm。

2. 弯曲

在设计电缆构筑物时，一定要满足电缆弯曲半径的规定（见表 14-7）。在设计之前需要了解电缆的外径，路径上电缆的弯曲次数、方向和角度，对作挠性安装的大截面电缆还需要结合热机械特性一并考虑附加的弯曲。

(1) 平面弯曲。电缆构筑物在转角处应根据拐角的角度进行设计。如弯曲的角度小于 22.5°，可以不作削角处理；如不超过 45°，可以只削去一角；如大于 45°，最好削去两角以使每个拐弯角不大于 22.5°，这样才有利于电缆的弯曲而不会弯伤电缆。图 14-10 为宽 1.8m 的隧道在转 90°弯时，削角与否的比较图。

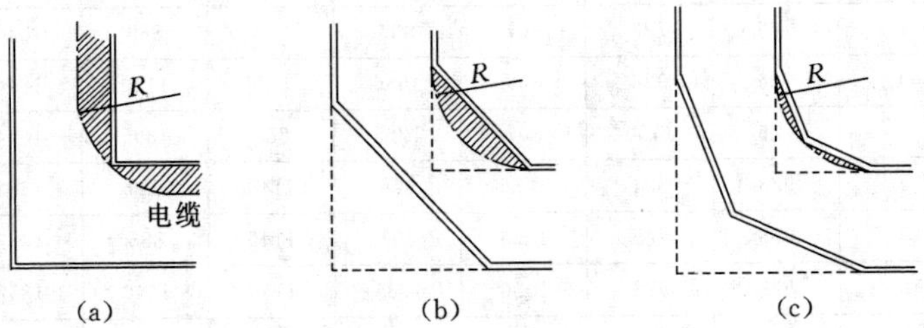

图 14-10　电缆隧道拐弯处的削角设计（阴影为通道阻塞部分）

(a) 不削角；(b) 削去一角（削 45°角）；(c) 削去两角（各削 22.5°角）

(2) 立面弯曲。沿电缆线路的标高不同时，电缆会出现立面弯曲，在设计电缆构筑物时就需要根据标高差定出符合电缆弯曲半径的结构要求的结构尺寸，否则就易弯伤电缆。

3. 电缆沟

图 14-11 为电缆沟结构示意图。电缆沟分为无覆盖和有覆盖两类，前者电缆沟盖

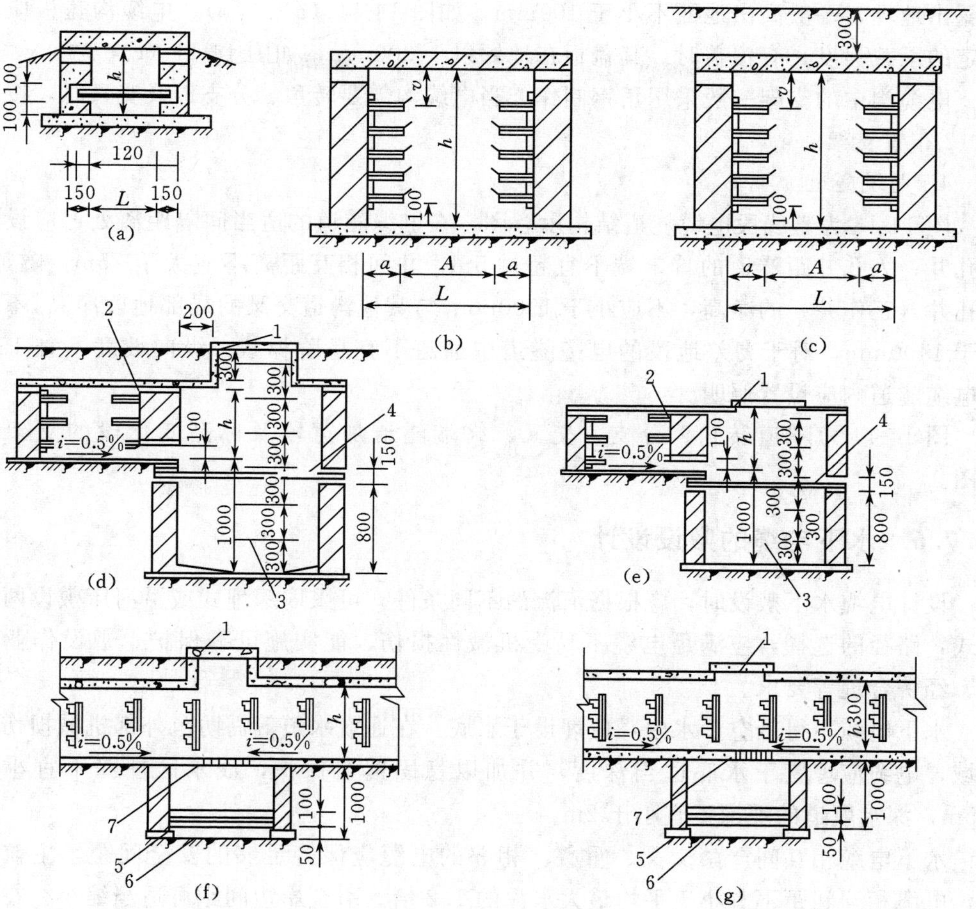

无覆盖层电缆沟 1 尺寸（mm）

沟宽 L	沟深 h
400	400
600	400

无覆盖层电缆沟 2 尺寸（mm）

沟宽 L	层架 a	通道 A	沟深 h
100	200/300	500 *	700
1000	200	600	900
1200	300	600	1100
1200	200/300	700	1300

覆盖层电缆沟尺寸（mm）

沟宽 L	层架 a	通道 A	沟深 h
100	200/300	500	700
1000	200	600	900
1200	300	600	1100
1200	200/300	700	1300

图 14-11　电缆沟结构示意图

(a) 无覆盖室外电缆沟 1；(b) 无覆盖室外电缆沟 2；(c) 有覆盖室外电缆沟；

(d) 有覆盖层电缆沟沟侧集水井 1；(e) 无覆盖层电缆沟沟侧集水井 1；

(f) 有覆盖层电缆沟沟侧集水井 2；(g) 无覆盖层电缆沟沟侧集水井 2

1—集水井人孔盖板；2—ϕ10 接地线；3—铁爬梯；4—角钢 L100×7；5—卵石或碎石层；6—砂层；7—铁篦子

板露出地坪，一般高出地面不小于 100mm，如图 14-11（a）、（b），电缆沟盖板应有一定的承载强度；有覆盖时，其盖板在地坪以下 300mm，如图 14-11（c）。

电缆沟中的支架一般采用角钢制作，当电缆沟需要转角、分支以及交叉时，按图 14-12 布置支架。

4. 电缆隧道

图 14-13 为直线段电缆隧道结构示意图。在电缆隧道的适当间隔距离处，应设置人孔井；人孔井距隧道的首末端不宜超过 5m，井间相互距离不应大于 75m。隧道、人孔井（工作井）的净高，不应小于 1900mm，与其他沟道交叉的局部地段净高，不应小于 1400mm。对于高差地段的电缆隧道中通道不宜呈阶梯状；纵向坡度不宜 15°。在电缆隧道内应设置照明。

图 14-14 为隧道转角、分支、交叉、终端隧道加宽段及标高变化段的支架布置图。

14.7.6 水下电缆的敷设设计

设计电缆水下敷设时，应根据河流的不同条件，可采取深埋式或沿河床敷设两种方式，路径的选择，应满足电缆不易受机械性损伤、能实施可靠保护、敷设作业方便、经济合理等要求。

水下电缆不得悬空于水中，应埋设于水底。在通航水道等需防范外部机械损伤的水域，电缆应埋置于水底适当深度，并加以稳固覆盖保护，浅水区埋深不宜小于 0.5m，深水航道的埋深不宜小于 2m。

水下电缆相互间严禁交叉、重叠。相邻的电缆应保持足够的安全间距，主航道内，电缆相互间距不宜小于平均最大水深的 1.2 倍。引至岸边间距可适当缩小。在非通航的流速未超过 1m/s 的小河中，同回路单芯电缆相互间距不得小于 0.5m，不同回路电缆间距不得小于 5m。水底电缆的敷设还应按水的流速和电缆埋深等因素确定。

水下的电缆与工业管道之间水平距离，不宜小于 50mm，受条件限制时，不得小于 15m。水下电缆的两岸，应设有醒目的警告标志。水底电缆应是整根的。

14.7.7 桥梁上电缆的敷设

木桥上的电缆应穿管敷设。在其他结构的桥上敷设的电缆，应在人行道下设电缆沟或耐火材料制成的管道中。在人不易接触处，电缆可在桥上裸露敷设，但应采取避免太阳直接照射的措施。悬吊架设的电缆与桥梁架构之间的净距不应小于 0.5m。在经常受到振动的桥梁上敷设的电缆，应有防振措施。桥墩两端和伸缩缝处的电缆，应留有松弛部分。

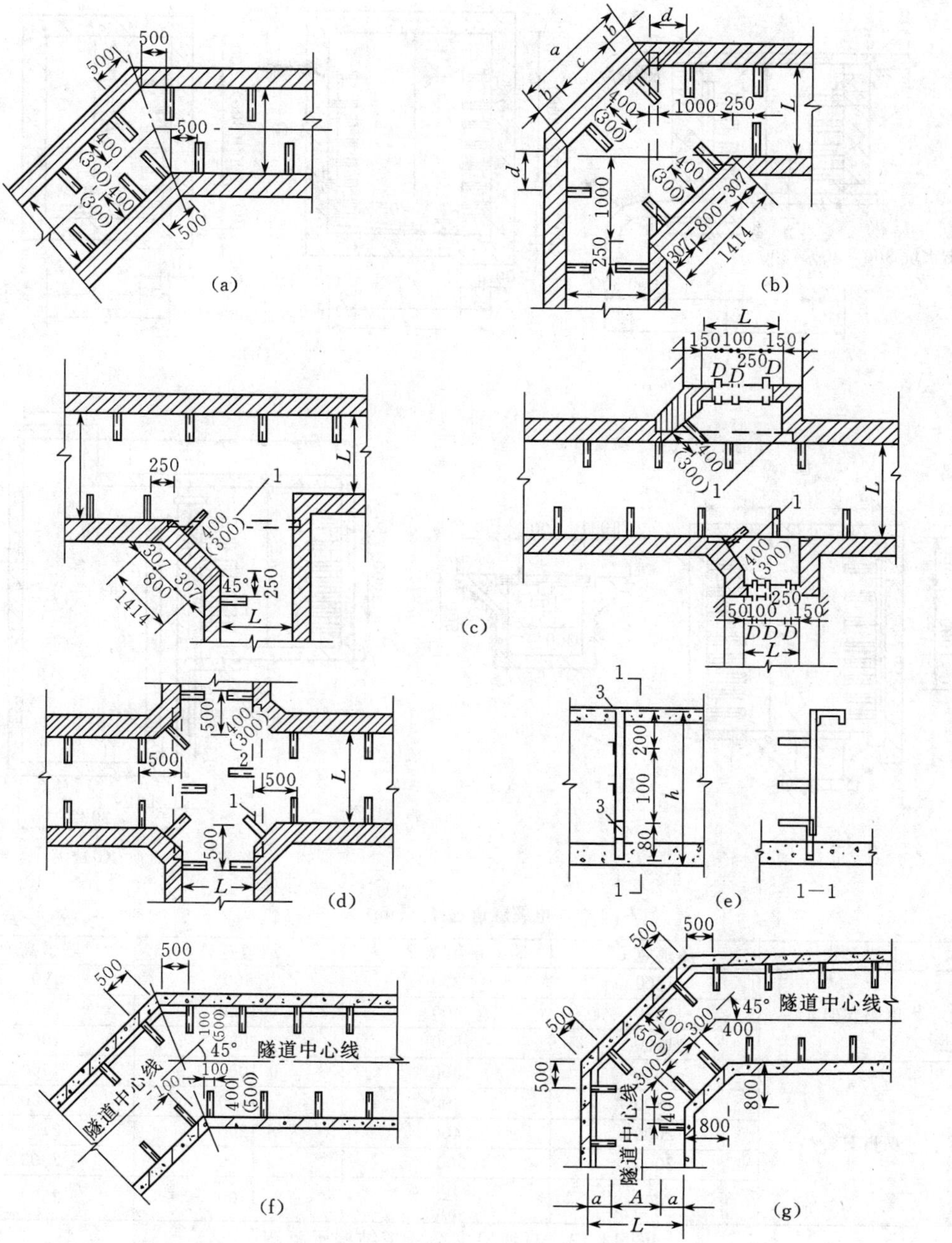

图 14-12 电缆沟转角、分支、交叉段支架布置图

(a) 45°转角段；(b) 90°转角段；(c) 分支段；(d) 交叉段；(e) 过梁支架安装；(f) 45°转角段；(g) 90°转角段

1—过梁；2—过梁支架；3—焊接

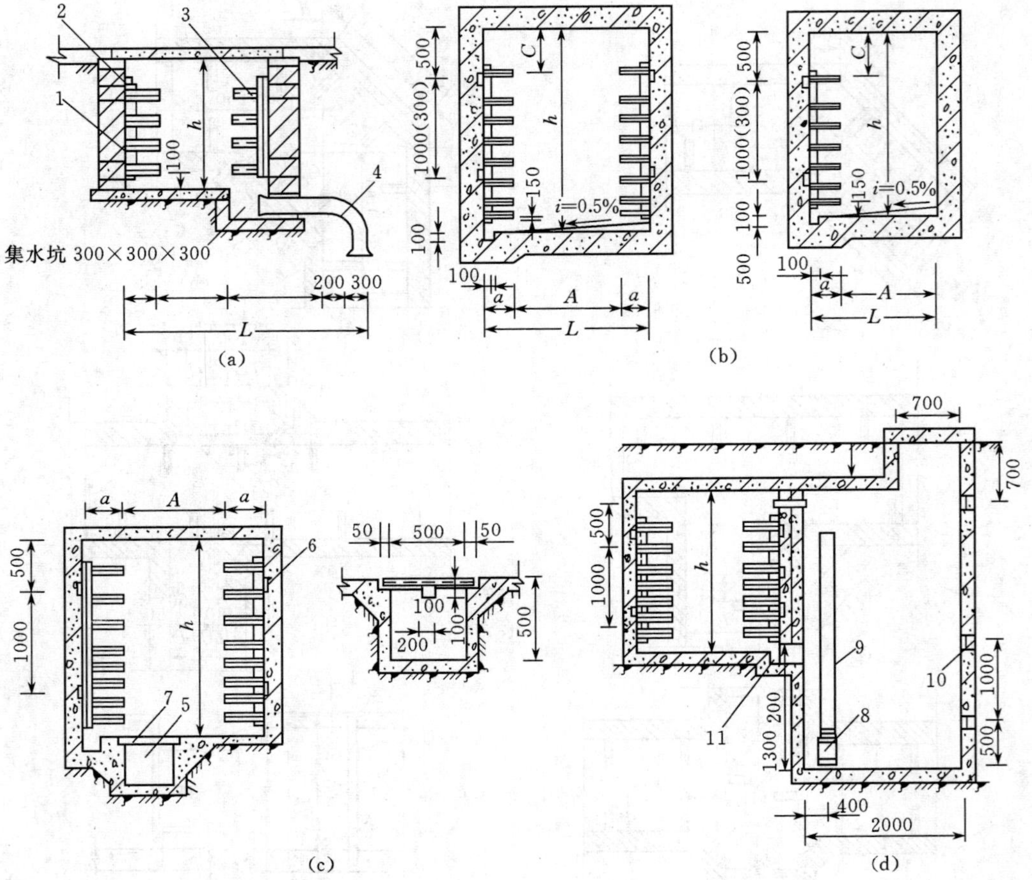

电缆隧道选择（mm）

支架形式	隧道宽 L	层架宽 a	通道宽 A	隧道高 h
单侧支架	1200	300	900	1900
	1400	400	1000	1900
	1400	500	900	1900
双侧支架	1600	300	1000	1900
	1800	400	1000	2100
	2000	400	1200	2100
	2000	5000	1000	2300
	2000	$\frac{400}{500}$	1100	2300

图 14-13　直线段电缆隧道结构示意图

(a) 电缆沟集水坑；(b) 电缆隧道直线段；(c) 电缆隧道集水坑；(d) 电缆隧道集水井

1—支架；2—ϕ10 接地线；3—层架；4—排水管；5—集水坑；6—预埋钢板－100×10；

7—铁篦子；8—潜水泵；9—排水管；10—预埋块；11—排水沟

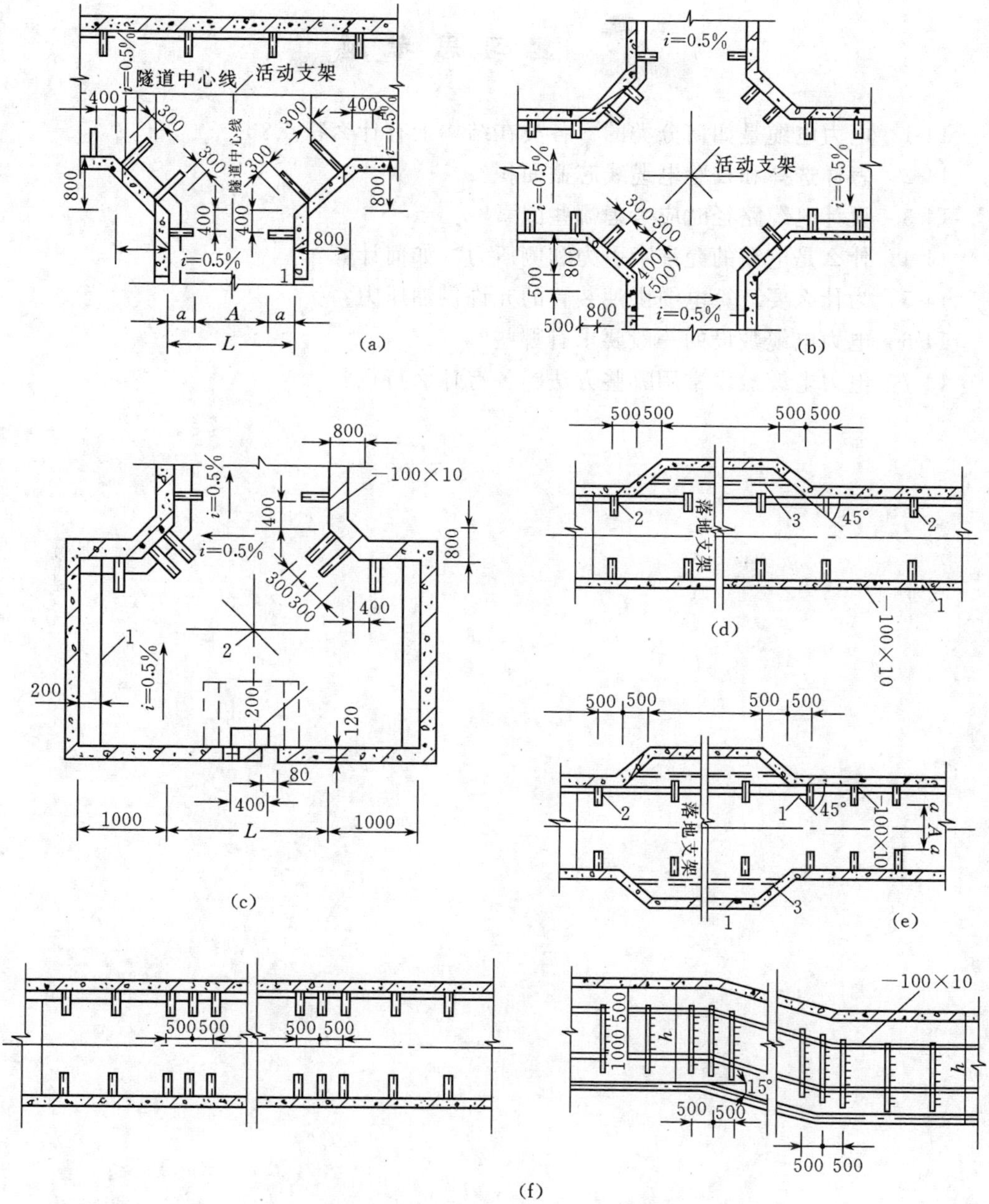

图 14-14 隧道转角、分支、交叉、终端隧道加宽段及标高变化段的支架布置图

(a) 分支；(b) 交叉段；(c) 终端段；(d) 单面隧道加宽段；

(e) 双面隧道加宽段；(f) 标高变化段

复 习 思 考 题

14-1　电力电缆是如何分类的？各类在结构上有什么特点？

14-2　怎样选择和校验电缆线芯截面积？

14-3　设计电缆路径时应考虑哪些因素？

14-4　什么是电缆的允许牵引力和侧压力？如何计算？

14-5　为什么要计算电缆供油装置的允许供油压力？

14-6　电力电缆敷设的一般要求有哪些？

14-7　电力电缆敷设常用哪些方法？各有什么特点？

附录1　常用导线的规格和机械物理特性

附表 1-1　　**铝绞线的规格和机械物理特性**

LJ 型　（GB1179—83《铝绞线及钢芯铝绞线》）							
标称截面（mm^2）	结构根数（根/mm）	计算截面（mm^2）	外径（mm）	直流电阻不大于（Ω/km）	计算拉断力（N）	计算质量（kg/km）	交货长度不小于（m）
16	7/1.70	15.89	5.10	1.802	2840	43.5	4000
25	7/2.15	25.41	6.45	1.127	4355	69.5	3000
35	7/2.50	34.36	7.50	0.8332	5760	94.1	2000
50	7/3.00	49.48	9.00	0.5786	7930	135.5	1500
70	7/3.60	71.25	10.80	0.4018	10950	195.1	1250
95	7/4.16	95.14	12.48	0.3009	14450	260.5	1000
120	19/2.85	121.21	14.25	0.2373	19120	333.5	1500
150	19/3.15	148.07	15.75	0.1943	23310	407.4	1250
185	19/3.50	182.80	17.50	0.1574	28440	503.0	1000
210	19/3.75	209.85	18.75	0.1371	32260	577.4	1000
240	19/4.00	238.76	20.00	0.1205	36260	656.9	1000
300	37/3.20	297.57	22.40	0.09689	46850	820.4	1000
400	37/3.70	397.83	25.90	0.07247	61150	1097.0	1000
500	37/4.16	502.90	29.12	0.05733	76370	1387.0	1000
630	61/3.63	631.30	32.67	0.04577	91940	1744.0	800
800	61/4.10	805.36	36.90	0.03588	115900	2225.0	800

附表 1-2　　镀锌钢绞线的规格和机械物理特性

GJ 型　（GB1200—75《镀锌钢绞线》）

标称截面 (mm^2)	结构根数 (根/mm)	计算截面 (mm^2)	外径 (mm)	计算质量 (kg/km)	破断拉力总和不小于(N)	弹性系数 E (MPa)	温度线膨胀系数(1/℃)
25	7/2.20	26.60	6.6	227.7	32536	181423	11.5×10^{-6}
25	19/1.30	25.21	6.5	214.7	30870		
35	7/2.60	37.15	7.8	318.2	45472		
50	7/3.90	49.46	9.0	423.7	60564		
50	19/1.80	48.32	9.0	411.1	59192		
70	19/2.20	72.19	11.0	615.0	88396		

注　1. 钢绞线的破断拉力＝破断拉力总和×换算系数。

2. 换算系数：结构 1×7 的为 0.92；结构 1×19 的为 0.89；结构 1×37 的为 0.85。

附表 1-3　　钢芯铝绞线及防腐钢芯铝绞线的规格

LGJ、LGJF 型　（GB1179—83）

标称截面 (mm^2)	结构根数/直径 (根/mm)		计算截面 (mm^2)			外径 (mm)	计算拉断力(N)	计算质量 (kg/km)	交货长度不小于(m)
	铝	钢	铝	钢	总计				
10/2	6/1.50	1/1.50	10.60	1.77	12.37	4.50	4120	42.9	3000
16/3	6/1.85	1/1.85	16.13	2.69	18.82	5.55	6130	65.2	3000
25/4	6/2.32	1/2.32	25.36	4.23	39.59	6.96	9290	102.6	3000
35/6	6/2.72	1/2.72	34.86	5.81	40.67	8.16	12630	141.0	3000
50/8	6/3.20	1/3.20	48.25	8.04	56.29	9.60	16870	195.1	2000
50/30	12/2.32	7/2.32	50.73	29.59	80.32	11.60	42620	372.0	3000
70/10	6/3.80	1/3.80	68.05	11.34	79.39	11.40	23390	275.2	2000
70/40	12/2.72	7/2.72	69.73	40.67	110.40	13.60	58300	511.3	2000
95/15	26/2.15	7/1.67	94.39	15.33	109.72	13.61	35000	380.8	2000

续表

LGJ、LGJF型 (GB1179—83)

标称截面 (mm^2)	结构根数/直径 (根/mm)		计算截面 (mm^2)			外径 (mm)	计算拉断力(N)	计算质量 (kg/km)	交货长度不小于(m)
	铝	钢	铝	钢	总计				
95/20	7/4.16	7/1.85	95.14	18.82	113.96	13.87	37200	408.9	2000
95/55	12/3.20	7/3.20	96.51	56.30	152.81	16.00	78110	707.7	2000
120/7	18/2.90	1/2.90	118.89	6.61	125.50	14.50	27570	379.0	2000
120/20	26/2.38	7/1.85	115.67	18.82	134.49	15.07	41000	466.8	2000
120/25	7/4.72	7/2.10	122.48	24.25	146.73	15.74	47880	526.6	2000
120/70	12/3.60	7/3.60	122.15	71.25	193.40	18.00	98370	895.6	2000
150/8	18/3.20	1/3.20	144.76	8.04	152.80	16.00	32860	461.4	2000
150/20	24/2.78	7/1.85	145.68	18.82	164.50	16.67	46630	549.4	2000
150/25	26/2.70	7/2.10	148.86	24.25	173.11	17.10	54110	601.0	2000
150/35	30/2.50	7/2.50	147.26	34.36	181.62	17.50	65020	676.2	2000
185/10	18/3.60	1/3.60	183.22	10.18	193.40	18.00	40880	584.0	2000
185/25	24/3.15	7/2.10	187.04	24.25	211.29	18.90	59420	706.1	2000
185/30	26/2.98	7/2.32	181.34	29.59	210.93	18.88	64320	732.6	2000
185/45	30/2.80	7/2.80	184.73	43.10	227.83	19.60	80190	848.2	2000
210/10	18/3.80	1/3.80	204.14	11.34	215.48	19.00	45140	650.7	2000
210/25	24/3.33	7/2.22	209.02	27.10	236.12	19.98	65900	789.1	2000
210/35	26/3.22	7/2.50	211.73	34.36	246.09	20.38	74250	853.9	2000
210/50	30/2.98	7/2.98	209.24	48.82	258.06	20.86	90830	960.8	2000
240/30	24/3.60	7/2.40	244.29	31.67	275.96	21.60	75620	922.2	2000
240/40	26/3.42	7/2.66	238.85	38.90	277.75	21.66	83370	964.3	2000
240/55	30/3.20	7/3.20	241.27	56.30	297.57	22.40	102100	1108	2000

续表

LGJ、LGJF 型　　(GB1179—83)

标称截面 (mm^2)	结构根数/直径 (根/mm)		计算截面 (mm^2)			外径 (mm)	计算拉断力(N)	计算质量 (kg/km)	交货长度不小于(m)
	铝	钢	铝	钢	总计				
300/15	42/3.00	7/1.67	296.88	15.33	312.21	23.01	68060	939.8	2000
300/20	45/2.93	7/1.95	303.42	20.91	324.33	23.43	75680	1002	2000
300/25	48/2.85	7/2.22	306.21	27.10	333.31	23.76	83410	1058	2000
300/40	24/3.99	7/2.66	300.09	38.90	338.99	23.94	92220	1133	2000
300/50	26/3.83	7/2.98	299.54	48.82	348.36	24.26	103400	1210	2000
300/70	30/3.60	7/3.60	305.36	71.25	376.61	25.20	128000	1402	2000
400/20	42/3.51	7/1.95	406.40	20.91	427.31	26.91	88850	1286	1500
400/25	45/3.33	7/2.22	391.91	27.10	410.01	26.64	95940	1295	1500
400/35	48/3.22	7/2.50	390.88	34.36	425.24	26.82	103900	1349	1500
400/50	54/3.07	7/3.07	399.73	51.82	451.55	27.63	123400	1511	1500
400/65	26/4.42	7/3.44	398.94	65.06	464.00	28.00	135200	1611	1500
400/95	30/4.16	19/2.50	407.75	93.27	501.02	29.14	171200	1860	1500
500/35	45/3.75	7/2.50	497.01	34.36	531.37	30.00	119500	1642	1500
500/45	48/3.60	7/2.80	488.58	43.10	531.68	30.00	128100	1688	1500
500/65	54/3.44	7/3.44	501.88	65.06	566.94	30.96	154000	1897	1500
630/45	45/4.20	7/2.80	623.45	43.10	666.55	33.60	148700	2060	1200
630/55	48/4.12	7/3.20	639.92	56.30	696.22	34.32	164400	2209	1200
630/80	54/3.87	19/2.32	635.19	80.32	715.51	34.82	192900	2388	1200
800/55	45/4.80	7/3.20	814.30	56.30	870.60	38.40	191500	2690	1000
800/70	48/4.63	7/3.60	808.15	71.25	879.40	38.58	207000	2791	1000
800/100	54/4.33	19/2.60	795.17	100.88	896.05	38.98	241100	2991	1000

注　LGJF 型的计算质量，应在表规定值中增加防腐涂料的质量，其增值为：钢芯涂防腐涂料者增加 2%，内部铝钢各层间涂防腐涂料者增加 5%。

附表 1-4　　钢芯铝绞线的弹性系数和线膨胀系数（GB1179—83）

结构		铝钢截面比	最终弹性系数（实际值）（MPa）	线膨胀系数（1/℃）	结构		铝钢截面比	最终弹性系数（实际值）（MPa）	线膨胀系数（1/℃）
铝	钢				铝	钢			
6	1	6.00	79000	19.1×10^{-6}	30	7	4.29	80000	17.8×10^{-6}
7	7	5.06	76000	18.5×10^{-6}	30	19	4.37	78000	18.0×10^{-6}
12	7	1.71	105000	15.3×10^{-6}	42	7	19.44	61000	21.4×10^{-6}
18	1	1.800	66000	21.2×10^{-6}	45	7	14.46	63000	20.9×10^{-6}
24	7	7.71	73000	19.6×10^{-6}	48	7	11.34	65000	20.5×10^{-6}
26	7	6.13	76000	18.9×10^{-6}	54	7	7.71	69000	19.3×10^{-6}
					54	19	7.90	67000	19.4×10^{-6}

注　1. 弹性系数的精确度为±3000MPa。

2. 弹性系数适用于受力在15%～50%计算拉断力的钢芯铝绞线。

附录2 常用

附表 2-1 **LGJ 型钢芯铝绞线**

	10/2	16/3	25/4	35/6	50/8	50/30
g_1	34.010	33.974	34.003	33.999	33.990	45.419
g_2 (5)	106.472	77.717	56.036	44.861	35.959	28.653
g_2 (10)	325.021	229.099	158.925	123.810	96.574	74.566
g_2 (15)	655.645	454.147	308.668	236.847	181.764	137.741
g_2 (20)	1098.346	752.859	505.263	333.973	291.610	218.176
g_3 (5)	140.482	111.691	90.040	78.859	69.948	74.072
g_3 (10)	359.031	263.073	192.929	157.809	130.536	119.986
g_3 (15)	689.655	488.121	342.671	270.846	215.754	183.160
g_3 (20)	1132.356	786.834	539.266	417.972	325.600	263.595
g_4 (10)	26.756	21.690	17.300	14.757	12.544	10.622
g_4 (15)	60.201	48.802	38.925	33.203	28.223	23.900
g_4 (18)	86.690	70.275	56.052	47.813	40.641	34.416
g_4 (21)	100.296	81.304	64.849	55.317	47.020	39.817
g_4 (25)	142.142	115.227	91.906	78.397	66.638	56.431
g_4 (30)	180.604	146.406	116.775	99.610	84.669	71.700
g_4 (35)	229.435	185.990	148.348	126.541	107.561	91.086
g_5 (5, 10)	86.214	60.770	42.156	32.842	25.610	19.779
g_5 (5, 15)	193.983	136.734	94.852	73.893	57.622	44.504
g_5 (10, 10)	145.673	99.851	67.013	50.926	38.676	28.936
g_5 (10, 15)	327.764	224.665	150.778	114.584	87.021	65.107
g_5 (15, 10)	205.131	138.932	91.869	69.011	51.742	38.094
g_5 (15, 15)	461.545	312.597	206.705	155.274	116.420	85.711
g_5 (20, 10)	264.589	178.013	116.725	87.095	64.809	47.251
g_5 (20, 15)	595.326	400.528	262.632	195.964	145.819	106.314
g_6 (10)	43.273	40.307	38.151	37.063	36.230	46.645
g_6 (15)	69.144	59.463	51.686	47.522	44.180	51.324
g_6 (18)	93.123	78.056	65.560	58.668	52.981	56.986
g_6 (21)	105.905	88.117	73.223	64.930	58.018	60.401
g_6 (25)	146.155	120.131	97.995	85.451	74.806	72.438
g_6 (30)	183.779	150.296	121.625	105.252	91.237	84.875
g_6 (35)	231.942	189.067	152.195	131.029	112.804	101.782
g_7 (5, 10)	164.828	127.153	99.420	85.425	74.489	76.667
g_7 (5, 15)	239.509	176.553	130.782	108.070	90.626	86.413
g_7 (10, 10)	387.458	281.386	204.236	165.822	136.145	123.425
g_7 (10, 15)	486.140	345.951	244.859	195.020	156.883	136.512
g_7 (15, 10)	719.516	507.508	354.772	279.500	221.871	187.079
g_7 (15, 15)	829.848	579.637	400.188	312.198	245.160	202.222
g_7 (20, 10)	1162.857	806.719	551.755	426.950	331.987	267.796
g_7 (20, 15)	1279.313	882.910	599.820	461.631	356.761	284.227

导线的比载

比载表 [$\times 10^{-3}$/(m·mm^2)]

70/10	70/40	95/15	95/20	95/55	120/7
33.994	45.418	34.035	35.187	45.417	29.615
28.639	23.358	23.515	22.956	19.052	21.541
74.741	59.273	59.665	58.078	47.177	54.130
138.306	107.746	108.452	105.365	84.375	97.765
219.334	168.777	169.873	164.818	130.645	152.447
62.633	68.775	57.550	58.144	64.469	51.157
108.735	104.691	93.701	93.265	92.594	83.745
172.300	153.164	142.487	140.553	129.792	127.380
253.328	214.195	203.909	200.006	176.062	182.062
10.561	9.060	9.123	8.952	7.701	8.498
23.763	20.386	20.528	20.141	17.327	19.120
34.219	29.356	29.560	29.004	24.951	27.533
39.589	33.963	34.199	33.555	28.867	31.854
56.107	48.134	48.468	47.556	40.912	45.145
71.289	61.158	61.583	60.424	51.982	57.360
90.564	77.694	78.233	76.761	66.037	72.69
19.826	15.723	15.827	15.406	12.514	14.358
44.608	35.376	35.610	34.663	28.157	32.306
29.090	22.385	22.530	21.860	17.327	20.219
65.453	50.366	50.693	49.184	38.987	45.493
38.355	29.047	29.234	28.314	22.141	26.079
86.298	65.355	65.776	63.706	49.816	58.679
47.619	35.709	35.937	34.768	26.954	31.940
107.143	80.345	80.858	78.227	60.646	71.865
35.597	46.313	35.237	36.308	46.065	30.810
41.476	49.783	39.747	40.544	48.610	35.251
48.234	54.079	45.080	45.600	51.820	40.437
52.182	56.712	48.249	48.622	53.815	43.494
65.602	66.179	59.224	59.158	61.127	53.992
78.980	76.178	70.362	69.923	69.028	64.554
96.734	89.995	85.316	78.227	80.147	78.657
65.696	70.550	59.687	60.150	65.673	53.133
76.895	77.340	67.667	67.692	70.350	60.504
112.559	107.057	96.372	95.793	94.202	86.151
126.915	116.176	106.535	105.440	100.467	95.304
176.518	155.894	145.455	143.376	131.667	130.022
192.704	166.525	156.936	154.316	139.024	140.246
257.765	217.151	207.051	203.005	178.113	184.842
275.054	228.768	219.356	214.760	186.214	195.732

	120/20	120/25	120/70	150/8	150/20	150/25
g_1	34.038	35.195	45.413	29.612	32.752	34.047
g_2 (5)	20.689	19.596	16.487	19.054	18.263	17.699
g_2 (10)	51.686	48.641	40.143	47.181	44.954	43.407
g_2 (15)	92.992	87.134	70.968	84.381	80.073	77.123
g_2 (20)	144.607	135.076	108.961	130.654	123.620	118.849
g_3 (5)	54.727	54.791	61.900	48.666	51.016	51.746
g_3 (10)	85.724	83.836	85.556	76.793	77.707	77.454
g_3 (15)	127.030	122.329	116.381	113.993	112.825	111.170
g_3 (20)	178.644	170.271	154.373	160.266	156.372	152.895
g_4 (10)	8.241	7.890	6.275	7.702	7.453	6.660
g_4 (15)	18.543	17.752	14.119	17.329	16.770	14.985
g_4 (18)	26.702	25.563	20.331	24.953	24.149	21.578
g_4 (21)	30.893	29.575	23.522	28.869	27.939	24.965
g_4 (25)	43.783	41.915	33.336	40.915	39.596	35.381
g_4 (30)	55.630	53.265	42.356	51.986	50.310	44.954
g_4 (35)	70.061	67.665	53.808	66.041	63.913	57.109
g_5 (5，10)	13.710	12.902	10.648	12.515	11.924	11.514
g_5 (5，15)	30.848	29.030	23.959	28.159	26.830	25.907
g_5 (10，10)	19.179	17.915	14.451	17.329	16.396	15.763
g_5 (10，15)	43.153	40.309	32.516	38.989	36.890	35.466
g_5 (15，10)	24.648	22.928	18.254	22.142	20.867	20.012
g_5 (15，15)	55.458	51.587	41.072	49.819	46.950	45.026
g_5 (20，10)	30.117	27.940	22.057	26.955	25.338	24.260
g_5 (20，15)	67.763	62.866	49.629	60.650	57.010	54.586
g_6 (10)	35.021	36.069	45.844	30.598	33.590	34.692
g_6 (15)	38.761	39.419	47.557	34.310	36.796	37.198
g_6 (18)	43.262	43.499	49.756	38.724	40.693	40.309
g_6 (21)	45.967	45.972	51.143	41.356	43.050	42.218
g_6 (25)	55.457	54.732	56.335	50.506	51.386	49.102
g_6 (30)	65.217	63.835	62.099	59.828	60.032	56.392
g_6 (35)	78.441	76.262	70.410	72.376	71.816	66.487
g_7 (5，10)	56.418	56.290	62.809	50.250	50.391	53.011
g_7 (5，15)	62.822	62.007	66.375	56.226	57.641	57.869
g_7 (10，10)	87.844	85.729	86.786	78.724	79.417	79.041
g_7 (10，15)	95.973	93.023	91.527	86.124	86.019	85.188
g_7 (15，10)	129.399	124.459	117.804	116.124	114.739	112.957
g_7 (15，15)	138.608	132.762	123.415	124.404	122.204	119.942
g_7 (20，10)	181.165	172.548	155.941	162.517	158.412	154.808
g_7 (20，15)	191.064	181.506	162.155	171.358	166.440	162.347

续表

150/35	185/10	185/25	185/30	185/45	210/10
36.512	29.613	32.772	34.060	36.510	29.614
17.175	16.487	15.682	15.696	14.969	15.441
41.984	40.143	37.926	37.926	36.024	37.317
74.426	70.968	66.731	66.731	63.164	65.626
114.501	108.961	102.097	102.219	96.389	100.369
53.687	46.100	48.454	49.756	51.479	45.055
78.496	69.756	70.698	72.024	72.534	66.931
110.938	100.580	99.503	100.865	99.674	95.240
151.013	138.573	134.869	136.729	132.899	129.983
6.496	6.275	6.031	6.035	5.800	5.945
14.617	14.119	13.569	13.578	13.050	13.376
21.048	20.331	19.540	19.552	18.792	19.261
24.351	23.522	22.607	22.621	21.742	22.284
34.512	33.336	32.039	32.059	30.813	31.582
43.850	42.356	40.708	40.734	39.151	40.128
55.706	53.808	51.714	51.748	49.736	50.977
11.137	10.648	10.060	10.070	9.556	9.899
25.057	23.959	22.635	22.658	21.500	22.272
15.186	14.451	13.541	13.557	12.784	13.312
34.169	32.516	30.467	30.504	28.764	29.952
19.236	18.254	17.022	17.044	16.012	16.725
43.281	41.072	38.300	38.349	36.028	37.632
23.286	22.057	20.503	20.531	19.241	20.138
52.392	49.629	46.132	46.195	43.291	45.312
37.085	30.270	33.323	34.591	36.968	30.205
39.329	32.806	35.470	36.667	38.772	32.495
42.144	35.920	38.155	39.273	41.062	35.327
43.887	37.818	39.813	40.888	42.493	37.062
50.241	44.589	45.831	46.775	47.775	43.294
57.061	51.681	52.261	53.098	53.533	49.872
86.605	61.418	61.224	61.951	61.698	58.954
54.830	47.314	49.488	50.765	52.359	46.130
59.247	51.954	53.481	54.672	55.789	50.259
79.951	71.237	71.983	73.289	73.652	68.242
85.610	76.962	76.983	78.217	78.029	73.327
112.593	102.223	100.948	102.295	100.952	96.697
119.081	108.643	106.619	107.910	105.985	102.405
152.798	140.318	136.419	137.817	134.284	131.534
159.843	147.192	142.541	143.896	139.772	137.654

附录2 常用导线的比载

	210/25	210/35	210/50	240/30	240/40	240/55
g_1	32.773	34.028	36.512	32.772	34.047	36.515
g_2 (5)	14.667	14.298	13.893	13.363	13.307	12.766
g_2 (10)	35.206	34.230	33.158	31.751	31.606	30.190
g_2 (15)	61.616	59.795	57.795	55.162	54.896	52.274
g_2 (20)	93.897	90.994	87.805	83.597	83.178	79.017
g_3 (5)	47.440	48.326	50.405	46.135	47.354	49.281
g_3 (10)	67.979	68.258	69.670	64.522	65.653	66.705
g_3 (15)	94.389	93.823	94.307	87.934	88.943	88.789
g_3 (20)	126.670	125.022	124.317	116.369	117.225	115.532
g_4 (10)	5.705	5.583	5.450	5.227	5.258	5.075
g_4 (15)	12.836	12.563	12.262	11.874	11.830	11.419
g_4 (18)	18.484	18.090	17.658	17.098	17.035	16.444
g_4 (21)	21.385	20.930	20.429	19.781	19.709	19.024
g_4 (25)	30.308	29.662	28.952	28.035	27.932	26.962
g_4 (30)	38.509	37.688	36.787	35.621	35.490	34.258
g_4 (35)	48.920	47.878	46.733	45.252	45.085	43.520
g_5 (5, 10)	9.339	9.080	8.795	8.422	8.384	8.008
g_5 (5, 15)	21.012	20.430	19.790	18.950	18.863	18.019
g_5 (10, 10)	12.454	12.069	11.646	11.087	11.032	10.480
g_5 (10, 15)	28.020	27.154	26.202	24.947	24.822	23.580
g_5 (15, 10)	15.568	15.057	14.496	13.753	13.680	12.952
g_5 (15, 15)	35.029	33.879	32.615	30.943	30.780	29.141
g_5 (20, 10)	18.683	18.046	17.346	16.418	16.328	15.423
g_5 (20, 15)	42.038	40.064	39.028	36.940	36.738	34.702
g_6 (10)	33.266	34.483	36.916	33.194	34.451	36.866
g_6 (15)	35.197	36.273	38.516	34.856	36.044	38.259
g_6 (18)	37.627	38.538	40.557	36.964	38.071	40.047
g_6 (21)	39.133	39.949	41.838	38.279	39.340	41.174
g_6 (25)	44.639	45.141	46.598	43.127	44.038	45.390
g_6 (30)	50.567	50.777	51.830	48.403	49.180	50.069
g_6 (35)	58.884	58.738	59.305	55.872	56.496	56.809
g_7 (5, 10)	48.351	49.172	51.166	46.898	46.898	49.927
g_7 (5, 15)	51.885	52.467	54.150	49.875	49.875	52.471
g_7 (10, 10)	69.110	69.316	70.636	65.486	65.468	67.524
g_7 (10, 15)	73.527	73.461	74.434	69.177	69.177	70.750
g_7 (15, 10)	95.664	95.024	95.415	89.003	89.003	89.729
g_7 (15, 15)	100.679	99.753	99.788	93.219	93.219	93.449
g_7 (20, 10)	128.041	126.318	125.521	117.521	117.521	116.557
g_7 (20, 15)	133.464	131.450	130.299	122.091	122.091	120.631

续表

300/15	300/20	300/25	300/40	300/50	300/70
29.520	30.297	31.128	32.777	34.063	36.567
12.438	12.153	11.963	11.836	11.645	11.117
29.316	28.580	28.085	27.761	27.269	25.916
50.635	49.282	48.366	47.776	46.873	44.395
76.395	74.258	72.807	71.881	70.457	66.556
41.957	42.450	43.091	44.612	45.707	47.624
58.836	58.877	59.213	60.538	61.332	62.423
80.155	79.579	79.494	80.553	80.936	80.902
105.915	104.555	103.935	104.658	104.520	103.063
4.969	4.871	4.806	4.761	4.695	4.511
11.180	10.959	10.814	10.713	10.564	10.151
16.099	15.781	15.572	15.427	15.213	14.617
18.626	18.257	18.016	17.848	17.600	16.911
26.397	25.875	25.532	25.295	24.943	23.966
33.540	32.876	32.441	32.139	31.693	30.451
42.609	41.765	41.212	40.829	40.262	38.684
7.776	7.581	7.450	7.364	7.233	6.874
17.497	17.057	16.762	16.569	16.275	15.467
10.132	9.849	9.56	9.534	9.345	8.827
22.797	22.160	21.727	21.451	21.026	19.861
12.488	12.117	11.863	11.703	11.456	10.780
28.098	27.262	26.692	26.332	25.776	24.256
14.844	14.384	14.070	13.873	13.567	12.733
33.399	32.365	31.657	31.214	30.526	28.650
29.935	30.686	31.497	33.121	34.385	36.785
31.566	32.218	32.953	34.483	35.663	37.892
33.624	34.161	34.806	36.226	37.305	39.324
34.905	35.373	35.966	37.321	38.341	40.234
39.601	39.842	40.260	41.402	42.219	43.671
44.681	44.708	44.960	45.905	46.526	47.540
51.835	51.597	51.647	52.357	52.738	53.191
42.672	43.121	43.730	43.730	46.276	48.118
45.460	45.749	46.236	46.236	48.518	50.073
59.702	59.695	59.995	59.995	62.040	63.044
63.098	62.909	63.073	63.073	64.836	65.500
81.122	80.496	80.375	80.375	81.743	81.618
84.937	84.119	83.856	83.856	84.941	84.460
106.950	105.540	105.540	104.883	105.397	103.847
111.056	109.450	109.450	108.649	108.886	106.971

	400/20	400/25	400/35	400/50	400/65	400/95
g_1	29.513	30.309	31.110	32.816	34.049	36.406
g_2 (5)	10.353	10.469	10.374	10.018	9.860	9.447
g_2 (10)	23.950	24.246	24.008	23.107	22.708	21.661
g_2 (15)	40.792	41.332	40.903	39.266	38.544	36.642
g_2 (20)	60.879	61.727	61.058	58.495	57.367	54.390
g_3 (5)	39.866	40.777	41.484	42.834	43.909	45.853
g_3 (10)	53.464	54.555	55.118	55.922	56.756	58.067
g_3 (15)	70.306	71.641	72.013	72.081	72.592	73.049
g_3 (20)	90.392	92.036	92.168	91.310	91.416	90.797
g_4 (10)	4.246	4.287	4.252	4.125	4.068	3.921
g_4 (15)	9.553	9.645	9.568	9.282	9.154	8.823
g_4 (18)	13.757	13.888	13.777	13.366	13.182	12.705
g_4 (21)	15.916	16.086	15.940	15.464	15.251	14.699
g_4 (25)	22.556	22.772	22.590	21.916	21.614	20.832
g_4 (30)	28.659	28.934	28.703	27.847	27.462	26.469
g_4 (35)	36.408	36.757	36.463	35.375	34.887	33.625
g_5 (5, 10)	6.353	6.432	6.368	6.129	6.023	5.746
g_5 (5, 15)	14.294	14.471	14.329	13.791	13.553	12.928
g_5 (10, 10)	8.074	8.187	8.098	7.758	7.609	7.214
g_5 (10, 15)	18.167	18.420	18.221	17.456	17.119	16.231
g_5 (15, 10)	9.796	9.942	9.828	9.387	9.194	8.682
g_5 (15, 15)	22.040	22.370	22.112	21.121	20.686	19.534
g_5 (20, 10)	11.517	11.697	11.557	11.016	10.779	10.150
g_5 (20, 15)	25.913	26.319	26.004	24.786	24.252	22.837
g_6 (10)	29.817	30.610	31.399	33.074	34.291	36.617
g_6 (15)	31.021	31.806	32.548	34.103	35.258	37.640
g_6 (18)	32.562	33.339	34.024	35.433	36.511	38.560
g_6 (21)	33.531	34.304	34.956	36.277	37.308	39.262
g_6 (25)	37.146	37.910	38.447	39.462	40.329	41.945
g_6 (30)	41.139	41.902	42.328	43.038	43.743	45.011
g_6 (35)	46.868	47.641	47.931	48.252	48.749	49.559
g_7 (5, 10)	40.369	41.281	41.970	43.270	44.320	46.212
g_7 (5, 15)	42.352	43.269	43.889	44.999	45.953	47.641
g_7 (10, 10)	54.070	55.166	55.710	56.458	57.264	58.514
g_7 (10, 15)	56.466	57.581	58.052	58.583	59.282	60.293
g_7 (15, 10)	70.985	72.328	72.680	72.690	73.172	73.563
g_7 (15, 15)	73.679	75.052	75.331	75.112	75.482	75.615
g_7 (20, 10)	91.123	92.776	92.889	91.972	92.049	91.362
g_7 (20, 15)	94.033	95.725	95.766	94.614	94.578	93.625

注 g_2、g_3括号中数字表示覆冰厚度(mm)；g_4、g_6 括号中数字表示风速（m/s)；g_6、g_7 括号中前一数字

续表

500/35	500/45	500/65	630/45	630/55	630/80
30.304	31.135	52.813	30.308	31.115	32.729
9.132	9.126	8.794	8.029	7.830	7.716
20.873	20.860	20.033	18.137	17.651	17.369
35.222	35.202	33.717	30.325	29.463	28.960
52.181	52.151	49.847	44.594	43.267	42.488
39.436	40.261	41.607	38.336	38.945	40.445
51.176	51.995	52.846	48.445	48.766	50.098
65.526	66.336	66.530	60.633	60.578	61.689
82.485	83.286	82.660	74.902	74.382	75.217
3.806	3.804	3.682	3.399	3.323	3.281
8.564	8.559	8.284	7.647	7.478	7.382
12.333	12.326	11.929	11.011	10.768	10.630
14.268	14.260	13.801	12.740	12.458	12.299
20.222	20.210	19.559	18.055	17.656	17.430
25.693	25.678	24.852	22.941	22.434	22.147
32.640	32.621	31.571	29.143	28.499	28.135
5.537	5.533	5.314	4.811	4.682	4.607
12.457	12.450	11.956	10.825	10.535	10.336
6.921	6.917	6.611	5.914	5.738	5.635
15.572	15.563	14.875	13.308	12.912	12.679
8.305	8.300	7.908	7.018	6.795	6.663
18.686	18.675	15.790	15.790	15.288	14.992
9.689	9.683	8.121	8.121	7.851	7.691
21.800	21.788	18.273	18.273	17.665	17.305
30.542	31.366	33.019	30.498	31.292	32.894
31.491	32.290	33.843	31.258	32.001	33.552
32.717	33.486	34.914	32.246	32.926	34.413
33.495	34.245	35.598	32.877	33.516	34.964
36.431	37.119	38.201	35.278	35.775	37.081
39.730	40.358	41.162	38.011	38.359	39.518
44.539	45.094	45.535	42.046	42.194	43.160
39.822	40.639	41.945	38.637	39.225	40.707
41.356	42.142	43.291	39.835	40.344	41.752
51.642	52.453	53.258	48.805	49.102	50.414
53.493	54.274	54.899	50.239	50.446	51.678
66.050	66.854	66.999	61.038	60.958	62.048
68.138	68.915	68.869	62.656	62.478	63.485
83.052	83.847	83.171	75.341	74.795	75.610
85.317	86.088	85.216	77.098	76.451	77.182

表示覆冰厚度（mm），后一数字表示风速（m/s）。

附表 2-2　　GJ型钢绞线比载表［$\times 10^{-3}N/(m \cdot mm^2)$］

	GJ—25 (1×7)	GJ—25 (1×19)	GJ—35 (1×7)	GJ—50 (1×7)	GJ—50 (1×19)	GJ—70 (1×19)
g_1	83.946	83.518	83.997	84.009	83.434	83.545
g_2 (5)	60.459	63.242	47.768	39.242	40.186	30.727
g_2 (10)	173.037	181.478	132.854	106.515	109.028	80.659
g_2 (15)	337.735	354.707	255.258	201.818	206.580	149.796
g_2 (20)	554.552	582.929	414.981	325.152	332.823	238.137
g_3 (5)	144.405	146.760	131.764	123.251	123.602	114.272
g_3 (10)	256.983	264.996	216.850	190.524	192.462	164.204
g_3 (15)	421.681	438.225	339.225	285.827	290.014	233.341
g_3 (20)	638.499	666.447	498.978	409.161	416.257	321.682
g_4 (10)	18.249	18.964	15.443	13.384	13.699	11.207
g_4 (15)	41.061	42.668	34.746	30.113	30.823	25.216
g_4 (18)	59.127	61.442	50.034	43.363	44.386	36.311
g_4 (21)	68.407	71.085	57.886	50.168	51.352	42.010
g_4 (25)	96.949	100.745	82.038	71.100	72.777	59.538
g_4 (30)	123.182	128.005	104.237	90.339	92.470	75.649
g_4 (35)	156.487	162.614	132.419	114.764	117.471	96.102
g_5 (5, 10)	45.900	48.139	35.241	28.254	28.921	21.396
g_5 (5, 15)	103.274	108.312	79.291	63.572	65.072	48.140
g_5 (10, 10)	73.550	77.313	55.039	43.125	44.142	31.584
g_5 (10, 15)	165.487	173.955	123.837	97.031	99.320	71.064
g_5 (15, 10)	101.200	106.488	74.837	57.995	59.364	41.772
g_5 (15, 15)	227.700	239.599	168.383	130.489	133.568	93.988
g_5 (20, 10)	128.851	135.663	94.635	72.866	74.585	51.961
g_5 (20, 15)	289.914	305.242	212.928	163.948	167.816	116.912
g_6 (10)	85.907	85.644	85.404	85.068	84.551	84.293
g_6 (15)	93.450	93.786	90.899	89.243	88.945	87.267
g_6 (18)	102.679	103.684	97.769	94.540	94.505	91.095
g_6 (21)	108.289	109.674	102.011	97.848	97.970	93.512
g_6 (25)	128.242	130.861	117.413	110.058	110.715	102.589
g_6 (30)	149.067	152.841	133.868	123.364	124.547	112.705
g_6 (35)	177.582	182.807	156.813	142.226	144.086	127.339

续表

	GJ—25 (1×7)	GJ—25 (1×19)	GJ—35 (1×7)	GJ—50 (1×7)	GJ—50 (1×19)	GJ—70 (1×19)
g_7 (5，10)	151.524	154.454	136.395	126.448	126.940	116.258
g_7 (5，15)	177.534	182.401	153.782	138.680	139.684	123.998
g_7 (10，10)	267.301	276.044	223.726	195.344	197.459	167.214
g_7 (10，15)	305.657	316.991	249.719	213.809	216.578	178.922
g_7 (15，10)	433.655	450.977	347.411	291.652	296.027	237.050
g_7 (15，15)	479.231	499.448	378.743	314.205	319.293	251.558
g_7 (20，10)	651.370	680.615	507.583	415.598	422.886	325.851
g_7 (20，15)	701.235	733.024	542.510	440.785	448.812	342.268

注　g_2、g_3括号中数字表示覆冰厚度（mm）；g_4、g_6 括号中数字表示风速（m/s）；g_6、g_7 括号中前一数字表示覆冰厚度（mm），后一数字表示风速（m/s）。

附录3 1～35kV电力电缆的允许持续载流量和敷设时的校正系数

附表 3-1　1～3kV油纸、聚氯乙烯绝缘铝芯电力电缆空气中敷设时允许持续载流量（A）

		电缆允许持续载流量					
绝缘类型		粘性浸渍不滴油纸绝缘			聚氯乙烯绝缘		
护套		有钢铠装护套			无钢铠装护套		
缆芯最高工作温度（℃）		80			70		
缆芯数		单芯	二芯	三芯或四芯	单芯	二芯	三芯或四芯
缆芯截面（mm^2）	2.5					18	15
	4		30	26		24	21
	6		40	35		31	27
	10		52	44		44	38
	16		69	59		60	52
	25	116	93	79	95	79	69
	35	142	111	98	115	95	82
	50	174	138	116	147	121	104
	70	218	174	151	179	147	129
	95	267	214	182	221	181	155
	120	312	245	214	257	211	181
	150	356	280	250	294	242	211
	185	414		285	340		246
	240	495		338	410		294
	300	570		383	473		328
环境温度（℃）		40					

注　1. 铜芯电缆的允许持续载流量值可乘以1.29。

2. 单芯只适用于直流。

附表 3-2　　1～3kV 油纸、聚氯乙烯绝缘铝芯电力电缆直埋敷设时允许持续载流量（A）

		电缆允许持续载流量								
绝缘类型		粘性浸渍不滴油纸绝缘			聚氯乙烯绝缘			聚氯乙烯绝缘		
护套		有钢铠装护套			无钢铠装护套			有钢铠装护套		
缆芯最高工作温度(℃)										
缆芯数		单芯	二芯	三芯或四芯	单芯	二芯	三芯或四芯	单芯	二芯	三芯或四芯
缆芯截面（mm²）	6		45	38	58	45	38		43	37
	10		58	50	81	62	53	77	59	50
	16		76	66	110	83	70	105	79	68
	25	143	105	88	138	105	90	134	100	87
	35	172	126	105	172	136	110	162	131	105
	50	198	146	126	203	157	134	194	152	129
	70	247	182	154	244	184	157	235	180	152
	95	300	219	186	295	226	189	281	217	180
	120	344	251	211	332	254	212	391	249	207
	150	389	284	240	374	287	242	365	273	237
	185	441		275	424		273	410		264
	240	512		320	502		319	483		310
	300	584		356	561		347	543		347
	400	676		639		625				
	500	776		729		715				
	630	904		846		819				
	800	1032		981		963				
土壤热阻系数（℃·m/W）		1.5			1.2					
环境温度（℃）		25								

注　1. 铜芯电缆的允许持续载流量值可乘以 1.29。

2. 单芯只适用于直流。

附表 3-3 1~3kV 交联聚乙烯绝缘铝芯电力电缆空气中敷设时允许持续载流量(A)

		电缆允许持续载流量									
缆芯数		三芯		单芯							
单芯电缆排列方式				品字型				水平型			
金属屏蔽层接地点				单侧		两侧		单侧		两侧	
缆芯材质		铝	铜	铝	铜	铝	铜	铝	铜	铝	铜
缆芯截面（mm²）	25	91	118	100	132	114	150	114	150		
	35	114	150	127	164	127	164	146	182	141	178
	50	146	182	155	196	155	196	173	228	168	209
	70	178	228	196	225	196	251	228	292	214	264
	95	214	273	241	310	241	305	278	356	260	310
	120	246	314	283	360	278	351	319	410	292	351
	150	278	360	328	419	318	401	365	479	337	392
	185	319	410	372	479	365	461	424	546	369	438
	240	378	483	442	565	424	546	505	643	424	502
	300	419	552	506	643	493	611	588	738	479	552
	400			611	711	579	716	707	908	546	625
	500			712	885	661	803	830	1026	611	693
	630			826	1008	734	894	963	1177	680	757
环境温度（℃）		40									
缆芯最高工作温度(℃)		90									

注 1. 水平排列电缆相互间中心距为电缆外径的 2 倍。

2. 缆芯工作温度大于 70℃时，允许持续载流量的确定还应遵守《电力工程电缆设计规范》中第 3.7.4 条的规定。

附表 3-4 1~3kV 交联聚乙烯绝缘铝芯电力电缆直埋敷设时允许持续载流量(A)

		电缆允许持续载流量					
缆芯数		三芯		单芯			
单芯电缆排列方式				品字型		水平型	
金属屏蔽层接地点				单侧		单侧	
缆芯材质		铝	铜	铝	铜	铝	铜
缆芯截面（mm²）	25	91	117	104	130	113	143
	35	113	143	117	169	134	169
	50	134	169	139	187	160	200
	70	165	208	174	226	195	247
	95	195	247	208	269	230	295
	120	221	282	239	300	261	334
	150	247	321	269	339	295	374
	185	278	356	300	382	330	426
	240	321	408	348	435	378	478
	300	365	469	391	495	430	543
	400			456	574	500	635
	500			517	635	565	713
	630			582	704	635	796
环境温度(℃)		40					
土壤热阻系数(℃·m/W)		2.00					
缆芯最高工作温度(℃)		90					

注 水平排列电缆相互间中心距为电缆外径的 2 倍。

附表 3-5　　6kV 三芯电力电缆在空气中敷设时允许持续载流量（A）

		电缆允许持续载流量					
绝缘类型		粘性油浸纸	不滴油纸	聚氯乙烯		交联聚乙烯	
钢铠装护套		有		无	有	无	有
缆芯最高工作温度(℃)		65	80	70		90	
缆芯截面（mm^2）	10			40			
	16	46	58	54			
	25	62	79	71			
	35	76	92	85		114	
	50	92	116	108	173		
	95	143	182	160		209	
	120	169	213	185		246	
	150	194	245	212		277	
	185	223	280	246		323	
	240	265	334	293		378	
	300	295	374	323		432	
	400					505	
	500					584	
环境温度（℃）		40					

注　1. 表中系铝芯电缆数值；铜芯电缆的允许持续载流量值可乘以 1.29。

2. 缆芯工作温度大于 70℃时，允许持续载流量的确定还应遵守《电力工程电缆设计规范》中第 3.7.4 条的规定。

附表 3-6　　6kV 三芯电力电缆直埋敷设时允许持续载流量（A）

		电缆允许持续载流量					
绝缘类型		粘性油浸纸	不滴油纸	聚氯乙烯		交联聚乙烯	
钢铠装护套		有		无	有	无	有
缆芯最高工作温度（℃）		65	80	70		90	
缆芯截面（mm^2）	10		51	50			
	16	58	63	67	65		
	25	79	84	86	83	87	87
	35	94	101	105	100	105	102
	50	114	119	126	126	123	118
	70	140	148	149	149	148	148
	95	167	180	181	177	178	178
	120	193	209	209	205	200	200
	150	215	232	232	228	232	222
	185	249	264	264	255	262	252
	240	288	308	309	300	300	295
	300	323	344	346	332	343	333
	400					380	370
	500					432	422
土壤热阻系数(℃·m/W)		1.2	1.5	1.2		2	
环境温度（℃）		40					

注　表中系铝芯电缆数值；铜芯电缆的允许持续载流量值可乘以 1.29。

附表3-7　　10kV三芯电力电缆允许持续载流量（A）

		电缆允许持续载流量							
绝缘类型		粘性油浸纸		不滴油纸		交联聚乙烯			
钢铠装护套						无		有	
缆芯最高工作温度（℃）		60		65		90			
敷设方式		空气中	直埋	空气中	直埋	空气中	直埋	空气中	直埋
缆芯截面（mm^2）	16	42	55	47	59				
	25	56	75	63	79	100	90	100	90
	35	68	90	77	95	123	110	123	105
	50	81	107	92	111	146	125	141	120
	70	106	133	118	138	178	152	173	152
	95	126	160	143	169	219	182	214	182
	120	146	182	168	196	251	205	246	205
	150	171	206	189	220	283	223	278	219
	185	195	233	218	246	324	252	320	247
	240	232	272	261	290	378	292	373	292
	300	260	308	295	325	433	332	428	328
环境温度（℃）		40	25	40	24	40	25	40	25
土壤热阻系数（℃·m/W）			1.2		1.2	2.0		2.0	

注　1. 表中系铝芯电缆数值；铜芯电缆的允许持续载流量值可乘以1.29。

2. 缆芯工作温度大于70℃时，允许持续载流量的确定还应遵守《电力工程电缆设计规范》中第3.7.4条的规定。

附表3-8　　35kV三芯电力电缆允许持续载流量（A）

		电缆允许持续载流量					
绝缘类型		粘性油浸纸（分相铅包）		不滴油纸		交联聚乙烯	
钢铠装护套							
缆芯最高工作温度（℃）		50		65		80	
敷设方式		空气中	直埋	空气中	直埋	空气中	直埋
缆芯截面（mm^2）	50	66	95	105	118	135	128
	70	81	118	130	145	168	160
	95	98	141	160	173	200	192
	120	113	160	181	196	230	208
	150	130	178	206	222	258	226
	185	148	205	236	254		
	240	176	240	278	294		
环境温度（℃）		40	25	40	25	40	25
土壤热阻系数（℃·m/W）			1.2		1.2		1.2

注　1. 表中系铝芯电缆数值；铜芯电缆的允许持续载流量值可乘以1.29。

2. 缆芯工作温度大于70℃时，允许持续载流量的确定还应遵守《电力工程电缆设计规范》中第3.7.4条的规定。

附录4　敷设条件不同时电缆允许持续载流量的校正系数

附表 4-1　　不同土壤热阻系数时的载流量校正系数

土壤热阻系数（℃·m/W）	分类特征（土壤特性和雨量）	校正系数
0.8	土壤很潮湿，经常下雨，如湿度大于9%的沙土；湿度大于10%的沙—泥土等	1.05
1.2	土壤潮湿，规律性下雨，如湿度 > 7%但 < 9%的沙土；湿度为12%～14%的沙—泥土等	1.0
1.5	土壤较干燥，少雨，如湿度为8%～12%的沙—泥土等	0.93
2.0	土壤较干燥，少雨，如湿度为 > 4%但 < 7%的沙土；湿度为4%～8%的沙—泥土等	0.87
3.0	多石地层，非常干燥，如湿度为 < 4%～8%的沙土等	0.75

注　1. 本表适用于缺乏实测土壤热阻系数时的粗略分类，11kV及以上电缆工程，宜以实测方式确定。

2. 本表适用附录2各表中土壤热阻系数为1.2时的情况，不适用于三相交流系统的高压单芯电缆。

附表 4-2　　土中直埋多根并行敷设时电缆载流量的校正系数

并列根数		1	2	3	4	5	6
电缆之间净距（mm）	100	1.00	0.9	0.85	0.80	0.78	0.75
	200	1.00	0.92	0.87	0.84	0.82	0.81
	300	1.00	0.93	0.90	0.87	0.86	0.85

注　本表不适用于三相交流系统的高压单芯电缆。

附表 4-3　　空气中单层多根并行敷设时电缆载流量的校正系数

并列根数		1	2	3	4	5	6
电缆中心距（mm）	$S=d$		0.9	0.85	0.82	0.78	0.80
	$S=2d$	$S=d$	1.00	0.98	0.95	0.82	0.90
	$S=3d$		1.00	1.00	0.98	0.86	0.96

注　1. S为电缆中心距离，d为电缆外径。

2. 当并列敷设的电缆外径不同时，d值可近似取电缆外径的平均值。

3. 本表不适用于交流系统的单芯电缆。

附表 4-4　　在电缆桥架上无间距配置多层并列电缆时载流量的校正系数

叠置电缆层数		一	二	三	四
桥架类别	梯架	0.8	0.65	0.55	0.5
	托盘	0.7	0.55	0.5	0.45

注　呈水平并列电缆不少于 7 根。

附表 4-5　　1～6kV 电缆户外明敷无遮阳时载流量的校正系数

截面 (mm²)			35	50	70	95	120	150	185	240	
电压 (kV)	1	芯数	三				0.90	0.98	0.97	0.96	0.94
	6		三	0.96	0.95	0.94	0.93	0.92	0.91	0.90	0.88
			单				0.99	0.99	0.99	0.99	0.98

参考文献

1 周振山编．高压架空送电线路机械计算．北京：水利电力出版社，1984
2 浙西电力技工学校主编．输电线路设计基础．北京：水利电力出版社，1988
3 李瑞祥编．高压输电线路设计基础．北京：水利电力出版社，1994
4 能源部东北电力设计院编．电力工程高压送电线路设计手册．北京：中国电力出版社，1991
5 乔静宇主编．新编电气工程师实用手册（上册）．北京：中国水利水电出版社，1998
6 曾宪凡编．高压架空线路设计基础．北京：中国电力出版社，1995
7 郑肇骥等主编．高压电缆线路．北京：水利电力出版社，1983
8 温德智等编．电力内外线工程．北京：中国铁道出版社，1997
9 阎士琦等编．10kV及以下电力电缆线路施工图集．北京：中国电力出版社，2003
10 李宗廷主编．电力电缆施工．北京：中国电力出版社，1993
11 许建安主编．《35～110kV输电线路设计》．北京：中国水利水电出版社，2003
12 武汉水利电力学院编．工程力学（材料力学、运动学和动力学、静力学）．北京：高等教育出版社，1985

参考文献

[illegible]